What is this thing called
Science?
(Fouth Edition)

科学
究竟是什么**?**

（最新增补本）

〔英〕阿兰·弗朗西斯·查尔默斯　著

鲁旭东　译

商务印书馆
The Commercial Press

A.F. Chalmers

WHAT IS THIS THING CALLED SCIENCE?

(**New and Extended**)

ⓒ A.F. Chalmers 1976, 1982, 1999, 2013

First published 1976 by University of Queensland Press

本书根据昆士兰大学 2013 年最新增补本译出

译者前言

在现代文明中,恐怕没有哪个领域像科学一样获得了这样崇高的地位和无与伦比的权威。无论是在日常生活和大众媒体,还是在学术界和高等院校,对科学的这种高度尊重是显而易见的。科学获得人类的如此礼遇,无疑与科学所取得的巨大成功有着密切的关系:科学使人认识了从微小的基本粒子到浩瀚的宇宙,从简单的细胞到复杂的生命系统,从现实的社会到虚拟的世界。科学的成果不仅提高了人类的认识能力和知识水平,而且改变了人们的日常生活。遗传工程突破了生长气候和土壤的限制,使人类能生产出更多更高质量的食物;生物技术能提高人们的健康水平,治愈许多过去的不治之症,延长人类的寿命;纳米技术给人类提供了新的材料,并且正在给制造业带来一场革命;现代化的交通和通信技术打破了地域的观念,使人们的交往更为便捷;信息技术更是通过网络把世界各地联在一起,使这个星球变成了一个地球村。在改变人们的物质生活条件的同时,科学技术也极大地影响着人类社会的进程,它改变了人们的思想观念和传统的生活方式、带来了新的社会分工,从而导致了新的社会分层,甚至整个社会结构的变化。

尽管科学并非是解决人类所有问题的灵丹妙药,尽管有人担忧科学技术的滥用会导致全球气候变暖、生态环境恶化、能源匮乏、大规模杀伤性武器对人类的威胁以及诸如此类的其他负面影响，但仍有不少人醉心于现代科学的威力，他们把科学作为人类文明的典范，并赋予了科学无上的权威，甚至把它当作万物的尺度；他们愿意把自己的理论称之为"科学的"，以显示他们的学说具有像科学那样的力量；他们对科学家的信任超过了对任何其他群体的信任。然而，尽管"科学"早已是现代社会中人们耳熟能详的一个词，但对于科学究竟有何特别之处能使它取得如此辉煌的成就和地位，或者说，对于什么是科学，人们却未必能说清楚。这个问题不仅令一般人感到困惑，即使对于学术界来说也是一个棘手的难题。哲学家们试图寻找把科学与其他知识区分开的特征，但他们一直众说纷纭，争论不休。本书的书名《科学究竟是什么？》（*What Is This Thing Called Science?*）暗示，这本书就是阐明和回答这类问题的一种尝试。作者试图通过澄清有关这个问题的认识，使人们了解"科学独特的和与众不同的特点"。

本书是英裔澳大利亚著名学者艾伦·弗朗西斯·查尔默斯（Alan Francis Chalmers）论述当代科学哲学的代表作。提起查尔默斯，相信许多读者对他的名字并不陌生。1982年，他这部著作第一版的中文版首次在我国出版，是当时国内最早全面而系统地介绍20世纪西方科学哲学各流派的重要著作，它对科学哲学在学术复兴后的中国的传播，对我国科学哲学人才的培养以及学术研究的开展，都起到过重要的作用，有不少人正是读着这本书走入科学哲学的殿堂的。

查尔默斯1939年出生于英格兰的布里斯托尔（Bristol），1961年毕业于布里斯托尔大学（the University of Bristol）物理学系，1964年在曼彻斯特大学（the University of Manchester）获理科硕士学位。在教了两年的物理学和科学史后，他又来到伦敦大学切尔西学院（Chelsea College, University of London）继续深造，并于1971年在那里获科学史和科学哲学专业的哲学博士学位。1971年，他赴澳大利亚悉尼大学（the University of Sydney）做博士后研究生，后留校任教。1986年，他到该校科学系科学史和科学哲学部任主任，直至1999年退休，现在是该校的名誉副教授。1997年他当选为澳大利亚人文学院（the Australian Academy of Humanities）的研究员。他于2000至2010年在弗林德斯大学（Flinders University）哲学系做访问学者，并且于2003至2004年在匹兹堡大学（University of Pittsburgh）科学哲学中心做客座研究员。除了本书外，查尔默斯教授还著有《科学及其编造》（*Science and Its Fabrication*, 1990）、《科学家的原子与哲人石：为何科学成功地认识了原子而哲学却失败了》（*The Scientist's Atom and the Philosopher's Stone: How Science Succeeded and Philosophy Failed to Gain Knowledge of Atoms*, 2009）等著作以及大量有关科学史和科学哲学方面的论文。

《科学究竟是什么？》是一部科学哲学的入门教材。得益于教师和研究者的双重身份，查尔默斯非常清楚一般读者最基本的需要。他擅长用通俗的语言对高深的科学哲学理论进行概括，而且他的介绍简明易懂、脉络清晰，同时不乏严谨的条理和丰富的内容。由于持续参与和关注科学哲学的研究，他总能把握这个领域的最新成果，并且及时地补充到他的著作之中。本书于1976年出版第一版后，便受到普遍欢迎和好评，成了最畅销的科学哲学教科书。根据出版后的反应，他对第一版的后半部分进行了重写，并于1982年出版了第二版。作为一个精益求精的学者，查尔默斯善于追踪学术发展的动向，在深入研究的基础上，他对第二版进行了全面的改造，并于1999年出版了几乎是全新的第三版。2013年，经过少量的增删，他又出版了第四版。该书从第一版至第四版出版，历经近40年，其间先后重印过十余次，并被翻译成15种文字（包括中文）。该书已成为了国外科学史和科学哲学专业的大学生和研究生的必读之物。

　　科学的本质和地位以及科学的方法，一直是学者们非常关注的问题。在波普尔以前的科学哲学中，逻辑实证主义长期占据主导地位。尤其在20世纪初，经验主义和实证主义的科学观非常盛行，这两种科学观都认为，科学知识是以某种方式从观察所获得的事实中推导出来的，科学理论是以观察事实为基础并得到这些事实支持的。查尔默斯分析了"科学是从事实中推导出来的"这种观点的两个困难，他指出："其中的一种困难在于，知觉经验在一定程度上受观察者的知识背景和期望的影响，因而，对一个人看来是可观察的事实，对另一个人就未必如此。第二种困难源自于对观察命题的真假的判断在一定程度上依赖于已知的或假设的知识，这样就使得可观察事实像作为其基础的前提一样是可错的。这两种困难都暗示着，科学之可观察的基础可能并不像人们广泛地和在传统上认为的那样直接和可靠。"①

在20世纪20年代,当波普尔在维也纳求学时,他对归纳主义产生了怀疑,并与以鲁道夫·卡尔纳普为首的逻辑实证主义者展开了激烈的争论。波普尔认识到了归纳主义的窘境,主张科学不需要归纳,他认为,科学的特点在于,科学理论是可否证的(falsifiable)。科学知识的发展是从以问题为导向的猜想开始的,一旦提出了推测性的解决问题的理论,就要对之进行严格的检验。经受住检验并且没有被否证的理论将保留下来,否则将被淘汰。科学是通过试错、猜想和反驳向前发展的。只有适应性最强的理论才能够生存下来。查尔默斯在伦敦求学时,曾聆听过波普尔的讲座,并参加过波普尔指导的研究班,他曾经是波普尔学派的一个成员。对于归纳主义者坚持科学知识是通过归纳推理从事实中推导出来的,查尔默斯认为,由于归纳论证本身的逻辑问题,归纳结果的合理性和可靠性都存在着疑问。不过,他也发现了波普尔的否证论自身存在的致命问题。由于否证论假设观察命题是可错的,因此,当观察命题与理论相冲突时,否定论者并不能必然地得出理论为假的结论。查尔默斯指出,否证主义者忽视了理论的复杂性,从而把否证简单化了。他们没有考虑,在现实当中,对理论的检验还涉及许多其他因素,如辅助性假设和初始条件等等,因此,否证主义对科学的解释是有局限的。查尔默斯以科学史上的事实为例说明,当遇到否证时,理论并没有像波普尔所说的那样立刻被放弃,因为有错误的可能不是理论而是辅助

---

① 　见本书原文第16—17页(即中译本边码,下同)。

性假设或初始条件。

查尔默斯注意到："归纳主义和否证主义对科学的说明都过于零碎了。它们把注意力集中在理论与个别的或成组的观察命题之间的关系上，而似乎未能把握重要的理论发展模式的复杂性。"① 正因为如此，自20世纪60年代以来，许多学者认为，对科学更恰当的说明，必须从理解科学活动发生于其中的理论框架开始。在这方面，尤其突出的是美国科学哲学家托马斯·库恩和波普尔的同事、匈牙利裔英国科学哲学家伊姆雷·拉卡托斯。

在查尔默斯看来，库恩理论的一个关键特征就是强调科学进步具有革命性，另一个重要特征是强调科学共同体的重要作用。库恩理论的核心概念是范式（paradigm），所谓范式由一些具有普遍性的理论假设和定律以及它们的应用方法构成，而所有这些都是某个特定的科学共同体的成员所接受的。当科学家遵循同一个范式时，他们是在从事库恩所谓的常规科学（normal science）；在解决问题的过程中，范式遇到阻碍会出现反常；而当遇到的困难到达难以控制的程度时，危机就会出现；谬误百出的范式会被另一种不相容的范式取代，从而出现革命；科学就是这样不断向前发展的。查尔默斯承认，在阐明什么是科学方面，库恩比波普尔更有说服力，"他的历史研究成果有助于阐明科学的本质，就此而言，这些成果是一个重要的资料宝库"。② 不过，像诸多学者一样，查尔默斯也看到，对于范式这样一个关键概念，库恩却未能给出精确的定义，而且，他自己是在多种不同的意义

---

 ① 见本书原文第97页。

 ② 见本书原文第119页。

上使用这一概念的。由于概念不清,使得库恩无法讲清楚,怎样
对不同范式加以比较,从而阐明范式转换的合理性;再加上他的
"格式塔转换"的比喻会给人留下转换双方的观点是不可比较的
印象,"改宗"的比喻使人觉得这种转变具有主观色彩,无法通过
诉诸普遍认可的标准用合理的论证阐述清楚;更有甚者,库恩还
认为我们发现科学的本质的方式"实质上是社会学的"①,因此,他
被许多人指责为具有相对主义倾向,甚至被解读为根本否认存在
一种有关科学进步的合理标准,也就不足为怪了。尽管库恩为自
己进行了辩解,但正如查尔默斯指出的那样,这种辩解是不能令
人满意的。有评论指出,查尔默斯对库恩理论的详细分析,是本
书最有价值的部分之一。

　　拉卡托斯是波普尔科学观的热心支持者,不过,他也认识到
了波普尔的否证主义所遇到的困难,他试图修改否证主义以便使
其摆脱困境。另一方面他也受到了库恩的影响,他吸收了库恩的
部分思想,但拒绝了其相对主义的倾向。像库恩一样,拉卡托斯
也认为应当把科学活动描述为是在某一框架中进行的,他用研究
纲领(research program)的概念取代了库恩的范式。按照他的观
点,一个研究纲领由硬核(hard core)和保护带(protective belt)
构成。硬核是一些非常一般性的假说,它们构成了一个研究纲领
的基础。保护带是补充硬核的附加假说的总体,它们起着保护硬
核免遭否证的作用。由于不满意库恩理论中的相对主义的结论,
拉卡托斯寻求一种存在于纲领以外的标准,以便阐明非相对主义

---

　　① 　参见本书原文第115页。

意义的科学进步。他把研究纲领分为进步的和退步的：一个研究纲领如果前后一致并且至少间歇地导致被确证的新颖预见，就是进步的，否则就是退步的。科学革命的过程，就是用进步的研究纲领取代退步的研究纲领的过程。查尔默斯对于科学史中是否可以发现拉卡托斯的所谓硬核，尤其是拉卡托斯强调的使硬核呈现出不可否证特点的"方法论决策"，提出了质疑。在查尔默斯看来，拉卡托斯并没有对"方法论决策"的合理性做出清晰的回答，他也没有对科学知识的特征做出回答。查尔默斯认为，拉卡托斯未能给研究纲领的取舍提供标准，查尔默斯以哥白尼理论的发展为例说明，"对一个退步的纲领，怀有它会恢复生机的希望而坚持该纲领是合理的"①。查尔默斯批评说，拉卡托斯的方法论过于宽泛，以至于可以与任何事物相协调，难怪费耶阿本德会揶揄说，欢迎他这个"无政府主义的同路人"。

　　奥地利裔美国科学哲学家保罗·费耶阿本德是20世纪最有争议的学者之一，查尔默斯在本书第一版中对他着墨不多。从本书第二版开始，他对费耶阿本德予以了更多的关注，他观察到了费耶阿本德所产生的影响，并且认为，费耶阿本德的著作比他原来想象的重要得多。费耶阿本德也曾有段时间在伦敦与波普尔和拉卡托斯进行互动，并且对他们提出了批评。他对所有想保持科学方法的特殊地位的尝试提出了挑战，他论证说，并不存在这样的方法，而且事实上，科学并不具有一些特征可以使得它看起来必然比其他形式的知识优越。费耶阿本德进而宣称，如果存在

---

　　①　见本书原文第135页。

一种单一的永远不变的科学方法原则，那么，这一原则就是"怎么都行"（anything goes）。费耶阿本德认为他已经证明，所有想说明科学具有优越于其他知识形式之特征的尝试都失败了，赋予科学那种至高地位的做法并未证明是合理的。查尔默斯分析说，费耶阿本德把其科学理论置于一种高度评价个人自由的伦理学框架内，"从这种人道主义的观点出发，费耶阿本德为他的无政府主义科学观提供了证明，而他所依据的理由是，这种科学观可以使科学家摆脱方法论的束缚从而增加他们的自由，更一般地说，它可以使个人有自由在科学与其他形式的知识之间进行选择。"①查尔默斯肯定费耶阿本德反对存在着一种普遍的非历史的科学方法的主张，但同时指出，费耶阿本德的观点实际上并未排除这样一种可能性，即"在科学中存在着一些方法和标准，但它们有可能因科学不同而相异，而且在某一门科学中它们是可变化的，而且会越变越好"。②查尔默斯认为费耶阿本德对自由的理解过于偏激了，过分强调个人的行为不受束缚就会影响他人的自由；而且，在科学中，费耶阿本德所倡导的那种自由是一种乌托邦，因为有很多情况是科学家们无法选择的，他们行动的自由并不完全取决于他们自己，而是取决于他们在实际中所掌握的资源以及其他因素。

在本书的第三版中（1999年），作者进行了全面的修订和扩充。除个别部分保持原貌外，他对其他部分进行了大范围的重写，对原有的各章进行了调整和补充，以便反映科学哲学的最新进

① 见本书原文第 144 页。
② 见本书原文第 150 页。

展。作者在新增加的部分回顾了20世纪最后20余年科学哲学颇有影响的新尝试——贝叶斯主义（Bayesianism）和新实验主义（new experimentalism），并且阐述了科学规律的本质以及实在论与反实在论的争论。

　　贝叶斯学派的出现是20世纪后期科学哲学新的倾向之一，这个学派因其观点以贝叶斯概率定理为基础而得名。这个学派认为，哲学家们所强调的理论的可错性程度也许被误置或夸大了，像波普尔那样说一个得到充分确证的理论的概率为零是不恰当的。查尔默斯把注意力主要集中在考察豪森和乌尔巴赫所表述的主观贝叶斯主义的立场上。主观贝叶斯主义者对概率的解释是以科学家实际持有的信念的程度为根据的，他们论证说，以此为基础，可以形成对概率理论的前后一致的解释，而且，这种解释可以对科学做出非常公正的评价。查尔默斯认为，把概率当作信念程度，似乎可以反驳波普尔的所有理论的概率必然为零的主张，但也会导致一系列不幸的后果。主观贝叶斯主义者认为他们关于科学推理的解释是客观的，但他们描述科学家个人的主观信念程度的先验概率完全是主观的且没有经过批判分析，他们难以说明，以此为基础如何能得出客观的评价。贝叶斯学派并不能回答相互竞争的理论的相对价值是什么，也无法解释在什么意义上可以说科学是进步的。查尔默斯指出，贝叶斯方法所提供的，只不过是一种根据新的证据调整赋予信念的概率的一般方式，它并没有把科学推理与其他领域进行区别。查尔默斯以一些实例说明，过分强调信念的主观程度是与科学史不符的，在对科学进行解释时也是行不通的。

20世纪后期科学哲学的另一种重要的发展是新实验主义。从某种意义上说,新实验主义并非完全是新的,它发源于20世纪60年代中叶。从波普尔、库恩、拉卡托斯到费耶阿本德,哲学家们都强调观察对理论或范式的依赖,贝叶斯学派判断科学理论价值的背景理论假设,是通过先验概率引入的,因此也可以看成是这种依赖理论的传统的一部分。所有这些理论对科学的说明都存在着这样或那样的问题,它们在解释方面的失败导致了另一些哲学家的反思,正是在这样的背景下,新实验主义兴起了。

新实验主义者寻求从实验而非从观察中为科学寻找一个相对可靠的基础。他们声称实验有其自己独立的生命,可以不依赖大规模和高层次的理论,他们试图把实验知识与理论知识区分开,认为科学进步就是实验知识的积累。对于新实验主义者来说,最好的理论就是那些经受住严格检验的理论。按照黛博拉·梅奥的解释,对某一理论的严格检验必须是该理论若为错误便不可能通过的检验,对实验定律的严格检验可以确证这些定律,科学知识的发展就是这些定律的积累和扩展。而通过发现错误的实验,可以使我们从错误中学习,也可以触发科学革命。新实验主义方法所隐含的意义是,否认实验结果永远是依赖"理论"或范式的,因为强调理论支配或范式支配的科学观认识不到而且也无法理解科学的最与众不同的部分——实验活动。另一些人把这种观点推向了极端,在他们看来,只有实验知识提出了关于世界的活动方式的可检验的主张。高层次理论只是起着某种组织或辅助作用,而不是提出关于世界的活动方式的主张。查尔默斯认为,"新实验主义已经以一种非常有益的方式使科学哲学变得脚踏实地了,而且它是对过分强调理论支配的方法的一种有效的矫正"①。但他同时指出,新实验主义依然不是对科学特征的圆满回答,实验不依赖理论的程度,并非像新实验主义者声称的那样大。况且,"理论也是有某种重要生命的"②。查尔默斯以史为据说明,完全否认理论的作用是错误的,因为在许多情况下,对实验和实验结果的评价必须以理论作参照。新实验主义没有也无法说明,如何能把理论从科学中排除出去。而且,新实验主义也没有告诉我们,怎么能把在实验环境以内获得的知识输送到那些环境以外并应用于其他地方。查尔默斯分析说,由于对实验操作的强调,使得新实验主义在很大程度与对某些学科尤其是对社会科学和史学的说明无关了,而它未能对理论在科学中所起到的各种关键作用做出适当的说明,则使得它的解释有失偏颇。

值得注意的是,查尔默斯在讨论认识论问题的基础上,增加了对本体论问题的讨论。在这部分,他首先讨论了规律的本质。一般认为,世界是受规律制约的,但对于规律是什么或者规律是关于哪类实体的等问题,回答起来并不容易。一种观点认为,规律只不过是事件之间的实际规则。查尔默斯认为,这种规则观没有区分偶然的规则和有规律的规则,而且规则既不是构成规律的充分条件,也不是其必要条件。查尔默斯进而指出,这种观点无法确定因果依赖的方向;由于它无法解释现实中的许多问题,因而只能把自己限制在实验环境内,但在实验环境内获得的规则并不等同于既在实验环境以内、也在实验环境以外适用的科学规律。

---

① 见本书原文第 190 页。
② 见本书原文第 191 页。

查尔默斯倡导的是另一种观点,这种观点认为原因与规律是密切联系在一起的。这种观点是向亚里士多德理论的一种回归,按照这种观点,有规律的活动是由有效的因果作用引起的,规律表征的是事物的倾向、能动力量、能力或趋势。在查尔默斯看来,这种规律的因果观有一个优势,即"它从一开始就承认所有科学实践所隐含的意义,即自然是能动的。它阐明了什么使得系统按照规律活动,而且它以一种自然的方式把规律与因果作用联系在一起"①。但查尔默斯也清醒地认识到,自然界中的有些活动是不受因果规律约束的,因而有些规律并非必然是对因果作用的表征,最典型的例子就是热力学第一和第二定律以及基本粒子物理学中的一系列守恒定律。况且,对一个系统的演化进行全面的详细说明,并不需要有关因果过程的详细知识。

实在论与反实在论一直是哲学界的一个热门话题,相关的争论近年来也有新的进展。有一种哲学观点认为,我们无法借助直觉或任何其他方式直接接近实在,并解读有关它的事实;我们只能从人为的视角观察世界,并且用我们的理论语言来描述它;不仅在科学中,实际上在任何领域,我们都不能以任何方式接近实在,这就是所谓的全面反实在论。对此,查尔默斯指出:"尽管确实,我们不使用某种概念框架就无法描述世界,但我们仍然可以通过与世界的相互作用来检验那些描述的适当性。我们不仅仅是通过对世界的观察和描述,而且是通过与它的相互作用发现世界的。"② 由于实在论者与反实在论者都把科学看成是以真理为

---

① 见本书原文第 204 页。
② 见本书原文第 211 页。

目的，因此，任何争论的一方都不支持全面反实在论。

　　实在论与反实在论的分歧在于，是否应该不加限制地把科学理论理解为真理的候选者？反实在论者强调，科学理论所包含的仅仅是一组可被观察和实验证实的主张。从强调实用的意义上，有时反实在论者也会被称作工具论者，但查尔默斯指出，这二者还是有区别的，其区别就在于，前者承认理论有真假之分，而后者否认这一点。反实在论把知识分为可观察层次上的知识和理论知识，可观察层次上的知识被认为是能可靠地证实的，而理论知识是不可能可靠地证实的，"它们只不过是帮助建设观察知识和实验知识大厦的脚手架，一旦它们的使命完成了，就可以把它们丢弃"①。查尔默斯认为，反实在论面临着与新实验主义类似的问题，即怎么能用一种独立于理论的方式阐述和证实知识中在实验上有用的那一部分。反实在论遇到的另一个问题是，如果否认理论至少近似地为真，怎么解释理论在预见上取得成功呢？

　　科学实在论（scientific realism）批评反实在论不适当地过分强调了什么能够被观察和什么不能够被观察，而对科学中可通过实验操作来证实实体的存在却没有予以充分的注意。按照科学实在论的观点，科学的目的是在所有层次上提供有关实在和世界的活动的真命题，科学已经获得了至少近似真实的理论并做出了某些至少符合实际的发现，就此而言，它在朝着这个目的前进。与以前的理论相比，现在的理论更真实，即使它们在未来被某种

----

① 见本书原文第215—216页。

更精确的理论取代，它们至少仍然还是近似的真理。科学实在论者声称，可以像参照世界对科学理论进行检验那样，参照科学史和当代科学对科学实在论进行检验。波普尔及其信徒们试图弱化这种实在论观点，他们提出了一种猜想实在论（conjectural realism），这一观点强调我们的知识的可错性，而不主张我们现在的理论已被证明是近似真实的，也不明确地认定世界中存在的某些事物。猜想实在论认为科学实在论声称自己具有像科学那样的可检验性未免言过其实。查尔默斯指出："猜想实在论存在的一个重要问题是，它的主张软弱无力。"[①] 猜想实在论者承认，即使获得了有关世界存在的真实理论和真实表征，也没有办法知道这一点，对此查尔默斯质疑，猜想实在论与反实在论究竟有何区别？

查尔默斯是一位实在论者，他试图把握实在论与反实在论立场中最有价值的部分，并且提出了他所谓的非表象实在论（unrepresentative realism），他认为，这种观点与约翰·沃勒尔提出的所谓结构实在论（structural realism）有一些相似之处。他指出，科学试图表征实在的结构，并且在表征的精确程度方面取得了渐进的成功，从这种意义上讲，科学是实在论的。赋予实在的数学结构在稳步完善，而伴随那些结构的表现物却常常被替换，因此这两个术语都有它们各自的用处。

本书的标题"科学究竟是什么？"是一个非常富有吸引力的问题。然而，对于前三版的读者来说，若想从书中得到有关这一问题

---

①　见本书原文第 222 页。

的确切答案，他们可能会感到失望。因为作者重申，"不存在这样一种关于科学和科学方法的普遍主张，它可以适用于科学发展的所有历史阶段的所有科学"①。当然，他并不否认，对不同阶段的不同科学进行表征仍是可能的和有意义的，他在本书中就试图对从17世纪科学革命时代到现代的物理学进行表征。查尔默斯指出，虽然哲学家不能提供一个关于科学的普遍说明，但科学哲学家的观点并非是可有可无的。因为，"在推动科学进步方面，科学家们通常是很拿手的，但在阐明那种进步由什么构成方面，他们并不是特别擅长"②，阐述科学的本质和地位的工作仍要留给哲学家来完成。不过他在本书第三版《结语》中承认，他本人通过历史事例只澄清了物理学是什么或者已经是什么。

或许是经过近40年的研究与思考，对自己提出的问题有了更深入的理解，查尔默斯在本书的第四版对这一问题进行了新的阐述。他在这一版中没有对全书进行大的调整，在做了少量删改的同时，又在原来的《结语》之后增加了新的一章《增补篇》。这一章翻译成中文大约有25000余字，是全书篇幅最长的一章。他之所以如此不吝笔墨，就是想利用他在2009年出版的《科学家的原子与哲人石：为何科学成功地认识了原子而哲学却失败了》中最新的研究成果，进一步厘清本书标题所提出的问题。

当然，查尔默斯在这一章中并没有声称，他已经为那个标题中的问题找到了最终答案，他甚至没有说放弃原来认为的不存在关于科学和科学方法的普遍主张的观点。不过，他认为，通过多

---

①　见本书原文第227页。
②　见本书原文第232页。

年的探讨,他已经对科学究竟是什么有了一种比较确切的理解。查尔默斯重申了自己不赞同否证论的立场,他坚持主张,与否证论的观点相反,科学与众不同的特性恰恰就在于,它在一定程度上诉诸经验得到了确证。"有关科学的主张如果经受住了证据的检验,而不仅仅是与证据相适应,且相关的证据是典型地从严格的实验介入中产生的,那么,在这种意义上可以说,这些主张得到了证明。"[①]查尔默斯并不否认,科学知识是可错的;但是他强调,对这种可错性的意义应予以高度限制。而且,"科学是可错的这种意义并不会改变这样的事实:对定律和理论的确证可以达到如此高的程度,以至于它们不可能是完全错误的"[②]。

查尔默斯意识到,为了使他提出的这种确证观更为严谨,必须要有严格限定的确证概念和证据概念,为此,他在这章的第二节进行了专门论述,对确证提出了一系列严格的要求。不仅如此,他还结合科学史的研究,用诸多实例来阐明他的确证观。查尔默斯有意加强对确证概念和证据概念的阐述,一方面是为了给他的确证理论奠定一个较为坚实的基础,另一方面也是为了回应反确证论者的批评。因为在查尔默斯看来,如果关于什么可算作确证有一个比较严格的标准,那么可以看出,在反确证论者所列举的实例中,被拒绝的理论实际上并没有得到证据的确证或者仅仅获得了极为无力的确证。

科学理论的确证不是一个一蹴而就的过程,而是一个不断演进和深化的过程。由于人类的知识水平和技术手段的局限,以前

---

① 见本书原文第 234 页。
② 见本书原文第 235 页。

被确证的理论不可能达到终极的真理，而只能是不断接近真理。因此，它们还有可能被新的理论取代，在查尔默斯看来，这一过程也正是科学发展的过程："那些得到了令人满意的确证的理论因而也就被证明是接近真理的，当它们被比它们更接近真理的理论取代时，科学就向前发展了。"① 而且，查尔默斯强调，以前被确证后来被取代的理论不会被完全抛弃，经过调整后，它们会作为它们的继任者的极限情况继续存在。牛顿理论被爱因斯坦理论取代后的状况，就是一个最典型的实例。

诚然，正如查尔默斯自己承认的那样，科学的独特之处在于它是得到经验证据确证的这一观点本身，并没有什么新颖之处。而他对"科学究竟是什么？"这个问题的回答，依然有不尽如人意之处。不过，他在《增补篇》中对确证问题的详细讨论，尤其是他结合原子论史的研究对科学知识与其他知识的区分，以及他在该章末尾以此为基础对实在论与反实在论之争的再反思，确实反映了他近年来的研究成果，对科学本质的进一步的探讨，有一定的启示意义。而且无论如何，在这里，他毕竟是尝试从科学的意义上，而不像前三版那样仅仅是从物理学的意义上，来回答他自己所提出的问题。

从本书第一版起，查尔默斯就试图通过本书对有关科学本质的现代观点作一简明、清晰和基本的介绍。在实现这一意图方面，可以说，他是比较成功的。作为一位治学严谨的学者，他

---

① 见本书原文第 260 页。

几乎每10年就更新一次本书的内容。尤为难能可贵的是,当他发现书中有没有助益、可能会误导读者或者不十分清晰的段落甚至整个章节时,他都会毫不吝惜地删除。同时,他会借鉴文献中的新进展以及对自己思想的梳理,添加新的段落或章节,使本书不断与时俱进。正是由于这些原因,本书出版后一直广受欢迎。在第四版中,查尔默斯保留了原有的基本观点和清晰流畅的叙述风格,为了使讨论简单明了,查尔默斯尽可能少地使用过于专业化的术语。同时,他借用了大量科学史上的范例,既阐明了自己的论点,又避免了冗长而枯燥的论述。通过不断改进,他向读者全面展示了20世纪至21世纪初科学哲学的基本问题、发展脉络、主要思潮以及最近的动向,不仅评价和比较了各种不同流派观点的长处,分析了它们存在的不足,而且也指出了科学哲学面临的紧迫任务。作者在每章末都推荐了一些延伸读物,这些文献都是相关领域最具代表性的著作,对于想更深入地了解这一领域的读者来说,它们提供了重要的阅读线索,非常有价值。本书对于想进入科学哲学领域的大学生和研究生,无疑是一本非常出色的教材;对于那些从事科学哲学和相关领域研究的学者或者对这个领域感兴趣的人,本书亦不失为一本重要的参考读物。国外有评论家指出,这本书的风格简洁而明晰,所引证的生动事例使其内容丰富而翔实,因而可以说,这是一本充满活力和豪气的很有价值的著作。

本书第四版的中文本根据2013年英文第四版翻译。在翻译过程中,译者参考了包括本书第一版中译本在内的诸多相关著作的中译本,因数目较多,恕不一一列举,谨向各位译者表示感谢和敬意。本书原文的注释都是书末注，为方便读者，译文将注释一律改为当页注。对于这样一本重要著作，译者在翻译时虽不敢有丝毫懈怠，但限于水平，恐怕仍难免有疏漏不当之处，敬请读者朋友批评指正。

译者

2016年8月21日

"像所有年轻人一样我想成为一个天才，
幸好嘲笑打断了我的梦想。"

劳伦斯·达雷尔:《克利亚》①

---

① 劳伦斯·达雷尔（Lawrence Durrell, 1912—1990年），英国小说家、诗人、剧作家，《克利亚》是他的小说《亚历山大四部曲》中的最后一部，出版于1960年。
——译者

目　录

第一版序言

本书旨在就有关科学之本质的现代观点作一简明、清晰和基本的介绍。在我讲授科学哲学时，无论授课对象是学哲学的大学生，还是希望熟悉近年来有关科学的理论的科学家，我日益感到，没有一本、更不用说一小批适当的书可以推荐给初学者。唯一可以利用的有关现代观点的资料来源就是原著。然而，许多原著对于初学者来说太难懂了，而且无论如何，它们卷帙浩繁，要使之适合于大多数学生，并非易事。固然，对于任何想认真研究这一主题的人而言，本书并不能代替原著，但是，我希望本书将提供一个有用的和容易接近的起点，我若不这么做，连这样一个起点也没有。

我打算使讨论简单明了，对于本书大约三分之二的篇幅而言，这一意图已被证明是相当现实的。当我把本书写了大约三分之二，并且开始批判现代观点时，我惊异地发现，首先，我不同意那些观点的程度超出了我的想象，其次，从我的批判中正在产生一种相当有条理的替代观点。本书的最后几章对那种替代观点进行了概述。本书后半部分不仅包含对当前有关科学之本质的观点的概括，而且包含对这类随后出现的观点的概括，一想到这点，我就会感到很高兴。

我对科学史和科学哲学的专业兴趣始于伦敦，始于一种受卡尔·波普尔（Karl Popper）教授的观点支配的气氛之中。从本书的内容中一定可以非常明显地看出，我应该感谢他、他的著作、他的讲座以及他指导的研究班，还应该感谢已故的伊姆雷·拉卡托斯（Imre Lakatos）教授。本书前半部分的形成，从拉卡托斯关于研究纲领方法论的出色文章中获益匪浅。波普尔学派的一个值得注意的特点就是，它要求人们弄清楚自己所感兴趣的问题，并且用一种简单和明确的方式表述自己关于这个问题的观点。虽然在这方面，我主要感激波普尔和拉卡托斯的身体力行，不过，任何我所具有的简洁而清晰的表达能力，大部分来自于我与海因茨·波斯特（Heinz Post）教授的互动，我在切尔西学院（Chelsea College）的科学史和科学哲学系进行与博士论文有关的专题研究时，他是我的指导老师。我无法摆脱这样一种不安的心情：他会把本书的副本退还给我，并且要求我把他不理解的部分重写。我要特别感谢我在伦敦的同事，他们大部分在那时还是学生，其中有一位名叫诺蕾塔·科特奇（Noretta Koertge）①，现在执教于印第安纳大学（Indiana University），她曾给了我很大帮助。

　　我在前面提到了作为一个**学派**的波普尔学派，但是，直到离开伦敦到达悉尼以后我才充分认识到，我在什么程度上曾

---

　　① 诺蕾塔·科特奇，美国女科学哲学家、小说家，波普尔的弟子，以其对波普尔和科学合理性的研究而著称。她自1981年起担任印地安纳大学科学史和科学哲学系教授，现为荣誉教授。科特奇曾于1999—2004年担任《科学哲学》杂志主编，2004—2008年担任《新科学传记辞典》主编。另外，她还主编过《沙滩上的房屋：后现代主义科学神话揭秘》（1998）、《科学价值观与公民道德》（2005）等文集。——译者

经隶属于一个学派。我惊讶地发现,有一些受L. 维特根斯坦（Wittgenstein）或威廉·V. O. 奎因（William V. O. Quine）或K. 马克思影响的哲学家们认为,波普尔在许多问题上是完全错误的,有些人甚至认为,他的观点毋庸置疑是很危险的。我认为,我从那种经历中学到了许多东西。正如本书后面的部分所证明的那样,我所获得的认识之一就是,在许多重要问题上波普尔的确是错了。但无论如何,这并不能改变这样一个事实,即波普尔的方法比我所遇到的大多数哲学系采用的方法好无数倍。

我非常感激我在悉尼的朋友,他们帮助我从沉睡中清醒过来。我这么说并不是想暗示,我接受了他们的观点而没有接受波普尔的观点。他们也知道不是这样。可是,由于我没有时间说一些有关框架之不可公度性的蒙昧主义的废话（在这里,波普尔学派的人会竖耳倾听）,我不得不对我在悉尼的同事和对手的观点予以关注和做出反驳,这使得我必须了解他们观点的长处和我自己观点的不足。在这里,我把琼·柯托伊斯（Jean Curthoys）和沃尔·萨奇汀（Wal Suchting）①挑选出来特别提一下,但愿这样做不会让什么人感到心烦意乱。

幸运和和专心的读者,会在本书中发现从弗拉基米尔·纳博

---

① 琼·柯托伊斯（1947— ）,澳大利亚女哲学家,撰有《女性主义失忆》（1997）、《维克托·达德曼的语法与语义学》（合著, 2012）等著作。

沃尔·萨奇汀（1931—1997年）,澳大利亚已故哲学家,专注于科学哲学和马克思主义,撰有《马克思与哲学》等著作。——译者

科夫（Vladimir Nabokov）[1]那里悄悄借用的古怪的比喻，并且会体会到我对他的某种谢意（或歉意）。

最后，我要向那些对本书漠不关心的朋友、不打算阅读本书的朋友以及在我撰写本书时不得不迁就我的朋友表示热情的"问候"。

艾伦·查尔默斯

1976年于悉尼

---

[1] 弗拉基米尔·纳博科夫（1899—1977年），20世纪杰出的美籍俄裔作家，同时也是文体家、批评家、翻译家、诗人、教授和鳞翅目昆虫学家，因其卓越的文学成就，被誉为"当代小说王子"；其代表作有用俄语创作的小说《天赋》（1963）和用英语创作的《洛丽塔》（1955）、《昏暗的火》（1962）、《艾达》（1969）等。——译者

第二版序言

从对本书第一版的反响来看,本书的前8章似乎很好地起到了"就有关科学之本质的现代观点作一简明、清晰和基本的介绍"的作用。人们似乎也相当普遍地一致认为,后4章未能起到这样的作用。因此,在这次的修订扩充版中,本书第一至八章没有什么实质性的修改,我用了全新的6章取代了第一版最后的4章。第一版后半部分存在的问题之一是,它没有继续进行简明和基本的讨论。我已经做了尝试,使新增加的那几章简明易懂,不过我担心,在讨论最后两章的复杂问题时不能完全做到这一点。虽然我试图使讨论简洁浅显,但并不指望我因此就不会引起争议。

本书第一版后半部分的另一个问题是有欠清晰。尽管我依然确信,我在那里的大部分探索其大方向是正确的,但我的确像我的批评者明确地指出的那样,未能表述一种始终一贯和论证完备的立场。不能把所有这一切完全归咎于路易·阿尔杜塞(Louis Althusser),写作之时引用他的观点是很流行的做法,在本书新的这一版中,仍然可以在一定程度上看到他的影响。我已经从我的经验教训中学到了一些东西,在未来,我将非常小心翼翼,以免不适当地受到巴黎最新时尚的影响。

　　我的朋友特里·布莱克（Terry Blake）和丹尼斯·拉塞尔（Denis Russell）使我相信，保罗·费耶阿本德（Paul Feyerabend）的著作的重要性比我以前打算承认的大得多。在本书的新版中，我对他予以了更多的关注，并且试图把小麦与谷壳区分开，把反方法主义与达达主义区分开。我也必须把有重要意义的话与"有关框架之不可公度性的蒙昧主义的废话"区分开。

　　本书的修订在很大程度得益于诸多同事、评论者和通信者的批评。我不想把他们的名字一一列出来，但我承认我受惠于他们，并且要在此表达我的谢意。

　　由于这一修订本有了一个新的结尾，封面上那只猫原来的特征没有了。然而，尽管这只猫没有了胡须，但她似乎有相当一批拥护者，因此我们保留了她，只不过要请读者对她咧嘴笑的表情重新作一番解释。

艾伦·查尔默斯

1981年于悉尼

第三版序言

这一版对前一版进行了大范围的重写，在这一版中，原有的诸章中只有少数几章基本保持了原貌，多数都被替换了。这一版的许多章都是新增加的。有两个理由说明，这样的改变是必要的。第一，从第一次撰写本书以来的20年间，我一直从事科学哲学入门课程的教学工作，教学经验使我懂得了如何把这项工作做得更好。第二，在过去的10年或20年中，科学哲学有了如此重大的发展，以至于任何一本入门性的教科书都需要对此予以说明。

当今有影响的一个科学哲学学派有这样一种尝试，即用一条概率计算的定理——贝叶斯定理来建立对科学的说明。第二种倾向是"新实验主义（the new experimentalism）"，它比以往任何时候都更关注科学中实验的本质和作用。第十二章和第十三章分别对这些思想流派进行了描述和评价。最近的研究，尤其是南希·卡特赖特（Nancy Cartwright）的研究，把有关科学中所出现的规律之本质的问题提到了显著的地位，因此，新的这一版专门辟出一章讨论这一话题，以便与有关科学的实在论解释与反实在论解释的争论齐头并进。

因而，虽然我不想冒昧地说我已经为构成本书标题的问题提供了明确的答案，但我已经尽了力，以便与当前的争论保持同步，

并且用一种较少专业化的方式把它介绍给读者。每章的结尾都
有一些关于延伸读物的建议，对于那些希望更深入地研究这些问
题的读者来说，这些读物将是他们的一个有用的全新起点。

对于那些使我知道如何修订本书的同事和学生，我不想一一
列出他们的名字。1997年6月在悉尼举行了"走过20年的《科学
究竟是什么？》"国际研讨会，这次会议使我获益匪浅。我要感谢
那次研讨会的主办方：英国文化委员会（the British Council）、
昆士兰大学出版社（the University of Queensland Press）、开放大
学出版社（the Open University Press）、哈克特出版公司（Hackett
Publishing Company）和《出版之树》（Uitgeverij Boom）杂志社，
还要感谢那些参加和参与这一活动的同事和老朋友。这件事极
大地鼓舞了我的士气，并且激励我从事包括重写这本教科书这
样的重要工作。大部分重写工作是在我担任麻省理工学院狄
布涅尔科学技术史研究所（the Dibner Institute for the History of
Science and Technology, MIT）的研究员时完成的，我要对这家研
究所表达感激之情。对于从事某种需要聚精会神的工作而言，我
不可能期望还有比这里更有益和能提供更多支持的环境。我要
感谢哈索克·张（Hasok Chang），他仔细阅读了本书的手稿并且
提供了有益的意见。

我已经忘记了这只猫咧嘴笑的含义，我似乎应找到一种继续
认可它的解释，这样会令人感到宽慰。

艾伦·查尔默斯

1998年于马萨诸塞州剑桥市

第四版序言

自本书于1976年首次出版以来，我曾有两次发现这样做是恰当的，即把我发现没有助益、可能会误导读者或者不十分清晰的段落甚至整个章节移除，同时，借鉴文献中的新进展以及我对自己思想的梳理，添加新的段落或章节，从而撰写出本书新的版本。怀着这样的目的，带着批评的眼光，我最近再次阅读了本书第三版。但我并没有像在重新评价本书的第一版和第二版时那样，发现许多令我不满的地方。不过，我确实弄清了可以把本书的诸关键论题阐释清晰并予以扩展的方法。这种再思考的主要源泉来自于我的《科学家的原子与哲人石：为何科学成功地认识了原子而哲学却失败了》（ *The Scientist's Atom and the Philosopher's Stone: How Science Succeeded and Philosophy Failed to Gain Knowledge of Atoms* ），亦即来自于我写作该书时所从事的研究的成果。关于科学对原子的认识何以成为可能的描述，已被证明是一个可利用的实例资料源，可用来说明和支持我有关与其他类型的知识相对的科学知识之独特性的主要观点。因此，我在本书第四版中增加了一个《增补篇》，其中吸收了这一资料，以便于澄清科学究竟是什么这个问题。

在21世纪的第一个10年，阿德莱德的弗林德斯大学

（Flinders University）哲学系成了我的学术家园。我要感谢我在那里的同事，尤其是罗德尼·艾伦（Rodney Allen）、乔治·库瓦利斯（George Couvalis）和格雷格·奥海尔（Greg O'Hair），多亏了他们的帮助，才使得那一时期的生活富有成效。在诸多为我提供过帮助、支持和建设性批评的学者中，值得特别一提的是厄休拉·克莱因（Ursula Klein）、黛博拉·梅奥（Deborah Mayo）、艾伦·马斯格雷夫（Alan Musgrave）和约翰·诺顿（John Norton）。从2003至2005年，我的研究得到了澳大利亚学术研究理事会（Australian Research Council）的经费支持。我有幸获得资助到新西兰坎特伯雷大学（the University of Canterbury）、匹兹堡大学（the University of Pittsburgh）做访问学者，并在布里斯托尔大学（the University of Bristol）访学一个学期。上述全部赞助使我获益匪浅，令我感激不尽。桑德拉·格兰姆斯（Sandra Grimes）是我的一位始终如一、十分令人赞赏的支持者，夸张点说，是一位非常宝贵的支持者。

艾伦·查尔默斯
2012年于悉尼

导　言

　　科学得到了高度的尊敬。显然，人们普遍持有这样一种信念，即科学及其方法具有某种特殊的东西。说某种主张或某个推理方法或某项研究是"科学的"，就是想以某种方式暗示它们具有某种价值或某种特别的可靠性。但是，如果科学真有什么特殊的东西的话，那么它是什么呢？这种据称能导致特别有价值或特别可靠的结果的"科学方法"是什么呢？本书就是阐明和回答这类问题的一种尝试。

　　尽管有些人已从对科学的梦幻中醒悟过来，因为他们认为科学应对例如氢弹和污染等结果负责，但有许多日常生活的证据表明，科学仍然获得了高度的尊重。各种广告常常断定，某种特殊的产品已在科学上证明比与其竞争的产品更可靠、更有效、更性感，或者在某些方面更胜一筹。这样做就是想暗示，那些断言是有特别充分根据的，并且可能是没有争论余地的。最近的一个倡导基督教科学的报纸广告，以"科学断言基督教的《圣经》(Bible)被证实是真的"作为标题，进而告诉我们："现在，甚至连科学家自己都相信它"。在这里我们看到的是，直接诉诸科学和科学家的权威。我们也许有理由问一下：这种权威的基础是什么？对科学的高度尊重并非仅仅限于日常生活和大众媒体。这种情况在学术界和高等院校也是显而易见的。许多研究领域现在被它们的支持者描述为是科学，他们大概要尽力暗示，他们所使用的方法像传统科学如物理学和生物学一样是有牢固基础的，并且有可能是富有成果的。现在，"政治科学"和"社会科学"已经成了常见的用语。许多马克思主义者热衷于坚持历史唯物主义是一门科学。此外，图书馆科学、管理科学、演讲科学、森林科学、乳品科学、肉类和家畜科学以及丧葬科学，都出现在大学的教学提纲中了。[①]有关"创世科学"的地位的争论仍在进行之中。在这一背景下值得注意的是，参与争论的双方都假定存在着某种特别的"科学"范畴。他们的分歧是，创世科学是否具有科学的资格。

　　许多所谓的社会科学或人文科学都赞成一种论证方式，这种方式可以大致表述如下："据假定，物理学过去300年无可怀疑的成功应归因于应用了一种特殊的方法，即'科学方法'。因此，如果社会科学和人文科学要像物理学那样取得成功，那么首先要理解和阐明这种方法，然后要把它应用于社会科学和人文科学。"这种论证方式引出了两个根本性的问题，亦即，"这种所谓的物理学成功之关键的科学方法是什么？"以及"把那种方法从物理学转移并应用到其他领域是否合理？"

　　所有这一切突出了这样一个事实，即有关与其他种类的知识相对的科学知识的独特性问题，以及有关科学方法的严格界定问题，被人们看成是极有价值和意义重大的。然而，正如我们即将看到的那样，对这些问题根本无法做出直截了当的回答。有一种

---

　　① 这一清单摘自 C. 特拉斯德尔（C. Trusedell）的一项调查，转引自 J. R. 拉维茨（J. R. Ravetz）的著作（1971），第387页注释。

xx

尝试旨在把握回答这些问题的普遍的直觉知识,这一合宜的尝试也许可以用这样一种思想来概括:科学最特别之处在于,它是从事实中推导出来的,而不是以个人的观点为基础的。这也许体现了这样一种观念:虽然人们对查尔斯·狄更斯(Charles Dickens)的小说和D. H.劳伦斯(D. H. Lawrence)的小说的相对优点可能有不同意见,但是对伽利略(Galileo)的相对性理论和爱因斯坦(Einstein)的相对论的相对优点,人们的观点却没有这样变化的余地。据假设,正是事实决定着爱因斯坦的创新超过了以前有关相对性的观点,任何意识不到这一点的人绝对是错误的。

　　正如我们即将看到的那样,对于这一思想,即科学知识与众不同的特征就在于它是从经验事实中推导出来的,纵使认同,也只能以一种非常谨慎和高度限制的方式认同。我们无意之中会发现一些理由,使我们可以怀疑,通过观察和实验所获得的事实是否像传统上假设的那样是直接的和可靠的。我们还会发现,可以提出强有力的论据来支持这一主张:即使假设可以获得一些事实,也不能通过参照那些事实确定地证明或确定地反驳科学知识。有些支持这种怀疑论的论据是以对观察之本质的分析为基础的,并且是以逻辑推理的本质和逻辑推理的能力为基础的。另一些则来自于对科学史和当代科学实践的密切注视。对科学史的日益重视,已经成为现代科学理论发展和现代科学方法论发展中的一个特点。这种情况引起了一个令许多科学哲学家困惑的结果,这就是:科学史上那些通常被认为是最能体现重大进展的事件,无论它们是伽利略、牛顿(Newton)、达尔文(Darwin)抑或爱因斯坦的创新,都与权威的对科学哲学解释所说的它们本应如何的情况不相符。

对于这种认识，即科学理论不能被确定地证明或反驳，而且哲学家的重构与科学中实际发生的情况几乎没有什么相似之处，有一种回应就是，完全放弃这一思想，即科学是按照某种特殊的方法进行的合乎理性的活动。正是某种与此有些类似的反应导致哲学家保罗·费耶阿本德（1975）撰写了一本题为《反对方法：无政府主义认识论纲要》（*Against Method: Outline of an Anarchistic Theory of Knowledge*）的著作。按照从费耶阿本德后来的著作中业已看到的最极端的观点，科学没有任何特殊的特性使得它在本质上优越于其他种类的知识，例如古代的神话或伏都教。对科学的高度尊重看起来像是一种现代宗教，其作用类似于基督教在欧洲古代时期所起的作用。这就是在暗示，对科学理论的选择可以归结为根据个人的主观价值和意愿所决定的选择。

费耶阿本德对那些使科学合理化的尝试表示怀疑，那些近年来从社会学角度或所谓的“后现代主义”角度写作的作者也都持有这样的怀疑态度。

这种对关于科学和科学方法的传统解释所遇到的困难的反应，将受到本书的抵制。本书所做的一种尝试是，承认费耶阿本德和其他许多人所提出的挑战中合理的东西，但对科学所做的说明，仍要以一种能够回答那些挑战的方式，来体现科学独特的和与众不同的特点。

第一章　科学是从经验事实中推导出来的知识

1. 一种广泛持有的常识科学观

在《导言》中，我斗胆指出，对于科学知识具有与众不同的特点的流行观念，可以用一句口号来表述："科学是从事实中推导出来的"。在本书的前4章中，我将对这种观点进行一种批判性考察。我们将会发现，对人们典型地认为包含在这个口号中的许多东西，是无法为之辩护的。不过，我们依然会发现，这个口号也不完全是不明智的，我将试图阐明它的一种合乎情理的形式。

当有人声称科学的特别之处就在于它是以事实为基础时，这些事实被假定为是一些关于世界的主张，它们可以通过细致和无偏见地运用感官直接证实。科学是以我们所能看到、听到和触摸到的东西为基础的，而不是以个人的观点或推测性的想象为基础的。如果对世界的观察是通过细致和无偏见的方式进行的，那么，以这种方式确定的事实将为科学构建一个可靠的和客观的基础。再进一步，如果推理使我们能从这些事实基础上推论出构成科学知识的定律和理论，而且这种推理是完备的，那么，由此产生的知识本身就可以被看成是得到了可靠证实的和客观的。

以上这些评论，就是一个人们耳熟能详的传说的梗概，它在范围广大的有关科学的文献中都有所反映。在其论述科学方法的一本著作中，J. J. 戴维斯［J. J. Davies（1968），第8页］写道："科学是建立在事实基础上的一栋大厦"，对于这样一个论题，H. D. 安东尼［H. D. Anthony（1945），第145页］曾做过详细的阐述：

> 导致与传统决裂的与其说是伽利略所进行的观察和实验，莫如说是他对观察和实验的**态度**。对于他来说，以观察和实验为基础的事实就会被认为是事实，并且被认为是与某种先入为主的观念无关的……观察事实也许符合也许不符合现已承认的宇宙图式，但是，按照伽利略的观点，重要的是接受事实，并且建立符合这些事实的理论。

在这里，安东尼不仅清楚地表述了这种观点，即科学知识是以观察和实验所确定的事实为基础的，而且也谈及了历史上对这种观点的一种曲解，而在这方面，他并非是独一无二的。有一种颇有影响的主张认为，历史事实其实是这样，现代科学诞生于17世纪初叶，那时，人们刚开始认真地采取这样一种策略，即把观察事实真正当作科学的基础。在那些欣然接受并且利用这个关于科学诞生的传说的人看来，在17世纪以前，观察事实并没有被真正当作知识的基础。相反，按照人们所熟知的传说，知识在很大程度上是以权威尤其是以哲学家亚里士多德的权威和《圣经》的权威为基础的。只有当这种权威受到像伽利略这样的新科学的先锋诉诸经验的挑战时，现代科学才成为可能。以下是常被人们谈起的有关伽利略和比萨斜塔的故事，这段叙述引自 F. J. 罗博瑟姆（F. J. Rowbotham）的著作（1918，第27—29页），它相当明确地体现了上述思想：

> 伽利略和大学教授们一起做的第一个令人信服的实验，与他对用落体说明的运动规律的研究有关。有一条公认的亚里士多德的公理认为，落体的速度是受它们各自的重量制约的：因而，一块两磅重的石头落下时要比只有一磅重的石头快一倍。在伽利略提出他的否定意见之前，似乎没有人怀疑这一规律的正确性。伽利略断言，重量与下落速度无关，而且……两个重量不等的物体……将同时落在地面。当伽利略的命题受到许多教授嘲笑时，他决定当众对它进行检验。为此，他邀请整所大学的人去见证他将在斜塔上完成的实验。第二天清晨，他出现在聚集在一起的大学师生和市民的中间，他带着两个球登上这座塔的塔顶，其中的一个球重100磅，另一个重1磅。在小心翼翼地使这两个球在护墙边上保持平稳后，他同时推动了它们，它们看起来是在以同样的速度下落，过了一会儿，随着一声重响，它们一起撞击地面。旧的传统变成了错误，而以这位年轻的发现者为代表的现代科学，证明了她的地位。

我把科学知识是从事实中推导出来的观点称之为常识科学

观,有两个思想学派都试图使这种观点形式化,其中一个是经验主义学派,另一个是实证主义学派。在英国,17和18世纪的经验主义者,尤其是约翰·洛克（John Lock）、乔治·贝克莱（George Berkeley）和大卫·休谟（David Hume）,都认为所有知识都应当从某些观念中推导出来,而这些观念是通过感官知觉植入头脑中的。关于什么可算作事实,实证主义者有一种更宽泛而且较少心理学倾向的观点,不过他们也像经验主义者一样,认为知识应当从经验事实中推导出来。逻辑实证主义学派是20世纪20年代发源于维也纳的一个学派,它继承了奥古斯特·孔德（Auguste Comte）在19世纪提出的实证主义,并且试图使之形式化,它密切关注科学知识与事实之关系的逻辑形式。经验主义和实证主义持有共同的观点：科学知识应当以某种方式从观察所得的事实中推导出来。

科学是从事实中推导出来的这一主张,涉及了两个截然不同的问题。第一个问题关系到这些"事实"的本质,以及科学家打算怎样获得这些事实。第二个问题关系到,在这些事实获得之后,怎样从它们之中推导出构成我们知识的那些定律和理论。我们将依次研究这两个问题,在本章以及接下来的两章我们将讨论被认为是科学之基础的事实的本质；在第四章我们将讨论这一问题：人们会如何看待科学知识是从事实中推导出来的。

可以把常识观中假设事实是科学的基础的立场区分为三个组成部分,它们分别是：

（a）事实是细心和无偏见的观察者通过感官直接获得的。

（b）事实是先于理论并且独立于理论的。

（c）事实为科学知识构建了一个牢固的和可靠的基础。

我们即将看到，这些主张中的每一个都面临一些困难，至多只能以一种高度限制的方式接受它们。

2. 眼见为实

一定程度上是由于视觉是在观察世界时运用得最广的感觉，一定程度上是由于方便，我将把我对观察的讨论限制在观看的范围。在大多数情况下，不难理解为什么所提出的上述论点要予以修正，以便适用于其他感官。以下也许是对观看的一个简单说明。人类用自己的眼睛看东西。而人类眼睛最重要的组成部分就是晶状体和视网膜，后者的作用像是一个屏幕，晶状体将在这里形成眼睛外部的客体的映像。来自被观察物的光线，通过居间媒介从客体到达晶状体。这些光线会被晶状体的物质折射，通过这种方式它们被送到视网膜上的一个焦点，从而形成客体的一个映像。到这里为止，眼睛的功能与一架照相机的功能是相似的。但在记录最终成像方面，它们有很大差异。视神经从视网膜通到大脑的中枢皮层。这些神经将输送有关到达视网膜的不同区域的光的信息。正是大脑对这种信息的记录，构成了人类观察者观看物体的过程。当然，对这一简化的描述还可以增加许多细节，但所提供的这一说明已经把大致的观点表达出来了。

前面对通过视觉进行观察的说明，强烈地暗示了包含在常识科学观或经验主义科学观中的两个论点。第一个论点是，一个人类观察者或多或少会直接获得有关世界的某些事实的知识，因为

5

这些事实是大脑在观看的活动中记录下来的。第二个论点是，两个正常的观察者在同一地点观看同一物体或同一景象时，将"看到"相同的东西。到达每个观察者的眼睛的同样的光束，将被他们正常的眼球晶状体聚焦在他们正常的视网膜上，并且会导致相似的视觉映像。随后，相似的信息会通过每个观察者正常的视神经传输到他们的大脑，从而使两个观察者的观看过程产生同样的结果。在以下诸节我们将会明白，为什么这种描述会使人产生严重误解。

3. 视觉经验并非仅由被观察对象决定

　　按照最典型的常识观，关于外在世界的各种事实是由视觉直接提供给我们的。我们需要做的就是面对我们眼前的世界，并且记录我们在那里的所见之物。我完全可以通过注视我眼前的东西来证实，我的书桌上有一盏灯，或者我的铅笔是黄色的。这种观点可以得到我们业已看到的一种有关眼睛如何工作的叙述的支持。如果这就是眼前的一切，那么，所见之物就理应是由被观看物的性质决定的，而且观察者在面对同样的景象时，总会获得同样的视觉经验。然而，有大量证据显示，情况完全不是这样。两个正常的观察者在同样的物理环境下、从同一地点观看同一物体时，即使在他们各自的视网膜上的映像可能实质上是相同的，也并非必然会获得同样的视觉经验。两个观察者不一定会"看到"同样的东西这一点，有着重要的意义。正如N. R. 汉森［N. R. Hanson（1958）］指出的那样："看不仅仅是与眼球相遇"。可以用一些简单的例子来说明这一点。

我们中的大多数人第一眼看图1时,看到的是一个楼梯的素描,其梯级上表面是可以看见的。但这并非是我们可能看到它的唯一方式。也可以毫不困难地把这幅图看成是一个可以看见其梯级下表面的楼梯。接下来,如果你盯着这幅图看一段时间,你通常都会发现,你所看到的是一幅频繁和不知不觉地变换的图,由从上方看的楼梯,变成从下方看的楼梯,随后又会变回去。似乎可以合理地假设,既然它仍是观察者所看到的同一个物体,视网膜映像并没有变化。这幅图究竟是被看作一个从上方看的楼梯抑或从下方看的楼梯,似乎并不取决于观看者的视网膜映像,而是取决于某种其他因素。我猜想,没有一个本书的读者会怀疑我的这一主张:图1描绘的是一个楼梯。然而,对于非洲部落的成员来说,由于他们的文化中并不含有用二维透视画描绘三维物体的习惯,当然也没有用这种方式描绘楼梯的习惯,因而对那些部落成员的一些实验表明,他们根本不会把图1看成是一个楼梯。这样,似乎又可以推断,在看的活动中,个人所获得的视觉经验并非完全是由他们视网膜上的映像决定的。汉森的著作(1958,第1章)中还有更多可以说明这一点的令人着迷的例子。

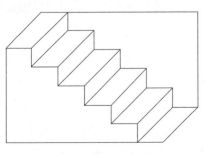

图1

一幅儿童画谜提供了另一个实例，这幅画谜要求在一棵树的素描画上，从其树叶中找出一个人脸的画像。在这里，最初所看到的，亦即一个观看这幅素描的人所体验到的主观印象，是一棵树，它有树干、树枝和树叶。但是，一旦在树叶中发现人脸，这种情况就会改变。曾经被看成是树枝和树叶的部分，现在被看出是一张人脸。同样，在解开这个谜之前和之后，人们所看到的是同一个物理对象，因而可以假定，当这个谜被解开、人脸被发现时，观察者视网膜上的映像没有变化。如果一个观察者一旦解开了这个谜，以后再看这幅画，他就会很容易而且很快地看到那张脸。这似乎意味着，在某种意义上，观察者所看到之物是受他或她过去的经验影响的。

也许有人会问："这些构想出来的例子与科学有什么关系？"对此的回答是，可以很容易地举出各种科学实践的例子，它们说明了同样的观点，即当观察者注视某一个物体或某一景象时，他们所看到的东西，他们所经历的主观体验，并非仅由他们视网膜上的映像决定，它也依赖观察者的经验、知识和期望。这一点也隐含在这种无可争辩的认识中：人必须通过学习才能成为一个合格的科学观察者。任何曾经历过学习用显微镜进行观察的人，不需要什么说服就会相信这一点。当一个初学者通过显微镜观察一个导师提供的载玻片时，即使在导师可以用同一架显微镜观察同一个载玻片很容易辨别细胞的实际结构的情况下，也很少有初学者能够辨别出它们。注意到以下这一点是很重要的，即在这种情况下，会用显微镜的人，当他们意识到所要观察的是什么时，在一些经过适当准备的环境中，他们不会觉得观察细胞分裂有很大困难；而在这一发现之前，这些细胞分裂活动并未受到观察，尽管我们现在知道，在许多用显微镜观察的标本中，有待观察的细胞分裂活动肯定在进行。迈克尔·波拉尼［Michael Polanyi（1973，第101页）］描述了一个医学系的学生在学习通过检查X光照片进行诊断时，他的知觉经验的变化：

> 　　考虑一下一个医学系的学生参与用X光照片对肺病进行诊断的过程。他在一间暗室中注意到，在置于患者胸前的荧光屏上有一些影迹，并且听到放射科医师用专业语言对他的助手评论这些阴影的重要特征。一开始，这个学生完全茫然不解。因为他从X光胸片上只能看到心脏和肋骨的影像，以及它们之间的少许蛛状斑。专家们似乎是在大肆渲染他们虚构的想象；而他却看不到他们所谈论的东西。以后，他又继续听了几个星期，仔细观看一些全新的不同病例的照片，他的头脑中会萌生一种尚不确定的理解；渐渐地，他会忘记那些肋骨而开始看到肺。最终，如果他理智地坚持不懈，一幅内容丰富、包含了重要细节的全景图就会展现在他面前：生理变异和病理变化，疤痕，慢性传染病以及急性病的征候等等。他进入了一个新的世界。虽然他仍然只能看到专家们所能看到的一部分，但是现在，那些照片和对它们的大部分评论确实变得有意义了。

　　在面对同样的情况时，经验丰富并且经过特殊训练的观察者的知觉经验，与未经训练的新手的知觉经验是不同的。就知觉是通过感官直接获得的这一主张的字面解释而言，上述结论是与之相冲突的。

我关于观察的主张得到了我所利用的一些例子的支持，对于这一主张一种常见的回应是，观察者在同一地点观看同一景象时看到了相同的事物，但是他们以不同的方式进行了解释。我想对此予以反驳。就知觉而言，一个观察者直接和立刻接触到的唯一事物，就是他或她的经验。这些经验的获得，并非仅由某个因素决定而且是一成不变的，相反，它们是随着观察者所拥有的知识和期望而有所不同的。我愿意承认，观察者视网膜上的映像是唯有物理环境才能提供的东西，而一个观察者与那个映像并没有直接的知觉接触。常识观的辩护者假设，在知觉过程中，存在着某种我们唯一能获得的东西，对它可以用不同方式来解释；他们这种做法就是不顾所存在的许多相反的证据，未经论证而假设，我们视网膜上的映像完全决定了知觉经验。他们是在过分地用照相机进行类推。

9　　说了这些之后，请允许我尝试着澄清一下什么是我**无意**在这一节中主张的，以免被人理解为我是在论证我并不想要论证的东西。首先，我当然并非主张，我们的视网膜映像的物理原因与我们所看到之物无关。我们不可能只看到我们想看到之物。不过，就我们所见为何物而言，尽管构成其原因的有一部分是我们的视网膜映像，而另一部分非常重要的原因却是我们的精神或大脑的内部状态，这种状态本身将取决于我们的文化教养、我们的知识以及我们的期望，而不会仅由我们的眼睛的物理性质和所观察的景象决定。其次，在一些有很大差异的环境下，我们在不同情况下看到的东西仍然保持着相当的稳定性。我们所看到之物对我们的精神或大脑的状态的依赖，并不是如此易于变化，以致使交流和科学变得不可能了。最后，在这里所引用的所有例子中都包含着这样的意思，即所有观察者所看的是同一物。我在这本书的通篇都承认并且以之为先决条件的是，有一个单独的和唯一的物理世界，它独立于观察者而存在。因此，当许多观察者观看一幅画、一台仪器、一块显微镜载玻片或无论什么东西时，都包含着这样的意思，即他们所面对、所注视因而所看的是同一物。但并不能由此推论出，他们具有相同的视觉经验。从某种非常重要的意义上讲，他们并没有看到相同的事物，正是以这后一种意义为基础，我要质疑这样的观点，即事实是毫无疑问和直接地通过感官提供给观察者的。对于适用于科学的事实可以被感官证实这一观点，这种质疑会在什么程度上削弱其基础，仍有待观察。

4. 用命题表述的可观察事实

在常规语言的用法中，"事实"的含义是模糊不清的。它既可以指表达事实的命题，也可以指这样一个命题所涉及的事物的状况。例如，月球上有山脉和环形山是一个事实。在这里，可以把事实当作是指山脉或环形山本身，而"月球上有山脉和环形山"这一命题则可以被看作构成了这个事实，二者择一。当有人说科学是基于事实并且是从事实中推导出来的时候，显然，上述两种解释中的后一种是适当的。关于月球表面的知识并不是基于山脉和环形山并由此推导出来的，而是从关于山脉和环形山的事实命题中推导出来的。

除了把被理解为命题的事实与那些命题所描述的事实状况相区分之外，显然还有必要把事实命题与可能导致人们把那些命题作为事实而接受的知觉经验相区分。例如，毋庸置疑，正是由于达尔文在小猎犬号（*the Beagle*）进行了他那著名的航行，他才遇到了许多新的植物和动物物种，因而才会有许多新的知觉经验。然而，如果他就此止步，无继续作为，他也不会为科学做出重大贡献。只有当他系统地阐述了描述新物种的命题，并且使这些命题可被其他科学家利用之后，他才为生物学做出了重大贡献。在小猎犬号上的航行导致了新事实的发现，而一种进化论的推导可能与这些新事实有关，就此而言，正是命题构成了那些事实。对于那些想断言知识是从事实中推导出来的人来说，他们必然会考虑到一些命题，而不是知觉经验或像山脉或环形山这样的对象。

以这种分类作后盾，我们回过头来再看一下在结束本章第一节时提出的从（a）到（c）关于事实的本质的主张。一旦我们做了这样的分类后，它们立刻就显得有很大的疑问了。既然有可能构成科学的适当基础的事实必须以命题的形式呈现，那么，事实是直接通过感官获得的这一主张，看起来完全被误解了。即使我们撇开前一节所突出的那些困难不谈，并且假设知觉经验是在看的活动中直接提供给人们的，但显然情况不是这样：描述那些事物的可观察状况的命题（我愿意把它们称作观察命题）是经由感官提供给观察者的。认为事实命题通过感官而进入大脑是荒谬的。

在一个观察者系统阐述并认可一个观察命题之前，他或她必须拥有适当的概念框架以及如何恰当地应用它的知识。当我们

思忖一个孩子学习描述世界（亦即形成关于它的事实命题）的方 11
式时，这一点就会变得十分清楚。考虑一下一个父亲教一个孩子
如何识别和描述苹果。这位父亲拿一个苹果给孩子看，指着它说
出"苹果"这个词。这个孩子通过模仿很快就学会了重复"苹果"
这个词。掌握了这个特殊的技艺后，也许第二天，这个孩子遇到
了一个与苹果相像的网球，他便指着它说"苹果"。这时候，父亲
就会插话解释说，那个球不是苹果，并且证明，例如，不能像咬苹
果那样咬它。对于这个孩子还会犯的其他错误，例如，把一个佛
手瓜当作苹果，需要父亲作更为详细的解释。当这个孩子在眼前
有苹果时便能够准确地说那里有一个苹果时，他已经学了很多有
关苹果的知识。因此，这样的假设，即在从事实中推导出有关苹
果的知识以前我们必须先注意有关苹果的事实，似乎是错误的，
因为被阐述为命题的适当的事实，是以相当多的关于苹果的知识
为先决条件的。

让我们从有关孩子的讨论，转向与我们的目标——理解科
学有更密切关系的一些事例。想象一个有专业技能的植物学家，
以及一些像我本人这样的基本上对植物学所知寥寥的人，我们与
他一起参加一次进入澳大利亚丛林的实地考察旅行，目的是要收
集一些有关当地植物群的可观察事实。毫无疑问，情况肯定是这
样：这位植物学家所能收集到的事实，比我所能观察到并且能够
阐明的事实，数量更多并且需要更强的辨别能力，其中的原因是
不言而喻的。植物学家有一个比我更详尽的概念图式可资利用，
而这是因为他或她比我了解更多的植物学知识。一定的植物学
知识是阐述观察命题的先决条件，而这些命题也许会构成这种知

识的事实基础。

因此,记录可观察事实所需要的不仅仅是,接受以投射到眼球的光线的形式而出现的刺激。它还需要有关适当的概念图式的知识和如何应用它的知识。从这种意义上说,就不能原封不动地接受假设(a)和假设(b)。事实命题并不是由感官刺激直接决定的,观察命题要以知识为先决条件,因而情况就不可能是这样:我们先确定事实,然后再从它们之中推导出我们的知识。

5. 为什么事实先于理论?

我已经把科学是从事实中推导出来的这一主张的一种相当极端的解释,当作了我的出发点。我认为,这种主张意味着,事实的确定必须先于从它们之中对科学知识的推导。换句话说,也就是要先确定事实,然后再建立你的与之相符的理论。然而,一方面我们的知觉经验在一定程度上依赖于我们以前的知识,因而依赖我们的应变准备状态和我们的期望(本章前面已经讨论过),另一方面观察命题以适当的概念框架为先决条件(本章前一节已经讨论过),这两方面的事实都显示,上述要求不可能实现。的确,一旦对它进行仔细的审视,就会发现它是一个相当糊涂的观念,这个观念如此糊涂,以至于我怀疑任何严肃的科学哲学家会愿意为它进行辩护。如果我们对我们所追求的那类知识或者我们试图解决的问题得不到某种指导,我们怎么能通过观察确定有关世界的重要事实呢?为了进行有可能对植物学有重大贡献的观察,我必须对植物学有许多了解才能开始观察。不仅如此,如果在严格意义上的科学中,相关的事实必须总是先于它们可能支持的知识,那么,对我们的科学知识的适当性应当参照可观察事实加以检验这种观念,恐怕也就没有什么意义了。我们对相关事实的搜集需要以我们当前的知识状况为指导,这就告诉我们,例如,在不同地区测量大气层中的臭氧浓度将能导致相关事实的发现,而测量悉尼年轻人头发的平均长度就不能。因此,我们不妨放弃这一要求,即事实的获得应当先于对构成科学知识的定律和理论的系统阐述,这样做过之后,我们再来看一看,从科学以事实为基础这一思想中我们可以挽救什么。

按照我们修正过的立场,我们坦率地承认,对观察命题的系统阐述是以有效的知识为先决条件的,而对科学中相关事实的搜集则是以那种知识为指导的。承认这两点中的任何一点,都不会必然地削弱知识具有观察所确立的事实基础这一主张。我们先来考虑这一观点:对有意义的观察命题的系统阐述,是以关于适当的概念框架的知识为先决条件的。在这里,我们注意到,是否可以获得系统阐述观察命题所需的概念资源是一个问题。而那些命题的真或假则是另一个问题。浏览一下我那本有关固态物理学的教科书,我可以引用两个观察命题,一个是"钻石的晶体结构具有反对称性",另一个是"在一个硫化锌晶体中每个晶胞有 4 个分子"。对于阐述和理解这些命题而言,具备一定程度的关于晶体结构以及如何表征它们的知识是必不可少的。不过,即使你没有那种知识,你也能认识到,还有一些其他的类似命题,它们也能用同样的术语来阐述,例如这样的命题:"钻石的晶体结构不具有反对称性"以及"钻石晶体中每个晶胞有 4 个分子"。对于所有这些命题而言，一旦人们掌握了适当的观察技术，就可以通过观察确定它们的真或假，从这种意义上讲，它们都是观察命题。当进行这样的观察时，唯有从我的教科书中引用的那些命题会被观察证实，而从它们那里构想出来的其他命题将被否定。这说明，知识对于阐述有意义的观察命题是必要的这一事实，仍然没有解决这一问题：在如此系统阐述的这些命题中，哪些是被观察证实的，哪些不是？因此，承认这一点，即在对描述诸多事实的命题进行系统阐述时需要依赖知识，并不会损害知识应当以被观察所证实的这些事实为基础这一观念。只有当有人坚持这种糊涂的要求，即对与某种知识体系相关的事实的证实应当先于对任何知识的了解，这时才会出现问题。

　　由此看来，科学知识应当以被观察所确定的事实为基础这一观念，并非必然会因承认对那些事实的搜集和阐述需要依赖知识而受到损害。如果观察命题的真或假可以通过某种直接的方式被观察所确定，那么，无论那些命题以什么方式被阐述，以这种方式被证实的观察命题，似乎都为我们提供了一个重要的科学知识所需的事实基础。

6. 观察命题的可错性

　　在我们探索如何表征科学的观察基础方面，我们已经取得了一定进展，但我们的疑惑依然存在。在前一节中，我们的分析的先决条件是，观察陈述的真或假能够以一种无可怀疑的方式被观察确定地证实。但是，这样一种预设是否合理呢？我们业已看到，不同的观察者在观看同一景象时不一定会有相同的知觉经验,这一事实有可能会以不同方式引起诸多问题,而且这一情况也可能导致人们对可观察的事物的状况究竟是什么产生分歧。这个对于科学有重要意义的问题,已经被科学史上有充足文献记载的事例证明了,例如,关于M. J. 奈［M. J. Nye（1980）］所描述的所谓N射线效应是否可观察的争论,以及埃奇和马尔凯［Edge and Mulkay（1976）］所描述的悉尼天文学家与剑桥天文学家关于射电天文学初期的哪些事实具有可观察性的争议。到目前为止,对于在面对这些困难时怎样才能为科学确立一个可靠的观察基础,我们几乎还什么都没说。对观察命题的适当性的判断在某些方面依赖于假定的知识,从而使判断成为可错的（fallible）,由于这样的判断方式,就使得有关科学的观察基础的可靠性变得更为困难。我将用一些例子来说明这一点。

亚里士多德把火归入四元素之中,据认为,地球上的所有物体都是由这四种元素构成的。火是一种尽管很轻但却很独特的物质这一假设,持续了上千年,需要现代化学把它彻底推翻。以这一假设为依据从事研究的人们认为,当他们看到火焰蹿到空中时,他们自己是在直接对火进行观察,因此,对他们来说,"火焰向上升腾"就是一个观察命题,它常常可以被观察所证明。我们现在否定了这个观察命题。因为问题在于,如果知识是有缺陷的,而我们又用它提供的一些范畴来描述我们的观察结果,那么,与此相似,以这些范畴为先决条件的观察命题也将会有缺陷。

我的第二个例子涉及在16和17世纪证实的这样一种认识:地球是运动的,它围着地轴进行自转,并沿着环绕太阳的轨道运行。在使这种认识成为可能的环境出现以前，可以说"地球是静止不动的"这一命题是一个被观察证实了的事实。毕竟，人们不能看到或感觉到它在运动，而且，如果我们跳起来，我们下面的地球也不会转走。从现代的观点看，我们知道，尽管存在这些现象，但这里所论及的这个观察命题是假的。我们理解惯性，并且知道，由于地球在旋转，我们在水平方向以每秒100多米的速度运动，既然如此，那么就没有理由证明当我们向空中跳起时这种情况会改变。改变速度需要某种力，而在我们的例子中，并没有一个水平方向的力在起作用。因此，我们与地球表面和我们由之跳起的那个地方保持着相同的水平速度。"地球是静止不动的"并没有像以前人们认为的那样被可观察的证据证实。但是，要对情况为什么会如此加以充分的评论，我们需要对惯性有所理解。这一理解是17世纪的一个创新。这样，我们有了一个例子可以说明，知识构成了做出判断时以之为依靠的背景，对观察命题的真或假的判断以某种方式依赖于这种知识。看起来，科学革命不仅会引起科学理论进步这样的转变，而且还会引起对可观察事实的辨识的转变！

我的第三个例子将会对最后这一点做出进一步的说明。这个例子涉及的是在一年过程中从地球上所看到的金星和火星这两个行星的大小。这是哥白尼（Copernicus）所作暗示的一个推论。哥白尼暗示，地球在金星以外、火星以内的轨道上围绕太阳循环运动，由此推得，金星和火星的表观尺寸在一年过程中应当有显著的变化。这是因为，当地球与这两个行星中的一个在太阳的同一侧运行时，它距该行星相对较近，而当它与其中的一个行星在太阳的两侧运行时，它距该行星相对较远。从定量的角度考虑这个问题时（就像哥白尼本人在他自己的理论中可能考虑的那样），可以看到，这一效应相当可观，所预见的视直径的变化，在火星那里大约有8倍，在金星那里大约有6倍。然而，在用肉眼仔细观察这些行星时，人们无法辨别出金星大小的变化，而火星大小的变化不超过2倍。这样，"金星的表观尺寸在一年过程中不会有大小的变化"这一观察命题，得到了直接证明，并且在哥白尼的《天球运行论》（*On the Revolutions of the Heavenly Spheres*）的序言中被当作"各个时代的所有经验"所证明的事实而提及［M. M. 邓肯（M. M. Duncan），1976，第22页］。A. 奥西安德尔（A. Osiander）是所提到的这篇序言的作者，哥白尼理论的推论与我们的"可观察事实"之间的冲突给他留下了如此深刻的印象，以至于他借用这篇序言来论证，不应当从字面上理解哥白尼理论。我们现在知道，肉眼对行星大小的观测结果是有缺陷的，而且，在黑暗的背景中测量较小的光源的大小时，眼睛是一种极不可靠的装置。但是，需要伽利略来指出这一点，并且说明，在用望远镜观察金星和火星时，怎么就能清楚地观察到所预见的表观尺寸的变化。在这里我们有了一个明确的例子，它说明通过改进知识和技术使得纠正有关可观察事实的错误成为可能。这个例子本身是很普通的，而且也并不难理解。但它确实说明，任何事实上认为科学知识是以从观察中获得的事实为基础的观点必须承认，事实和知识都是可错的和需要纠正的，而科学知识与可以说它以之为基础的事实是相互依赖的。

　　我想用我的口号"科学是从事实中推导出来的"来表现这样一种直觉，即科学知识在一定程度上具有一种特殊地位，因为它是建立在一个可靠的基础之上，而这个基础就是被观察牢固地确定下来的可信赖的事实。本章的有些见解会使这种令人感到安慰的观点受到威胁。因为存在着两种困难，其中的一种困难在于，知觉经验在一定程度上受观察者的知识背景和期望的影响，因而，对一个人看来是可观察的事实，对另一个人就未必如此。第二种困难源自于对观察命题的真假的判断在一定程度上依赖于已知的或假设的知识，这样就使得可观察事实像作为其基础的前提一样是可错的。这两种困难都暗示着，科学之可观察的基础可能并不像人们广泛地和在传统上认为的那样直接和可靠。在下一章中，我将以一种比到目前为止我们讨论中的方法更富有洞察力的方式，通过考察观察的本质尤其是用于科学中的观察的本质，尝试着在一定程度上减轻这种忧虑。

7. 延伸读物

　　对于经验主义者怎样把知识看成是从感官传递给心灵的东西中推导出来的，相关的经典论述请参见洛克的著作（1967），也可参见逻辑实证主义者A. J. 艾耶尔（A. J. Ayer）的著作（1940）。O. 汉福林（O. Hanfling）的著作（1981）是对逻辑实证主义的全面介绍，包括了它对科学的可观察基础的说明。从知觉层次上对这些观点进行挑战的是汉森的著作（1958，第1章）。在H. J. 布朗（H. J. Brown）的著作（1977）以及B. 巴恩斯（B. Barnes）、D. 布鲁尔（D. Bloor）和J. 亨利（J. Henry）的著作（1996，第1—3章）中，可以看到对整个问题的有益讨论。

第二章 作为实践介入的观察

1. 观察具有被动性和个人性抑或 主动性和公共性？

许多哲学家对观察通常的理解方式是，把它看作一种被动的和个人性的事物。据假设，例如，当观看时，我们只是睁开我们的眼睛并对准目标，让信息输入，并且记录所看到的东西；就此而言，观察是很被动的。有人认为，使事实得到确认的，正是观察者的心灵或大脑中的直觉本身，而这个事实也许是，例如，"我的面前有一个红色的西红柿"。如果以这样的方式来理解，那么，对可观察事实的确定就是一个纯属个人性的事务。它是通过个人密切注意由知觉的作用而呈现给他或她的东西来完成的。既然两个观察者并不能获得彼此的知觉经验，因而他们也就无法就假定被他们所证明的事实的确实性展开对话。

这种把知觉或观察看作被动和个人性的观点是完全不适当的，而且没有对日常生活中的知觉做出准确的说明，更遑论准确说明科学中的知觉了。日常的观察远非是被动的。要确定知觉的有效性，有大量事要**做**，其中许多是人们主动地但也许是无意识地做的。在看的活动中我们扫视对象,转动我们的头以便验证所期待的被观察景象中的变化,如此等等,不一而足。如果我们不能肯定通过窗户所看到的景象是在窗外的某物还是窗户上的一个映像,我们可以转一下我们的头,去核实在可以看见这一景象的方向上所产生的效应。有一种普遍的观点认为,对基于我们的知觉经验看起来似乎如此的某种情况,如果我们有任何理由怀疑其确实性,那么,我们可以采取不同的行动来消除疑问。例19 如,在上述例子中,如果我们有理由怀疑那个酷似西红柿的东西不是一个真正的西红柿,而是一个设计精巧的光学复制品,在看它的同时,我们可以去摸摸它,如果有必要,还可以尝一下或者把它剖开。

对于少量这些比较基本的观察,我只触及一些皮毛,对于个人在知觉活动中所做的大量事情,心理学家才能讲出其细节。对于我们的目标来说,更重要的是要思考上述论点对于观察在科学中的作用的重要意义。可充分说明我的论点的一个例子,来自于显微镜在科学中的早期使用。当像罗伯特·胡克(Robert Hooke)和亨利·鲍尔(Henry Power)这样的科学家使用显微镜观察像苍蝇和蚂蚁这样的小昆虫时,至少一开时,他们常常对这些可观察的事实意见不一。胡克探索了不同种类的照明导致的一些差异的原因。他指出,苍蝇的眼睛在一种光照下看上去像是有孔的网格(有时候,在这种光照下,似乎也使得鲍尔相信情况的确如此),在另外一种光照下又像是圆锥体的表面,而在第三种光照下却像是金字塔的表面。胡克进而进行了旨在澄清问题的实践介入。受到均匀照明的标本会引起眩光和复杂的反射,由此而导致虚假的信息,胡克致力于排除这类虚假信息。为了做到这一点,他使用穿过盐溶液而传播的烛光做照明。他还从不同的方向来为他的标本照明,以确定在这种变化下哪些特性仍然保持不变。对有些昆虫,需要用白兰地把它们完全灌醉,以便使它们既不能活动,又保持完好无损。

胡克的著作《显微术》(*Micrographia*, 1665)中含有许多详细的描述和插图,它们都是胡克的活动和观察的结果。这些成果过去是而且现在依然是公共性的,而不是个人性的。其他人可以对它们进行核对、批评和补充。如果在某种照明下,苍蝇的眼睛看起来遍布小孔,那么,观察者若只密切关注他或她的知觉经验,并不能有效地对这种状况做出评价。胡克说明了在这些情况下,要核实这些现象的真实性可以**做**什么,并且说明了他所推荐的、任何有适当意愿和技能的人可以完成的一些程序。最终得到的有关苍蝇眼睛之结构的可观察事实,是从一个既是主动的又是公共性的过程中产生的。

对于被当作可观察事实而提出来的主张,可采取行动来探究其适当性,从这一论点可以得出这样一个推论:对科学来说,知觉的主观方面不一定是无法克服的难题。对于同一景象,不同的观察者会获得不同的知觉经验,这种情况的产生,取决于前一章讨论过的他们的知识背景、文化修养和期望。至于那些最终从这种确定的事实中产生的问题,在很大程度上可以通过采取适当的行动对之予以回答。由于很多理由,个人的知觉判断可能是不可靠的,这一点无论对谁可能都不是新闻了。在科学中,倘若以这样的方式来处理可观察的情况,即纵然不排除对这类判断的依

20

赖也要把这种依赖降到最低,那么这对科学来说的确是一种挑战。举一两个例子便可以说明这一点。

月径幻觉是一种常见的现象。当月亮高高升起在空中时,它看起来似乎比接近地平线时小很多。这是一种幻觉。月球的大小并没有变化,在它使其相对位置经历必要的变动所需要的几个小时期间,它与地球的距离也没有改变。无论如何,对于月球的大小,我们并非必须相信我们的主观判断。我们可以,例如,安装一个配有十字标线的观测管,这样,便可以从标尺上获知它的方向。通过依次参照月球的每一侧来调准十字标线,并注意相应的标尺读数的差异,就可以确定月球与观测地的角度。可以在月亮高高升起在空中时这样做一次,当它接近地平线时再重复做一次。月球的表观尺寸保持不变这一事实,反映在这一事实之中,即在这两种情况下,标尺读数之间的差异没有实质性的变化。

2. 伽利略与木星的卫星

在本节中,我将用一个历史事例对前一节的讨论的现实意义予以说明。1609年年末,伽利略制造了一架功能强大的望远镜,并用它来观察天空。他在接下来的3个月中所获得的众多新奇的观测结果引起了争议,并且与天文学中有关哥白尼理论的正确性的争论密切相关,而伽利略成了哥白尼理论的热心捍卫者。例如,伽利略宣称,他看到了4颗在环绕木星的轨道上运行的卫星,但是,在说服其他人相信其观测结果的确实性方面,他遇到了麻烦。这是一个相当重要的问题。哥白尼理论包含着这样一种有争议的主张，即地球是运动的，它每天围绕地轴自转一周，每年在环绕太阳的轨道上公转一周。哥白尼在前一个世纪的上半叶所挑战的公认的观点则认为，地球是静止不动的，而太阳和行星在环绕它的轨道上运行。反对地球运动的论点有很多，其中有一种论点认为，如果地球像哥白尼所主张的那样在环绕太阳的轨道上运行，那么，它会把月球丢在后面，这种论点绝不是无足轻重的。一旦承认木星有卫星，这一论点的基础就会被削弱。因为即使哥白尼的反对者也承认，木星是运动的。因此，它若有任何与它相随的卫星，那么由此而表明的现象，恰恰是哥白尼的反对者声称对于地球是不可能的现象。

伽利略用望远镜对环绕木星的卫星的观测结果是否属实，在那时成了一个相当重要的问题。尽管最初有这样的怀疑，而且伽利略的许多同时代的人显然没有能力用望远镜辨别出那些卫星，他还是在两年期间使他的对手信服了。我们来看看他是怎样做到这点的——他怎么能够使他关于木星卫星的观测结果"客观化"。

伽利略给望远镜上加上了一个标尺，标尺的水平线和垂直线上有相等的间隔，他用一个环把标尺系在望远镜上，使标尺面对观察者，并且可以在望远镜上上下滑动。一个观察者可以用一只眼睛通过望远镜观察，用另一只眼睛看标尺。可以用一盏小灯来照明，以便人们更容易看清标尺。用望远镜瞄准木星，同时沿着望远镜滑动标尺，直到用一只眼通过望远镜观察的木星的影像，与用另一只眼观看的标尺的中央方格交叠。完成了这样的操作后，就可以从标尺上得知通过望远镜所看到的卫星的位置，读数相当于按照木星直径的倍数计算的该卫星到木星的距离。木星的直径是一个很方便的计算单位，因为用它作为一个标准，就等于自动承认这个事实：当这颗行星接近或离开地球时，从地球上所观察到的它的视直径会发生变化。

利用这一技术，伽利略还能记录伴随木星的这四颗"小星星"的日志。按照假设，这些小星星的确是以固定的周期在环绕木星的轨道上运行的卫星，而他能够证明，那些数据是与这一假设相一致的。这一假设不仅被定量观测的结果证明了，而且被更为定性的观察证明了，这些观察表明，当这些卫星走到母星背面或正面时，或者走进母星的阴影中时，它们会暂时从人们的视野中消失。

伽利略能够令人信服地证明，尽管事实上木星的卫星用肉眼是看不到的，但他对它们的观测结果是真实的。他能够而且的确也反驳了这样一种见解，即那些卫星是望远镜导致的一种错觉，他指出，这种见解难以解释为什么这些卫星出现在木星附近而没有出现在其他地方。伽利略可能还诉诸了他的观测结果的一致性和可重复性，并诉诸了它们与这一假设的吻合：这些卫星以固定的周期在环绕木星的轨道上运行。伽利略的定量数据被一些独立观察者证明了，其中有些观察者是罗马学院和罗马教廷的成员，他们均为哥白尼理论的反对者。此外，伽利略还能预见这些卫星未来的位置，以及凌日和日月食的出现，这些又被他本人和其他独立观察者确证了，对此，斯蒂尔曼·德雷克（Stillman Drake）提供了文献证明（1978，第175—176页，第

236—237页）。

用望远镜观察所得结果的真实性，很快被那些与伽利略同时代的有胜任能力的观察者接受了，甚至被那些最初反对他的人接受了。的确，有些观察者从未能分辨那些卫星，但我要指出的是，就像詹姆斯·瑟伯［James Thurber（1933，第101—第103页）］不能用显微镜分辨植物细胞的结构一样，这并不重要。伽利略为他通过望远镜观察木星卫星所获得的结果的准确性提供了论据，这些论据的说服力，来自于他的主张所能经受住的大量实际的和客观的检验。尽管他的论据尚未达到绝对无可置疑的程度，但相对于任何反对他的论据，亦即认为他的观察结果是望远镜导致的错觉或人为效应物的论据，他的论据具有无与伦比的说服力。

23

3. 可观察事实既是客观的也是可错的

为了使一种相当有说服力的有关什么构成了可观察事实的看法，不致受到我们针对那种概念所做的批评的影响，也许可以按照以下思路进行一种尝试。如果一个观察命题可以直接用感官来检验并且经得起那些检验，那么，它所构成的事实就足以形成科学的部分基础。在这里，"直接"意在表达这样一种观念：候选的观察命题应当是这样，对它们的正确性可用这样一些方法来检验，这些方法包含例行的和客观的程序，而不需要观察者华而不实和主观的判断。对检验的强调显示，对观察命题的证实具有主动性和公共性。通过这种方式，我们也许可以把握一种关于通过观察无可置疑地确定的事实的概念。毕竟，只有非常痴迷的哲学家愿意花费时间来怀疑这样一些事情,如仔细地运用视觉,就可以在差错很低的范围内以可靠的方式确定仪表的读数。

在上一段落的论述中所提出的可观察事实的概念,不可避免要付出一点小小的代价。这个代价是,可观察事实在某种程度上是可错的,而且需要修正。如果一个命题因为可以经得起迄今为止所有针对它的检验而有资格称之为可观察事实,这并不意味着,它必然能经得起伴随知识和技术的进步而可能出现的新的检验。我们业已看到了两个重要的关于观察命题的例子,它们曾被当作有完备基础的事实,但是最终,随着这种进步它们被拒绝了,这两个例子就是,"地球是静止不动的",以及"火星和金星的表观尺寸在一年的进程中没有显著的变化"。

按照这里提出的观点,适于构成科学知识基础的观察结果,既是客观的也是可错的。就它们能被公众用直接的程序检验而言,它们是客观的;就它们也许会被伴随科学和技术的进步而可能出现的新的检验推翻而言,它们是可错的。这一点可以用伽利略研究的另一个例子来说明。在他的《关于两大世界体系的对话》(*Dialogue Concerning the Two Chief World Systems*, 1967, 第361—363页)中,伽利略描述了一种测量恒星直径的客观方法。他在他和遥远的恒星之间悬一条绳索,使绳索正好挡住恒星。伽利略论证说,这样,绳索与眼睛所成的角度,等于恒星与眼睛所成的角度。现在我们知道,伽利略所得出的结果是站不住脚的。我们所看到的一个恒星的表观尺寸,应完全归因于大气层和其他干扰效应,而与该恒星的物理尺寸没有确定的关系。伽利略对恒星大小的测量是以一种现在已被拒绝的含蓄的假设为基础的。但是这种拒绝与知觉的主观方面无关。伽利略的观察含有例行的程序，如果在今天重复这一程序，所得出的结果将会与伽利略所得的结果完全相同，从这种意义上说，他的观察是客观的。在下一章，我们将有理由提出更进一步的观点，即科学缺乏不可错的观察基础，并非仅仅是由于知觉的主观方面造成的。

4. 延伸读物

就把科学的经验基础当作是经受住检验的那些命题而言，相关的经典论述请参见波普尔的著作（1972，第5章）。在伊恩·哈金（Ian Hacking）的著作（1983）的后半部分、在波普尔的著作（1979，第341—361页）中以及查尔默斯的著作（1990，第4章）中，都强调了观察的主动性方面。在夏皮尔（Shapere）的论文（1982）中也有相关论述。

第三章 实　　验

1. 不应仅是事实还须是相关事实

在本章中，我将为了论证而假设，通过精心运用感官可以使可靠的事实得到证实。毕竟，正如我业已指出的那样，在许多与科学相关的情况中，这一假设确实被证明是有正当理由的。数一数盖革计数器的咔嗒声，或者注意指针在一个标尺上的位置，这些都是不会引起争议的例子。这些事实的可获得性是否解决了我们关于科学的事实基础的问题？我们假设的可以通过观察证实的命题，是否构成了科学知识可以由之推导出的事实？在本章中我们将会看到，对这些问题的回答是明确的"否"。

有一种应当注意的观点认为，科学中所需要的不仅是事实还须是相关的事实。大量通过观察可以确定的事实，例如，我的办公室中书籍的数量，或者我的邻居的汽车的颜色等等，都是与科学完全无关的，科学家若是收集这些事实便会浪费他们的时间。哪些事实与一门科学有关，哪些与它无关，将与该科学现在的发展状态相关。科学提出问题，理想的观察能够提供答案。对于什么构成与科学相关的事实这一问题，这是答案的一部分。

　　然而,还有更重要的一部分需要阐述,我将通过一个故事来
予以介绍。在我年轻时,我的兄弟和我对如何解释这一事实产生
了分歧: 为什么在一块地上周围有牛粪的草比这块地上其他地
方的草长得长? 我可以肯定,这是一个我们最初都没注意的事
实。我的兄弟的观点是,这是那些牛粪的施肥作用导致的结果,
而我猜想,这是一种覆盖效应,牛粪把潮气盖在了下面并且抑制
了其蒸发。现在我更有理由怀疑,我们两个人的答案都不完全对, 26
最重要的答案其实只不过是,牛不愿意吃长在它们自己粪便周围
的草。所有这三种效应大概都发挥着某种作用,但是,凭借我和
我的兄弟的那类观察是不可能对这些效应的相对大小做出划分
的。也许某种介入是必要的,例如,在某个季节,把牛圈在另一块
草地中,以便了解,如果把牛粪碾碎,从而可以消除覆盖效应但保
留施肥效应等等,这样做是否会减少或消除周围有牛粪的草长得
更长的现象。

　　这里所列举的这种情况是很典型的。在我们周围的世界,许
多过程都在进行,它们都以复杂的方式彼此附加、相互作用。一
片落叶是受万有引力、空气阻力和风的作用影响的,在降落过程
中,它还会稍微发生一点腐烂。在这些事情以特有的和自然的方
式发生时,通过对它们进行仔细观察,是不可能达到对这些不同
过程的某种理解的。对落叶的观察将不会产生伽利略的落体定
律。在这里,所得到的经验是非常明确的。为了对自然中所进行
的各种过程加以验证和详细说明,若想获得相关事实,一般而言,
必须进行实践介入,以便设法把所研究的过程孤立出来,并且排
除其他因素的影响。简而言之,必须做实验。

达到这点认识花费了我们一点时间,不过这一点也许会是相当明显的,即如果有些事实构成了科学的基础,那么,那些事实是以实验结果的形式,而不是以任何旧的可观察事实的形式出现的。由于这一点也许很明显,直到过去二三十年,科学哲学家们才对实验的本质及实验在科学中的作用进行仔细的思考。的确,这是一个本书前两版没怎么关注的问题。当我们集中关注实验,而并非仅仅考虑为科学提供基础的观察时,正如我们将在本章其余部分看到的那样,我们正在讨论的问题就会显得有些不同。

2. 实验结果的产生和更新

我们绝不是直接获得实验结果的。因为任何实验者,而且的确任何理科学生都知道,使一项实验顺利进行并非是件容易的事。要成功地进行一项重要的新实验可能会花费几个月甚至几年的时间。简略讲述一下我在20世纪60年代作为一个实验物理学家的经验,就能很充分地说明这一点。读者是否阅读以下我的这一阅历的细节并不重要。我的目的只不过是,就实验结果产生的过程中所涉及的复杂性以及实践努力,谈一点看法。

我的实验的目的,是使低能电子从分子处散射,以便弄清楚在这一过程中它们损耗多少能量,从而获得与分子本身的能量水平相关的信息。为了达到这个目标,必须制造出一束这样的电子:它们都以同样速度运动,因而具有相同能量。必须设法使它们正好在进入探测器以前与一个靶分子相撞,否则所寻求的信息就会丢失,而且还必须用一个设计完备的探测器测量这些散射电子的速度或能量。这些步骤中的每一步都会提出一个实践难题。选速器有两个导电板,它们卷成同心圆状,在它们之间形成了某种势差。当电子进入这两个导电板之间时,如果它们具有一种与该势差相匹配的速度,它们只会在这个圆形通道的另一端出射。在其他情况下,它们会发生偏转,撞到导电板上。为了确保电子有可能与唯一的一个靶分子相撞,必须在一个高度真空的、因而在极低气压下含有一个目标气体样本的区域进行实验。这就要求使可以利用的真空技术发挥到最高水平。散射的电子的速度用一个带有环形电极的装置来测量,这个装置与用来产生单能束的装置类似。对导电板之间的势差进行设置,使之达到一个值,从而只允许具有某一特定速度的电子在这个环形空间中穿行,并且在分析器的另一端出射,这样,就可以对以这种速度散射的电子的强度做出测量。检测出射电子,需要测量极微小的电流,这再次需要使可以利用的技术发挥到最高水平。

　　这是一种概括的观点,不过,每一个步骤都提出了许多实践问题,任何曾在这个领域从事研究的人都要熟悉这类问题。很难 28 从仪器中排除不需要的气体,这些气体是从制造这一仪器的不同金属中释放出来的。被电子束电离的这些气体的分子会凝结在电极上,并且会导致乱真电势。我们的美国竞争者发现,镀金的电极有助于把这些问题减少到最低程度。我们发现,把它们涂上名为"石墨滑水"的碳基溶液有很大帮助,这虽然不像镀金电极那么有效,但更有利于控制我们的研究预算。我的耐性(以及我的研究经费)在所做的实验产生重要结果以前就已经完全消耗光了。我听说，还有少数研究生在重要的结果最终获得以前遇到了挫折。现在，过了几十年以后，低能电子光谱术成了一种十分常规的技术。

我的努力以及我的那些更成功的后继者的努力的详细情况并不重要。我已经谈到的那些情况，足以说明一个没有争议的论点应当是什么样。如果实验结果构成了科学据之为基础的事实，那么，它们当然不是通过感官就可以直接获得的。为获得它们需要很大的努力，而对它们的确定需要相当的实际知识、实践中的试错（trial and error）以及对可利用的技术的运用。

对实验结果是否适当的判断也不是直接获得的。只有在实验设置适当并且干扰因素已被排除的情况下，实验才可能是适当的，也只有这样，才能把它们解释为展示或测量了旨在让它们展示或测量的情况。这又需要知道那些干扰因素是什么以及如何才能排除它们。有关这些因素的相关知识中的任何不恰当的内容，都可能导致不适当的实验测量结果以及错误的结论。因而从某种重要的意义上讲，实验事实与理论是相互关联的。如果渗入到实验结果中的知识是有缺陷的或错误的，那么实验结果就可能是错误的。

从实验的这些普遍的、从某种意义上说非常平常的性质中，可以得出这样一个推论，即实验结果是可错的，而且，它们可以因一些相当明确的理由而被更新或替换。实验结果可能会因技术的进步而变得过时，也可能会因某种认识的进步（按照新的认识，某种实验设置会被看成是不适当的）而被拒绝，它们还可能因理论理解的转变而被当作是无关因素予以忽略。在下一节中，我们将用一些历史事例对这些论点及其重要意义加以说明。

3. 科学实验基础的转变：历史例证

　　在19世纪最后的25年中,放电管现象引起了人们很大的科学兴趣。如果把金属板分别插入一个封闭的玻璃管的两端,当很高的电压与金属板联通时就会出现放电,因而会在玻璃管中发出不同的光。如果管中的气压不是很高,就会产生流光,使负极(阴极)与正极(阳极)相连接。这些流光就是著名的阴极射线,对当时的科学家而言,它们的本质是一个具有重大意义的问题。德国物理学家海因里希·赫兹(Heinrich Hertz)在19世纪80年代初做了一系列实验,旨在解释它们的本质。作为这些实验的一个结果,赫兹得出结论说,阴极射线并不是带电粒子束。他之所以得出这个结论,部分原因在于,当使这些射线通过一个与它们的运动方向垂直的电场时,它们并没有像人们预期的带电粒子束那样发生偏转。我们现在认为,赫兹的结论是错误的,而且他的实验是不充分的。在那个世纪结束以前,J. J. 汤姆孙(J. J. Thomson)完成了一些实验,它们令人信服地证明阴极射线在电场和磁场的作用下发生了偏转,其偏转方式与带电粒子束的方式是一致的,而且,汤姆孙还能测量出电荷与粒子质量的比例。

　　正是由于改进的技术和改进的对这种状况的认识,使得汤姆孙有可能修正并拒绝赫兹的实验结果。构成阴极射线的电子,有可能使管中的气体分子发生电离,也就是说,使它们失去一两个电子,从而变成只带正电荷。这些离子有可能聚集在仪器中的金属板上，从我们所考虑的实验的观点看，它们会导致所谓的乱真电场。很有可能，正是这些乱真电场阻碍了赫兹诱发偏转效应，而汤姆孙最终能够诱发这些偏转并且对它们进行测量。汤姆孙之所以能够改善赫兹效应，主要是因为他利用了改进的真空管技术，从而可以把更多的气体从管中排除。他延长了对他的仪器的加热过程，把残留的气体从管子中的不同表层赶走。他使真空泵连续运转数天，以便尽可能多地抽去残留的气体。使用一支经过改进的真空管以及更恰当的电极配置，汤姆孙就能确定赫兹宣称不存在的偏转。当汤姆孙使得他的仪器中的气压升高到赫兹的仪器中曾经达到的气压时，汤姆孙也无法发现偏转。在这里，重要的是要认识到，不应该因赫兹所得出的结论而责备他。就他对情况的理解以及他所吸取的可以为他所利用的知识而言，他有充分的理由相信，他的仪器中的气压已经足够低了，他的仪器已经得到了恰当的设置。只是根据随后的理论和技术的发展来看，他的实验是有缺陷的。当然，这里的寓意就在于：谁知道哪些当代的实验结果会被未来的进步证明是有缺陷的呢？

赫兹绝不是一个冒牌的实验家，而是最著名的实验家之一，这一事实已被他的以下成功所证明：1888年，作为其两年卓越的实验研究事业的顶峰，他第一个制造出了无线电波。人们认为，赫兹电波除揭示了一种需要通过实验加以探讨和阐述的新现象以外，它们还具有重要的理论意义，因为它们确证了詹姆斯·克拉克·麦克斯韦（James Clerk Maxwell）在19世纪60年代阐述过的电磁学理论，而这一理论的一个推论就是存在这种波（尽管麦克斯韦并没有使这一推论变为现实）。在今天，赫兹的大部分结果仍然是可接受的,而且仍有其意义。不过,他的有些结果需要替换,而且,对于他有关它们的重要解释之一必须予以拒绝。这两点均说明了实验结果需要经过修正和改进的方式。

　　赫兹能够运用他的设备产生驻波,这使他能够测量它们的波长,由此,他可以推断它们的速度。他的结果表明,波长较长的波在空气中传播时比沿着金属丝传播时有更高的速度,而且比光速快;而麦克斯韦的理论预见,它们在空气中和赫兹仪器的金属丝中都将以光速传播。由于某些赫兹已经怀疑的原因,这些结果是不恰当的。电波会从实验室的墙壁反射到仪器上,从而导致不需要的干涉。赫兹(1962,第14页)本人对这些结果进行了以下反思:

　　　　读者也许会问,为什么我不通过重复实验设法使自己消除那些疑点。我确实重复了实验,但正如预期的那样,我只发现,在同样的条件下,简单的重复并不能消除疑虑而只会增加疑虑。只有在更有利的条件下完成实验,才能得出明确的结果。在这里,更有利的条件意味着更大的空间,但这不是我所能决定的。我再次强调一下这个命题,观察的细心并不能弥补空间的不足。如果不能产生长波,显然就不可能对它们进行观察。

　　赫兹的实验结果之所以是不适当的,原因在于他用于实验任务的实验设置是不适当的。如果要消除来自反射波的多余干扰,所研究的这些波的波长相对于实验室的规模而言就必须更短。

31

发现了这一点之后,在几年之中,又在"更有利的条件下"进行实验,而所产生的电波的速度与理论预期是一致的。

在这里应当强调的是,对于实验结果要求,它们不仅应在这种意义上是合乎需要的,即它们是对所发生的情况的准确记录,而且它们还应是适当的或有意义的。为它们特别设定的目标将是,解释某个有意义的问题。对于什么是一个有意义的问题的判断,以及对某一组特定的实验是否是回答这个问题的一种恰当方式的判断,将在相当程度上取决于对实践状况和理论状况的理解。恰恰是由于相互竞争的电磁学理论的存在,恰恰是由于一个主要的竞争者预见到无线电波以光速传播这个事实,使得赫兹测量他的电波之速度的尝试具有特别重要的意义;而正是对电波的反射活动的某种理解,导致了这样的认识:赫兹的实验设置是不适当的。赫兹的这些特有的结果被拒绝了,而且不久就被替换了,从物理学的观点看,其原因是简明易懂、不难理解的。

赫兹研究中的这个插曲以及他对它的反思,不仅说明了实验必须是适当的和有意义的,当它们不再是这样时实验结果将被替换或被拒绝,而且非常清楚地表明,对他所完成的速度测量结果的拒绝无论如何与人类知觉无关。无论怎样,没有理由怀疑赫兹在测量距离、注意是有否火花穿过他的探测器的间隙并且在记录仪器的读数时,他仔细观察了他的仪器。可以假设,从任何人重复那些实验都会得出与他类似的结果,从这种意义上说,他的结果是客观的。赫兹本人强调过这一点。赫兹实验结果的问题,既不是源于他的观察的不恰当因素,也不是源于缺乏可重复性,而是源于实验设置的不恰当。正如赫兹指出的那样:"观察的细心并不能弥补空间的不足"。即使我们勉强承认赫兹能够通过仔细的观察来确定事实的可靠性,我们也可以看出,这本身并不足以产生对这里所讨论的科学任务而言恰当的实验结果。

可以把上述讨论解释为,它说明了实验结果的可接受性是怎样依赖理论的,以及对这方面的判断是怎样随着我们的科学认识的发展而改变的。对此,可以参考自赫兹第一次制造出无线电波以来赫兹制造它们的意义已发生的变化,从更具普遍意义的层次上来说明。在那时,麦克斯韦的理论是相互竞争的数种电磁学理论之一,麦克斯韦发展了迈克尔·法拉第（Michael Faraday）的一些关键思想,并且把带电状态和带磁状态理解为普遍存在的以太的机械状态。与麦克斯韦竞争的理论假设,电流、电荷和磁体是彼此以超距方式相互作用的,而且不涉及以太;而他的理论与它们不同,它预见了无线电波以光速运动的可能性。正是物理学在这方面的发展状况,使赫兹的结果具有了理论意义。因此,赫兹和与他同时代的人能够对无线电波的产生做出解释,尤其是把它解释为**对某种以太存在的确证**。过了20年以后,按照爱因斯坦的狭义相对论,以太概念被抛弃了。赫兹的结果仍被认为确证了麦克斯韦的理论,但只是确证了该理论的修改本,这个修改本要抛弃以太概念,并且把电场和磁场看作本来就是真正的实体。

另一个例子涉及19世纪对分子量的测量,它进一步说明了实验结果的相关性和解释依赖于理论背景的方式。在19世纪下半叶,化学家根据化合的原子理论认为,对自然产生的元素和化合物的分子量的测量,有着根本性的重要意义。这一点对于那些钟爱普劳特假说（Prout's hypothesis）的人尤其如此,该假说认为,氢原子是建筑基石,其他原子都是以它为基础构造出来的,这就导致了人们期望,所测量的分子量相对于氢而言将是整数。自然产生的元素中混杂着一些同位素,其比例没有特别的理论意义,一旦认识到这一点,19世纪一流的实验化学家对分子量的辛勤测量,就变得在很大程度上与理论化学的观点无关了。这一情况启发化学家F. 索迪(F. Soddy)对它的结局作了以下评论(参见Lakatos and Musgrave,1970,第140页):

> 19世纪一批卓尔不群、才华横溢的化学家,被他们同时代的人尊为精确科学测量的最高成就和优秀人物的代表,他们当之无愧。某种若非更甚于命运悲剧则必定是与之相似的因素,使他们毕生的工作遭到了打击。他们含辛茹苦获得的成果,至少在目前看来,就像确定一堆有的是满的、有的多少有些空的瓶子的平均重量一样,没有什么重要意义。

在这里,我们见证了旧的实验结果被当作无关的东西而放弃的情景,其放弃的原因,并不是来自于人类知觉的性能缺陷。这里所说的那些19世纪的化学家,"被他们同时代的人尊为精确科学测量的最高成就和优秀人物的代表",而我们没有理由怀疑他们的观测数据。我们也没有必要怀疑这些同时代人的客观性。我并不怀疑,当代的化学家如果重复同样的实验,他们也会得出类似的结果。恰当地完成这些实验是实验结果的可接受性的必要条件,而不是其充分条件。它们还必须是相关的和有意义的。

我借助这些事例阐述的观点,可以用以下方式来概括,我认为,这样的概括从物理学和化学的观点及其实践来看是毫无争议的。被看成是科学之适当基础的实验结果的主体,是不断更新的。由于许多相当明确的理由,旧的实验结果会被当作不恰当的东西而受到拒绝,并且会被更恰当的结果替换。由于实验没有适当地防范可能出现的干扰源,由于测量使用了不敏感和过时的探测方法,由于实验最终被理解为无法解决当前的问题,或者由于旨在用实验回答的问题变得不足信了,实验结果就可能被拒绝。尽管这些观测数据可以被看成是对科学的日常活动非常显而易见的说明,但对大部分正统的科学哲学来说它们仍然具有重要的含义,因为它们削弱了人们普遍持有的这一观点的基础:科学是建立在可靠基础之上的。此外,为什么科学并非像这种普遍观点所认为的那样,其原因与人类知觉的性能缺陷没有多少关系。

4. 实验是科学的适当基础

　　在本章的前几节中,对实验结果是直接获得的和完全可靠的这一观点,我已经进行了批判推敲。我已经提出了大意是这样的一种主张:实验结果在一定程度上是依赖理论的,而且是可错的和可修改的。可以说,这是对以下观点的一种严重威胁,即科学知识之所以是特殊的,乃是因为它以某种特别要求的和令人信服的方式得到了经验的支持。有人也许会论证说,如果科学的实验基础像我业已证明的那样是可错的和可修改的,那么,建立在这个基础之上的知识同样也是可错的和可修改的。如若指出,对于科学理论将得到实验证明的断言存在着一种于它不利的循环威

35

胁，那么，这种忧虑可能会加重。如果为了判断实验结果的适当性需要诉诸理论，而这些实验结果又被当作理论的证据，那么，我们似乎就陷入了一种循环之中。对于彼此对立之理论的支持者之间的争论，似乎很有可能，科学将无法通过诉诸实验结果来提供解决争论的方法。一个群体会诉诸它的理论为一些实验结果辩护，对立的阵营会诉诸它的与之竞争的理论为不同的实验结果辩护。在本节中，我将提出一些反驳这些极端结论的理由。

必须承认，理论与实验的关系陷入某种循环论证的可能性是存在的。这可以用下述这件发生在我的教学生活中的事情来说明。我要求学生按照以下方式进行实验。实验的目的是测量一个载流线圈的偏转，这个线圈悬在马蹄形磁铁的两极之间，并且可以围绕一个与磁铁两极的连线相垂直的轴旋转。这个线圈构成了一个电路的一部分：这个电路包括一块提供电流的电池，一个测量电流的安培计，一个可以调节电流强度的可变电阻。我们的目的是，观察在安培计所记录的电路中的不同值的电流出现时，与之对应的磁体的偏转。对于有些学生来说，这个实验注定会成功，因为当他们描绘相对于电流的偏转时，他们制作了一张很好的直线坐标图，可以展示偏转与电流这二者的比例。我记得，我对这个实验感到困窘，不过，我并没有把我的忧虑告诉我的学生们，这样做也许是明智的。我的忧虑来源于我知道安培计中有什么这个事实。安培计中有一个悬在磁铁两极之间的线圈，这样，当电流通过这个线圈时它就会偏转，从而导致一个指针在安培计可见的且有均匀刻度的标尺上转动。那么，在这个实验中，当安培计的读数被当作是电流的一种量度时，偏转与电流的比例就已经被预先设定了。被当作是将得到实验支持的东西，却已经在实验中预先设定了，这的确是一种循环。

我的例子说明了在诉诸实验的论证中循环是怎样产生的。但同一个例子也可用来说明，情况并非必然如此。上述实验本可以也的确应当使用这样一种测量电路中的电流的方法，该方法并不利用线圈在磁场中的偏转。所有实验都假设，某些理论的真确性有助于判断装置是否适当，以及仪器正在显示的是否就是它们理应显示的。不过，预先假定的理论无须与正在接受检验的理论是同一个理论，而且，似乎可以合理地假设，一个完善的实验设计的先决条件就是：确保预先假定的理论与正在接受检验的理论不是同一个理论。

另一个可用来理解"实验依赖理论"的论点是，无论理论给一个实验提供什么信息，一个实验的结果从某种相当重要的意义上讲，是由世界决定的而不是由理论决定的。一旦一台仪器设置好，电路连接完毕，开关打开，等等，屏幕上就将有或没有闪光，波束可能偏转或不偏转，安培计上的读数可能增加也可能不增加。我们不能强迫结果与我们的理论相符。因为物理世界就是这样，正是由于它，赫兹所做的实验没有导致阴极射线偏转，而汤姆孙所做的改进后的实验就导致了这种偏转。导致不同结果的，恰恰是这两位物理学家的实验设置的物质差异，而不是他们所持有的理论的差异。实验结果是由世界的作用决定的，而不是由关于世界的理论观点决定的，正是这一点使得依靠世界来检验理论成为可能。这并不是说有意义的结果很容易获得并且是不可错的，也不是说它们的意义总是明确的。不过，它的确有助于证明这一点：

尝试参照实验结果去检验科学理论适当与否，是一种很有意义的探索。另外，科学史也为我们提供了一些成功面对挑战的事例。

5. 延伸读物

哈金的著作（1983）的后半部分，是科学哲学家对实验产生新兴趣的一个早期的重要步骤。其他探讨这一主题的著作有：A. 富兰克林（A. Franklin）的著作（1986，1990），彼得·加里森（Peter Galison）的著作（1987），以及黛博拉·梅奥的著作（1996）。不过，这些详细论述的充分意义，只有到本书第十三章"新实验主义"中才能显现出来。

第四章 从事实中推导出理论：
归纳推理

1. 引言

在本书的前几章中，我们一直在考虑这种思想，即科学知识的特征就在于它是从事实中推导出来的。我们业已达到了这样一个阶段：我们已经对观察事实和实验事实的本质予以了详细的考察，这些事实有可能被当作科学知识或许能够由之推导出来的基础，尽管我们已经明白，对这些事实并不能像通常所假设的那样直接和可靠地予以确定。那么，我们不妨假设，在科学中适当的事实是可以被确定的。我们必须面对这样一个问题：如何能从那些事实中推导出科学知识？

可以解释说，"科学是从事实中推导出来的"意味着，科学知识是被最初所确定的事实以及随后建立的与它们相符的理论构成的。我们在第一章中讨论了这种观点，并且把它当作不合理的予以拒绝了。我希望所探讨的问题涉及的是，在某种逻辑的意义而非时间的意义上对"推导"的解释。无论是先观察事实抑或先提出理论,这里将要应对的问题是理论被事实所证明的程度。一种最有可能的主张大概就是,理论可以合乎逻辑地从事实中推导出来。也就是说,在已知事实的情况下,就可以证明理论是它们的推论。这种强有力的主张是无法被证实的。若想了解其原因,我们必须考虑一下逻辑推理的某些基本性质。

39

2. 初级逻辑

逻辑所关心的是从其他已知的命题中推导出命题的演绎推理。也就是说,它关心从某某当中能推出什么结论。在这里,我不打算对逻辑或演绎推理作详细的说明和评价。我只想借助一些非常简单的例子,阐明一些足以满足我们的讨论目的的论点。

以下是一个逻辑论证的例子,这个论证是完全恰当的,或者,用逻辑学家的专业术语来讲,它是完全有效的。

例1

1. 所有关于哲学的书都是乏味的。

2. 这是一本关于哲学的书。

3. 这本书是乏味的。

在这个论证中,(1)和(2)是前提,(3)是结论。我认为很显然,如果(1)和(2)为真,那么(3)必定为真。当已知(1)和(2)为真时,(3)不可能为假。断定(1)和(2)为真而否定(3)则是自相矛盾。这就是一个**逻辑上有效的**演绎推理的关键特征。

如果前提为真,那么结论必定为真。逻辑具有真值保持性。

例1稍作修改的版本将给我们提供一个无效论证的例子。

例2

1. 许多有关哲学的书都是乏味的。

2. 这是一本关于哲学的书。

3. 这本书是乏味的。

在这个例子中,（3）并不是必然可以从（1）和（2）中推出的。即使（1）和（2）为真,这本书仍有可能被证明是少数不乏味的哲学书籍之一。接受（1）和（2）为真而坚持（3）为假,并不包含矛盾。这一论证是无效的。

读者现在也许会感到乏味。那类体验当然会对例1和例2中的命题（1）和命题（3）的真产生某种影响。不过,这里所要强调的是,仅凭合乎逻辑的演绎推理并不能确定我们的例子中所出现的这种事实命题的真。逻辑在这种联系中所能提供的只不过是,**如果**前提为真并且论证有效,**那么**结论必定为真。但前提是否为真并不是一个凭借逻辑就可以解决的问题。一个论证即使包含一个错误的前提,也可以是一个完全有效的演绎推理。以下就是一个例子。

例3

1. 所有的猫都有5条腿。

2. 巴格斯·帕塞是我的猫。

3. 巴格斯·帕塞有5条腿。

这是一个完全有效的演绎推理。如果（1）和（2）为真，那么（3）必定为真。但偏巧在这个例子中（1）和（3）都是假的。不过，这并不影响该论证有效这一事实。

因此，这种见解是非常有说服力的，即单凭逻辑并不能构成新真理的来源。事实命题构成了论证的前提，但事实命题的真并不能通过逻辑来证明。逻辑只能揭示，从我们现有的命题中将推出什么，或者从某种意义上说现有的命题已经包含了什么。与这种局限相对照的是，逻辑的巨大力量，亦即它的真值保持特性。如果我们能够确定我们的前提为真，那么我们同样可以确定，我们从这些前提中合乎逻辑地推导出的任何结论也为真。

3. 科学定律是否能从事实中推导出来？

逻辑是我们的后盾，通过对逻辑的本质的这一讨论，可以明确地指出，如果"推导"指的是"合乎逻辑的演绎推理"，那么科学知识不能从事实中推导出来。

举一些关于科学知识的简单的例子，就足以说明这一基本论点。我们来考虑一些初等的科学定律，如"金属受热时会膨胀"，或者"酸会使石蕊变成红色"。这些都是普遍命题。哲学家们常常把它们当作全称命题的例子。这些命题涉及了某一特定种类的所有事情，如所有金属受热的事例和所有石蕊浸入酸液的事例。科学知识总是包含这类普遍命题。但涉及观察命题（它们构成了为普遍的科学定律提供证据的事实），情况就并非如此。那些可观察的事实或实验结果是一些关于在某个特定时间出现的事物状态的特殊主张。哲学家把它们称之为单称命题。它们包含这样一些命题，如"铜棒受热时它的长度就会增加"，或者"石蕊试纸浸入盛有盐酸的烧杯中会变成红色"。假设我们把大量这样的可利用的事实作为我们希望由之推导出（在我们的例子中，关于金属或酸的）科学知识的基础，什么样的论证能使我们从那些作为前提的事实到达我们所寻求的作为结论而推导出的科学定律？在我们关于金属膨胀的个案中，可以把论证按公式的形式表述如下：

前提

1. 金属 x_1 在时刻 t_1 受热时膨胀。

2. 金属 x_2 在时刻 t_2 受热时膨胀。

3. 金属 x_n 在时刻 t_n 受热时膨胀。

结论

所有金属在受热时都膨胀。

这不是一个逻辑上有效的论证。它缺乏这样一种论证的基本特征。它根本不是这种情况，即如果构成前提的命题为真，那么结论必定为真。无论我们对膨胀的金属进行了多少观察，也就是说，无论在我们的例子中 n 有多大，都不能从**逻辑**上保证，某个金属的样本在某个时刻受热时不会收缩。既主张在所有已知的例子中受热金属都出现膨胀，又主张"金属受热时会膨胀"是错误的,这样做并不矛盾。

这个明确的论点,可用来自伯兰特·罗素(Bertrand Russell)有些可憎的例子来说明。这是一个关于火鸡的例子:有一只火鸡注意到,它第一天来到火鸡场时,是上午9点钟喂食。在这样经历了日复一日地重复的几个星期之后,这只火鸡觉得可以有把握地得出这样的结论:"总是在上午9点给我喂食"。哎,后来这42 个结论就被确定无疑地证明是错的,因为在圣诞节前夕,没有人给这只火鸡喂食,倒是有人把它的喉咙割开了。这只火鸡的论证导致它从许多正确的观察结果中得出了错误的结论,这显然表明,从某种逻辑的观点看,这一论证是无效的。

我已经用有关金属膨胀的例子说明的那类论证,即那些从有限数量的特殊事实推出普遍结论的论证,被称之为**归纳**论证,它们在逻辑上有别于**演绎**论证。归纳论证不同于演绎论证的一个特征就是,它们把有关某一特定种类的**某些**事情的命题,推广到有关该类的**所有**事情的命题,从而超出了前提所蕴涵的内容。普遍的科学定律总会超出可用来支持它们的有限数量的观察证据,这就是为什么它们即使是合乎逻辑地从那种证据推论中出来的,但却根本无法被证明的原因。

4. 完善的归纳论证由什么构成?

我们业已看到,假如科学知识被理解为是从事实中推导出来的,那么,必须在归纳而不是演绎的意义上来理解"推导"。然而,一个完善的归纳论证的特征又是什么呢? 这个问题是十分重要的,因为显然易见,并非所有从事实中所做的归纳都是可靠的。对其中的有些归纳,例如,只因偶然遭遇到与邻国的一对男女不愉快的经历而把某种特性归因于整个某个民族,我们会予以谴责;在谴责它们时,我们也许将会把它们看成是过于草率或是以不充分的证据为依据的。那么,严格地说,在什么情况下才可能合理地断言某个科学定律已经从有限的某组观察证据或实验证据中"推导"出来了呢?

回答这个问题的第一个尝试,包含着这样的要求,即如果一个从可观察事实到定律的归纳推理被证明是合理的,那么必须满足以下条件:

1.构成归纳基础的观察的数量必须很大。

2.观察必须在许多不同的条件下可以重复。

3.任何公认的观察命题都不应当与推导出的定律有冲突。　43

条件1被看成是必要的,因为很明显,仅以一次对铁棒膨胀的观察为基础就得出所有金属受热时都会膨胀的结论是不合理的,就像仅以对一个澳大利亚醉汉的观察为基础就得出所有澳大利亚人都是酒鬼的结论一样不合理。看起来,在以上这两个归纳中,任何一个在被证明是合理的之前,必须有大量独立的观察。一个完善的归纳论证是不能跳跃到结论的。

在所论及的上述例子中,增加观察数量的一个方法可能就是,反复给一个金属棒加热,或者夜复一夜也许晨复一晨地不断观察某个澳大利亚人喝醉的情况。很明显,以这种方式获得的一系列观察命题构成的相关归纳的基础,是令人非常不满意的。这就是为什么必须具备条件2的原因。唯有在许多不同的条件下对膨胀进行观察时,以此为基础得出的"所有金属受热时都会膨胀"才会是一个合理的归纳。应当对不同种类的金属加热,如长棒、短棒、银棒、铜棒,等等,还应对它们在高压和低压下加热,在高温和低温下加热,等等。只有在所有这些场合下都出现膨胀时,通过归纳得出普遍定律才是合理的。此外,很显然,如果观察到某个特定的金属样本在被加热时没有膨胀,那么就不能证明归纳出这个定律的推理是合理的。条件3是必不可少的。

可以用以下这个关于**归纳原理**(*the principle of induction*)的命题对以上论述加以概括:

> 如果在很多不同的条件下已经观察到大量的**A**,而且如果所有这些被观察到的**A**无一例外都具有属性**B**,那么所有**A**都具有属性**B**。

对归纳的这种表征中有一些严重的问题。我们来考虑条件1,即对大量观察的要求。这个条件的一个问题是,"大量"是个模糊的概念。需要进行100次、1000次或更多的观察吗? 如果我们试图在这里通过提出某一个数字来引入精确性,那么,所选择的这个数字肯定存在着很大的随意性。问题还不止于此。有许多例子表明,要求大量例证是不恰当的。为了说明这一点,考虑一下公众对核战争的强烈反对,这种反对是由第二次世界大战末期在广岛投下的第一颗原子弹所激起的。公众的反对,是基于对原子弹所导致的大规模破坏和人类痛苦的程度的认识。这种既是普遍的而且也肯定是合理的信念,就是基于一次戏剧性的观察。

类似地，如果一个研究者在得出火在燃烧的结论前坚持把手多次放进火中，那么这个人一定很顽固。我们再来考虑一个与科学实践有关的没有多少幻想色彩的例子。假设我重复了最近某个科学杂志上报道的一个实验，并且把我的结果送去发表。那么，这个杂志的编辑肯定会拒绝我的论文，并且解释说这个实验已经有人做过了！条件1充满了问题。

条件2也有严重的问题，这些问题来源于关于什么可算作有意义的情况变化这一疑问所造成的困惑。对于研究一块金属受热膨胀来说，什么可算作是一种有意义的情况变化？金属的类型、压力和每天加热的时间必须变化吗？对于第一种变化的回答是"是"，对第二种的回答也可能是"是"，对第三种的回答是"否"。但是，这样回答的理由是什么呢？这个问题很重要，因为如果不能回答这个问题，变化的清单就会因变化选项无止境地增加而无限地扩展下去，以致要改变例如实验室的规模、实验者袜子的颜色，等等。除非把这种"多余"的变化排除，否则，永远也无法满足那些使归纳推理可以被接受的条件。那么，把诸多可能的变化看作是多余的，相关的理由是什么呢？常识性的回答就已经非常明确了。我们可以利用我们以前的情境知识，把也许会影响我们正在研究的系统的因素与那些不可能产生影响的因素区分开。正是我们关于金属以及影响它们的各种方式的知识，致使我们期望，它们的物理状态将取决于金属的类型和周围的压力，而不取决于每天加热的时间和实验者袜子的颜色。我们利用我们现有的知识储备将有助于判断，在研究某种有待研究的效应的普遍性时，什么是也许需要改变的相关情况。

对问题的这一回答肯定是正确的。然而,对于应当通过归纳把科学知识从事实中推导出来这一主张的一种非常强有力的版本,它提出了一个问题。我们要对某些情况与所研究的某一现象(例如金属膨胀)相关与否做出判断,在证明这种判断本身是否正确时,我们会对如何诉诸知识提出疑问,而这时,上述这个问题就会产生。如果我们要求那种知识本身应当是通过归纳获得的,那么我们的问题将会重新出现,因为那些更进一步的归纳论证本身,也将需要对相关情况的详细阐述,等等。每一个归纳论证都需要诉诸以前的知识,这些知识又需要用一种归纳论证加以证明,而这又需要诉诸更早获得的知识,如此等等,不一而足,从而形成了一个永无尽头的链条。所有知识均需归纳证明这一要求,就变成了一个无法满足的要求。

即使条件3也是有问题的,因为没有多少科学知识能达到那种不应有已知例外的要求。关于这一点,将在本书第七章进行更为详尽的讨论。

5. 归纳主义的进一步问题

我们把认为科学知识是通过某种归纳推理从观察事实中推导出来的立场称之为**归纳主义**(*inductivism*),把那些赞同这种立场的人称之为**归纳主义者**(*inductivist*)。我们已经指出了那种观点中固有的一个严重问题,亦即,明确地阐明在什么条件下一个概括构成一个完备的归纳推理的问题。换句话说,什么可以算作归纳并不清楚。归纳主义立场还有进一步的问题。

如果我们把当代的科学知识当作某种似乎根据表面价值即可予以判断的东西，那么我们必须承认，这些知识中有许多涉及不可观察的事物。这类知识涉及例如质子和电子，基因和DNA 46 分子，等等。怎样才能使这样的知识适应归纳主义的立场？就归纳推理包含着某种从可观察的事实中的概括而言，这种推理似乎无法产生那种不可观察的知识。从可观察世界的事实中得出的任何概括，只能产生关于可观察世界的归纳，而不能产生别的。因此，关于不可观察的世界的科学知识，绝不可能用我们已经讨论过的这种归纳推理来证实。这就使得归纳主义者处于一种很尴尬的境地：他们不得不在相当程度上拒绝当代科学，因为它所包含的内容，超出了通过对可观察现象的归纳概括可以证明的范围。

另一个问题来源于这样的事实，即许多科学规律都是以精确的在数学上得到了系统阐述的定律形式出现的。万有引力定律就是一个明确的例子，这一定律表明，任何两个质点之间的引力与它们质量的乘积成正比，与它们之间距离的平方成反比。与这种定律的精确性相对照的是，任何构成它们的可观察证据的测量都是不精确的。人们已经充分认识到，所有观察都会有某种程度的错误，正像科学家的实践中所反映的那样：他们会把某个特定的测量结果写作$x \pm dx$，在这里，dx代表所估计的误差的范围。如果科学规律是从可观察的事实中得出的归纳概括，那就难以理解，人们怎么能避开那些构成归纳论证前提的测量的不精确性。很难理解精确的定律怎么能在不精确的证据的基础上通过归纳来证明。

归纳主义者的第三个问题是一个老掉牙的哲学论题，即所谓的归纳问题。任何人如果赞同这一观点：科学知识的各个方面必须或者诉诸（演绎）逻辑来证明，或者通过从经验中推导来证明，那么都会遇到这个问题。大卫·休谟是一位18世纪的哲学家，他承认那种观点，而且正是他清晰地阐述了我将要强调的这个问题。

当我们提出归纳本身如何证明这一疑问时，就会出现这个问题。怎么证明归纳原理呢？那些接受这里所讨论的那种观点的人只能有两种选择，即通过诉诸逻辑来证明或者通过诉诸经验来证明。我们已经看到，第一种选择是行不通的。归纳推理不是逻辑（演绎）推理。这样就剩下第二种选择了，即试图通过诉诸经验来证明归纳。这样一种证明会是什么样呢？可以假设，它可以这样进行。已经观察到，归纳会在众多事例中发挥作用。例如，通过归纳从实验室的实验结果中推导出的光学定律，已经被应用到对无数光学仪器的设计中，这些仪器的使用都很令人满意；再如，通过观察行星的位置而用归纳法推导出来的行星运动定律，已被成功地运用于预测日月食和天体的会合方面了。随着对成功的预测和解释的记述不断增加，这个清单可以大大扩展，而按照我们的假设，这些预测和解释都是以用归纳法推导出来的科学定律和理论为基础的。如此论证下去，归纳就可以被经验证明是合理的。

然而，这个对归纳的证明是不可接受的。当我们按照如下模式对论证形式加以阐明时，就可以看出这一点：

归纳原理在场合x_1成功地发挥了作用。

归纳原理在场合x_2成功地发挥了作用,等等。

归纳原理总能发挥作用。

在这里,一个断言归纳原理有效的普遍命题是从许多它成功应用的单独事例中推论出来的。因此,这个论证本身就是一个归纳论证。这样,这个诉诸经验证明归纳的尝试,包含着假设人们试图证明的东西。它涉及诉诸应用归纳来证明归纳,因而是完全不能令人满意的。

有一种试图避免归纳问题的尝试,需要降低应当证明科学知识是正确的这一要求,并且满足于这样的主张,即科学断言可以根据证据被证明可能是正确的。这样,可以借助大量观察来支持这样的主张:比空气密度更大的物质会落向地面,这虽然不可能使我们证明这一主张为真,但却为断言这一主张可能为真提供了理由。按照这一提示,我们可以把归纳原理重新阐述为:"如果在很多不同的条件下已经观察到大量的A,而且如果所有这些被观察到的A都具有属性B,那么所有A都可能具有属性B"。这一重新阐述并没有克服归纳问题。重新阐述过的这一原理仍然是一个全称命题。它以有限数量的成功为基础,但却意味着,对这一原理的所有应用将会导致一些可能为真的普遍结论。因此,通过诉诸经验来证明概率式的归纳原理的尝试,涉及诉诸一些归纳论证,对这类归纳论证的证明与对该原理的原初形式的证明并无二致。

对于把归纳论证说成是导致可能的真理而非真理的这种解

释而言，还有一个根本性的问题。只要人们试图根据特别的证据精确阐明某个定律或理论在什么程度上是可能的，这个问题马上就会出现。从直觉上看可能似乎是这样：当支持某个普遍定律的观察证据增加时，该定律为真的概率也在增加。但是，这种直觉经不住检验。只要是标准的概率理论，无论有什么证据，要避免得出任何一普遍定律的概率为零的结论是很难的。用一种非专业的方式来解释，任何观察证据都可以构成数量有限的观察命题，但普遍定律将要提出的是关于无限的可能事例的主张。因此，根据证据得出的定律的概率是一个被无限大的数除的有限的数，这样，无论有限的证据的数量增加到多大的因数，其结果仍然是零。换个方式来看，总是有数量无限的普遍命题与数量有限的观察命题兼容，就像通过数量有限的点可以画出无限多的曲线一样。也就是说，与数量有限的证据兼容的，往往是数量无限的假说。因此，关于它们中的任何一个为真的概率均为零。在本书第十二章，我们将讨论有关这个问题的一个可能的解决方法。

49 　　在本节和前一节中，我们已经揭示了，对于科学知识是通过某种归纳推理从事实中推导出来的这一思想，存在着两种问题。第一种涉及阐明什么是适当的归纳论证的问题。第二种涉及证明归纳的尝试中的循环论证问题。我认为前后这两种问题是同样严重的。我之所以没有把归纳问题看得更严重，其原因在于，任何为科学提供某种说明的尝试都必然会面对一个类似的问题。如果我们寻求合理地证明我们所使用的每一个原理，我们必然会陷入困境之中，因为如果我们不假设我们正在论证的东西，我们就不能为合理的论证本身提供一个**合理论证**。如果不采取窃取论题的方式,甚至连逻辑也无法得到**证明**。不过,虽然还根本无法讲清楚一个完善的归纳论证由什么构成,但可以在非常精确的程度上阐明一个有效的演绎论证由什么构成。

6. 归纳主义的吸引力

在本书开始的这几章,我们已经讨论了归纳主义的科学观,即科学知识是通过归纳推理从事实中推导出来的,20世纪的一位经济学家A. B. 沃尔夫(Wolfe)在其所写的以下这段话中,对这种观点进行了简明的表述:

> 如果我们试图想象一个人具有超人的能力和智力,但就其思想的逻辑过程而言他是正常的……他会如何使用科学方法? 这个过程也许是这样:第一,对于所有事实,一律予以观察和记录,对它们的相对重要性**不加选择**也不进行**先验的**猜测。第二,除了那些必然包含在思想逻辑中的假说或公设外,不借助任何**假说或公设**对所观察和记录的事实加以分析、比较和分类。第三,从对事实的这种分析中,以归纳的方式引出有关这些事实之间的分类关系或因果关系的普遍性命题。第四,进一步的研究应当既是演绎性的又是归纳性的,它要基于以前被证实的普遍性命题进行推理。①

---

① A. B. 沃尔夫(A. B. Wolfe)著作中的这段话,转引自 C. G. 亨普耳(C.G. Hempel)的著作(1966,第11页)。

50　　我们已经看到,对事实的收集可以而且应该先于对任何知识的获得和接受这一思想,是经不住分析的。若不是这样看,那就得相信,我对澳大利亚丛林的植物群的观察,比训练有素的植物学家的那些观察更有价值,而原因恰恰是因为我对植物学知之甚少。我们姑且拒绝我们的这位经济学家对科学的部分表征。剩下的是一个有相当吸引力的说明。图2就是对这种说明的概括。构成科学知识的定律和理论,是通过归纳从观察和实验提供的事实基础上推导出来的。一旦获得这样的普遍性知识,就可以利用它来做出预见和进行解释。

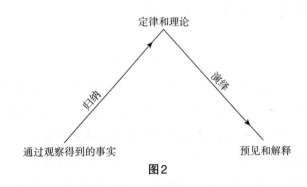

图2

考虑以下论证:

1. 相当纯的水（假定有充分的时间）会在大约0℃时结冰。

2. 我汽车的散热器中有相当纯的水。

3. 如果温度降到0℃以下,我汽车的散热器中的水（假定有充分的时间）就会结冰。

在这里,我们有了一个有效逻辑论证的例子,即从前提1所包含的科学知识中推论出预见3。如果1和2为真,3必定为真。然而,1、2或3的真无法用这种或任何其他的演绎法来证明。对于归纳主义者来说,科学真理的来源是经验而非逻辑。按照这种观点,可以通过对各种水结冰的事例的直接观察来断定1。一旦1和2被观察和归纳所证实,那么,就可以从它们中推论出预见3。

更重要的例子将更为复杂,但观察、归纳和演绎所起的作用在本质上仍然是相同的。作为最后一个例子,我将考虑归纳主义者对物理学如何解释彩虹的说明。

在这里上一个例子中的简单前提1将被一些支配光的活动的定律取代,这些定律包括光的反射定律和折射定律,以及关于折射量依赖于光的颜色的断言。这些普遍定律是通过归纳从经验中推导出来的。人们进行了大量的实验室实验,在很多不同的情况下使光线从镜子和水面反射,测量光线从空气进入水中时折射的角度,以及从水中进入空气中时折射的角度,等等,直到所假设的确保能够用归纳法从实验结果中推导出光学定律的必要条件都得到满足时为止。

我们上一个例子中的前提2也将被一系列更复杂的命题取代。这些命题包括大意是这样的断言:太阳处在天空中某个特定的与地球上的观察者相关的位置,雨滴从位于与观察者相关的某个特定地区的一片云中落下。一些描述研究所用的实验设置的陈述,与这些断言一样,将被称之为**初始条件**(*initial condition*)。对实验设置的描述是典型的初始条件。

已知光学定律和初始条件,我们现在就有可能进行一些演绎推理,并对观察者可见之彩虹的形成做出说明。这些演绎推理不再像我们前面的例子那样是自明的,而且,它们将包含一些数学的和文字的论证。推导将大体如下。如果我们假设一个雨滴基本上是球形的,那么,光线穿过一个雨滴的路径就大致如图3所描述的那样。如果有一束来自太阳的白色的光从a点射入雨滴,根据折射定律,红色的光将沿着ab传播,而蓝色的光将沿着ab^1传播。按照反射定律,ab将沿着bc被反射,ab^1将沿着b^1c^1被反射。在c和c^1处的折射仍由折射定律决定,因而注视雨滴的观察者将会看到从白光中分离出来的红色和蓝色的成分(以及光谱上的所有其他颜色)。当任何雨滴处在天空中的这样一个地区,使得把该雨滴和太阳相连的直线与把该雨滴和观察者相连的直线形成一夹角D,这时,我们的观察者就能够看到同样的颜色分离。几何学研究所得出的结论是,倘若雨云延展得足够大,观察者就能够看到一道彩色的弧。

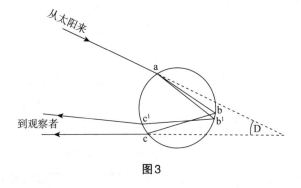

图3

在这里,我只是概述了有关彩虹的解释,不过,这应该足以说明所涉及的这种推理的一般形式。如果已知光学定律为真(对于毫无保留的归纳主义者来说，这一点可以通过归纳从观察中证实），并且已知对初始条件作了正确的描述，那么，必然能得出有关彩虹的解释。因而，可以把所有科学解释和预见的一般形式概括为：

1. 定律和理论
2. 初始条件
3. 预见和解释

这就是图2右侧所描述的步骤。

有关科学的基本的归纳主义说明，的确具有某种直接的吸引力。它的吸引力就在于这一事实，它似乎会以某种常规的方式，把握一些人们通常持有的关于科学知识的特征的直觉，这些特征即，科学知识的客观性、可靠性和有用性。在本节中，关于归纳主义对科学有用性的说明，我们已经从它能够促进预见和解释方面进行了讨论。

按照归纳主义者的解释，科学的客观性来源于观察、归纳和演绎本身被看成是客观的程度。按照他们的理解，可观察的事实是通过无偏见地运用感官来确定的，这种运用感官的方式没有给塞入主观判断留下任何的余地。就归纳推理和演绎推理而言，它们完全达到了这种程度，即它们符合公认的适当性标准，同时，又没有给个人性评价留下余地。推理要么是符合客观标准的，要么是不符合的。

科学的可靠性是从归纳主义关于观察的主张以及关于归纳

推理和演绎推理的主张中推断出的。按照毫无保留的归纳主义者的观点，构成科学的事实基础的观察命题，可以直接地通过仔细运用感官而得到可靠的证实。进一步说，如若那些适当的归纳概括的条件得到满足，这种可靠性将被传递到用归纳法从那些事实中推导出来的定律和理论。被假设构成了科学基础的归纳原理为这一点提供了保证。

我们已经看到，这种可能曾经看起来很有吸引力的归纳主义立场，从最好的方面说，需要严格的限定，从最糟的方面说，是根本不适当的。我们还看到，对科学来说恰当的事实，绝不是直接获得的，而是在实践中构造的，它们从某种重要的意义上说是依赖于它们以之为前提的知识的（这种复杂性在图2的图示化表达中被忽略了），而且，它们要经历修改和替换。更重要的是，我们尚不能对归纳做出这样的准确描述，从而有助于把可证明为合理的从事实中进行的归纳，与草率或鲁莽的归纳区分开，只要大自然有能力令我们意外，这就是一个棘手的难题，过冷液体能够向上流动这一发现就是其典型的事例。

54　　　在本书第十二章，我们将讨论最近一些从其困境中挽救归纳主义的科学观的尝试。同时，在以下两章，我们还将转向讨论一位哲学家的观点，他试图通过提出一种不包含归纳的科学观来绕过有关归纳的问题。

7. 延伸读物

休谟归纳问题的历史来源是休谟的《人性论》(*Treatise on*

Human Nature，1939，第三部分）。罗素的著作（1912，第6章）是对这个问题的另一个经典性讨论。D. 斯托夫（D. Stove）的著作（1973）对休谟论证的结果进行了透彻的专门研究。卡尔·波普尔声称，他已经在其著作（1979，第1章）中解决了归纳问题。在C. G. 亨普耳（C. G. Hempel）的著作（1966）和W. 萨尔蒙（W. Salmon）的著作（1966）中，可以找到对归纳推理可合理接受的说明，在C. 格里默尔（C. Glymour）的著作（1980）中可以找到更详细的论述。也可参见拉卡托斯试图构造一种归纳逻辑的论文集（1968），其中拉卡托斯本人写的一篇综述很有争议。马斯格雷夫的著作（1993）是一部出色的关于这一问题的历史概述。

第五章　介绍否证主义

1. 引言

卡尔·波普尔是归纳主义的一种替代物的最有力的倡导者，这种替代物即我将谈到的"否证主义"（falsificationism）。波普尔于20世纪20年代在维也纳求学，那时，逻辑实证主义的代言人是一个哲学家群体，他们形成了著名的维也纳学派（the Vienna Circle）。这些人中最著名的是鲁道夫·卡尔纳普（Rudolph Carnap），他的支持者与波普尔的支持者之间的冲突和争论，一直到20世纪60年代都是科学哲学的一个特点。有一种思想认为，科学之所以与众不同，其原因就在于它是可以从事实中推导出来的，而且事实越多越好，波普尔本人讲述了他是怎样对这种思想不再抱幻想的经历。波普尔看到了弗洛伊德主义者和马克思主义者根据他们各自的理论，对大量有关人类行为或历史变迁的事例进行解释，并且声称他们的理论因此得到了证明，对他们支持各自理论的这种方式，他开始产生了怀疑。在波普尔看来，这些理论永远不可能错，因为它们有足够的弹性，可以使任何人类行为或历史变迁的事例与他们的理论相适应。结果，虽然表面上看它们是得到大量事实确证的强有力的理论,但事实上,由于它们不排除任何可能性,因而它们什么也解释不了。波普尔把这一点与A. 爱丁顿（A. Eddington）于1919年进行的检验爱因斯坦的广义相对论的著名实验进行了比较。爱因斯坦的理论暗示着,当光线经过像太阳那么大的物体附近时会发生弯曲。作为推论,任何一颗远离太阳的恒星看起来都会有所偏移,即离开它在没有这种弯曲的情况下本应被观察到的方位。爱丁顿试图在来自太阳的光被日食挡住时,通过对这颗星的观察来探索这种偏移。结果是,这种位移被观察到了,而爱因斯坦的理论得到了证明。然而,波普尔指出,也许并非如此。从做出一个特别的、可检验的预见来看,广义相对论的处境是有风险的。它排除了与那个预见有冲突的观察。波普尔引申出这样一个教训:真正的科学理论由于要做出确定的预见,排除了许多可观察的事物的状态,他认为弗洛伊德主义理论和马克思主义理论均未做到这一点。他得出了他的关键思想:科学理论是**可否证的**（*falsifiable*）。

否证主义者欣然承认观察是受理论指导并且是以理论为前提条件的。他们也乐于放弃任何有这样意味的主张,即理论可以根据观察证据而被证实为正确或可能正确。他们把理论解释为是推测性的和暂时的猜想或猜测,在尝试克服以前理论所遇到的问题,以便为世界或宇宙的某些方面提供某种恰当的说明时,人类的才智会无拘束地创造出这样的猜想或猜测。一旦提出推测性的理论,这些理论就要接受观察和实验的严格而无情的检验。经受不住观察检验和实验检验的理论必须被排除,并被更进一步的推测性猜想取代。科学是通过试错、猜想和反驳向前发展的。

只有适应性最强的理论才能够生存下来。尽管，说一个理论正确永远不可能是合理的，但可以乐观地说，它是可得到的最好的理论；它比它以前的任何理论都好。对于否证主义者来说，不会出现关于归纳的表征和证明的问题，因为按照他们的观点，科学并不涉及归纳。

　　我在以后的两章中，将使这里对否证主义的浓缩式概括的内容更加充实。

2. 一种支持否证主义的逻辑观点

　　按照否证主义的观点，通过诉诸观察结果和实验结果，可以证明有些理论是错误的。在这里，有一种简单的逻辑观点似乎是支持否证主义者的。我在第四章中已经指出，即使我们假设我们可以用某种方式获得为真的观察命题，我们也绝不可能仅仅以此为基础，通过逻辑演绎推理得出普遍定律或理论。然而，从作为前提的单称观察命题出发的逻辑演绎推理，却有可能证明，通过逻辑演绎得出的普遍定律或理论是错误的。例如，如果我们有这样一个命题："在地点x、时间t观察到一只渡鸦不是黑色的"，那么，就可以合乎逻辑地得出"所有渡鸦都是黑色的"为假。也就是说，以下论证：

　　前提　　在地点x、时间t观察到一只渡鸦不是黑色的，
　　结论　　并非所有渡鸦都是黑色的，

是一个逻辑上有效的演绎推理。如果前提被肯定,而结论被否定,那么,这就包含了一个矛盾。再多举一两个例子将有助于说明这个非常普通的逻辑论点。如果通过在某个检验性实验中的观察可以确定,一个10公斤重的物体和一个1公斤重的物体在自由降落时以大致相同的速度下落,那么就可以得出结论说,物体降落的速度与它们的重量成正比的断言是错误的。如果可以毫无疑问地证明,当一束光经过太阳附近时沿着一个弧形的路径发生偏斜,那么,光线必然沿直线传播的命题就是假的。

从适当的单称命题中可以推断出全称命题的谬误。否证主义者充分利用了这一逻辑论点。

3. 可否证性是理论的标准

否证主义者把科学看成是一组暂时提出来的假说,提出这些假说的目的是为了准确地描述或说明世界或宇宙的某个方面的活动。然而,并非任何假说都能做到这一点。任何假说或假说体系如果被承认具有一个科学定律或科学理论的地位,它必须满足一个基本的条件。倘若一个假说要构成科学的一部分,它必须是**可否证的**。在进行更进一步的论述之前,澄清否证主义者对"可否证的"这个术语的用法是很重要的。

这里有几个简单断言的例子,就所意指的意义而言它们是可否证的:

1. 星期三从不下雨。

2. 所有物质受热时都会膨胀。

3. 在靠近地球表面时松开像诸如砖头这样的重物，如果没有遇到阻碍，它们就会垂直降落。

4. 当光线从一个平面镜上反射时，它的入射角等于反射角。

断言1是可否证的，因为通过观察到在某个星期三下雨就可以把它否证。断言2是可否证的。可以通过这样一个观察命题把它否证，该命题的大意是，某种物质x在时间t受热时不膨胀。水在接近冰点时的情况也可以用来否证断言2。断言1和2既是可否证的也是错误的。就我所知，断言3和4可能是真的。然而，就所意指的意义而言它们仍是可否证的。当松开另一块砖头时，它在逻辑上有向上"落"的可能。在"当松开一块砖头时它会向上落"这个断言中并不包含逻辑矛盾，尽管可能，没有任何这样的命题曾得到观察的支持。断言4是可否证的，因为一束光在一个镜面上以某个斜角射入时，可以想象，它会在一个与镜面垂直的方向上被反射。如果反射定律是正确的，这也许永远不会发生，不过，即使发生也不存在逻辑上的矛盾。尽管断言3和4可能为真，但它们是可否证的。

如果在逻辑上有可能存在一个观察命题或一组观察命题与一个假说不一致，那么，该假说就是可否证的，也就是说，如果观察命题被证实，就会使该假说遭到否证。

这里有些命题的例子，它们不符合这种要求，因而不是可否证的：

5. 天或者下雨或者不下雨。

6. 欧几里得圆上的所有点与中心都是等距的。

7. 在体育竞猜中可能是有运气的。

没有任何逻辑上可能的观察能够反驳断言5。无论天气如何该断言都是真的。断言6因关于欧几里得圆的定义而必然是真的。如果一个圆上的某些点与某个定点不等距，那么这个图形就不是欧几里得圆。由于同样的理由，"所有单身汉都没有配偶"也是不可否证的。断言7引自一张报纸上的算命天宫图。它代表了算命者的迂回策略。这个断言是不可否证的。它等于是告诉读者，如果他今天下一个赌注，他也许会赢；无论他是否下注，而且如果他下注，无论他是否赢，这一断言都是真的。

否证主义者要求，科学假说在我们所讨论的意义上是可否证的。他们坚持这一点是因为，只有通过排除一组逻辑上可能的观察命题，一个定律或理论才能增进知识。如果一个命题是不可否证的，那么，世界无论可能具有什么属性，无论可能以什么方式运动，都与这个命题没有冲突。命题5、6和7与命题1、2、3和4不同，它们没有告诉我们有关世界的任何信息。一个科学定律或理论理应给我们提供一些有关世界实际上如何运动的信息，从而排除它那些（在逻辑上）可能的但实际上并未如此的运动方式。"所有行星都沿着椭圆形轨道围绕太阳运动"这个定律是科学的，因为它断言行星事实上在椭圆轨道上运行，并且排除了方形和卵形的轨道。正是由于这个定律对行星轨道提出了明确的断言，它就具有增进知识的内容而且是可否证的。

对于有些也许被认为是科学理论的典型成分的定律，粗略地看一下就可以表明，它们满足这一可否证性标准。"不同的磁极相互吸引"、"酸与碱化合会产生盐和水"以及类似的定律，可以很容易地被解释为是可否证的。不过，否证主义者坚持说，有些理论虽然可能从表面上看似乎具备有效的科学理论的特征，但由于它们是不可否证的，因而事实上只是伪装成科学的理论，对它们应当予以拒绝。波普尔已经指出，至少马克思主义历史理论的某些看法、弗洛伊德心理分析的某些看法以及A. 阿德勒（A. Adler）心理学的某些看法都有这种缺陷。这一论点可用下面对阿德勒心理学的漫画式描述来说明。

阿德勒理论的一个基本原则是，人类的行动是受某种自卑感驱使的。在我们的漫画式描述中，这一点得到了以下事件的支持。一个人正站在一条变化莫测的河的岸边，这时，一个孩子在附近落入了河中。这个人要么跳入河中去设法救这个孩子，要么不跳。如果这个人跳入河中，阿德勒学派的成员的反应就是，指出这种情况如何支持了他的理论：这个人显然有必要通过证明他很勇敢，完全可以不顾危险跳入河中，来克服他的自卑感。如果这个人没有跳入河中，阿德勒学派的成员还是可以声称这种情况支持了他的理论：当那个孩子溺水身亡时，这个人想通过他有意志力泰然自若地留在岸上来证明，他正在克服他的自卑感。

如果这种漫画式描述所表明的是阿德勒理论运用的典型方式，那么，这种理论就是不可否证的。它与任何类型的人类行为都是一致的，而这恰恰是因为，它并未告诉我们人类如何行动。当然，在可以根据这些理由拒绝阿德勒的理论以前，有必要研究这个理论的细节而不是一段漫画式描述。不过,有许多社会的、心理学的和宗教的理论都引起了这样的怀疑,即就它们什么都想解释而言,它们什么也解释不了。由于可以把灾害的降临解释为是对我们的考验或对我们的惩罚,因此,无论哪种解释似乎最适合灾害,都可以使一个仁爱的上帝的存在与某种灾害的出现并存不悖。对于这一断言:"对动物的设计都使得它们能够最好地完成赋予它们的功能",可以把许多关于动物行为的例子看成是支持它的证据。以这种方式行事的理论家,就犯了算命者规避的过失,并且会受到否证主义者的批评。如果一个理论要具有增进知识的内容,它就必须冒被否证的危险。

4. 可否证度、清晰性和精确性

一个有效的科学定律或理论,恰恰由于它提出了关于世界的明确的断言因而是可否证的。对于否证主义者来说,由此很容易推断,从"愈"这个用语宽泛的意义上讲,一个理论愈是可否证,它就愈好。一个理论断言得愈多,就会有愈多潜在的机会证明,世界事实上并非是按照该理论所设想的那种方式运动的。一个非常有效的理论应该是这样,它能提出涵盖很大范围的关于世界的断言,因而具有很高的可否证度,而且无论何时对它进行检验,它都能经得住否证。

这一论点可以通过一个寻常的例子来说明。考虑以下定律:

（a）火星沿着椭圆形轨道围绕太阳运动。

（b）所有行星都沿着椭圆形轨道围绕太阳运动。

　　我认为很清楚，作为一条科学知识，（b）比（a）具有更高的地位。定律（b）不仅告诉了我们定律（a）告诉我们的内容，而且还有其他内容。因而这个更可取的定律（b）比（a）具有更高的可否证度。如果对火星的观测结果会否证（a），那么它们也会否证（b）。任何对（a）的否证都将是对（b）的否证，但反之并非如此。那些也许会令人信服地否证（b）的有关金星、木星等等轨道的观察命题，与（a）是无关的。如果我们遵循波普尔的理论，把那些可用来否证一个定律或理论的观察命题称作那个定律或理论的**潜在的否证者**（*potential falsifier*），那么我们就可以说，（a）的潜在的否证者构成了一个类，它是（b）的潜在的否证者的一个子类。说定律（b）比定律（a）具有更高的可否证度，就等于说它具有更多的断言、它是更好的定律。

　　关于开普勒（Kepler）的太阳系理论与牛顿的太阳系理论之间的关系，是一个非人为设计的例子。我把开普勒理论理解为他的行星运动三定律。这个理论潜在的否证者，是一组关于行星在某个特定时间相对于太阳的位置的命题。牛顿理论是一个取代了开普勒理论的更好的理论，它包含了更丰富的内容。它由牛顿运动定律和他的万有引力定律组成，后者断言，宇宙中任何一对物体都相互吸引，引力的大小与它们的距离的平方成反比。牛顿理论的一些潜在的否证者，是多组关于行星在一些特定时间的位置的命题。除此之外，还包括许多其他命题，它们涉及落体和钟摆的运动，潮汐与太阳和月球的位置的对应关系，等等。否证牛顿理论的机会,比否证开普勒理论的机会多很多。而否证主义者仍会说,牛顿的理论能够经得住已尝试的否证,因而证明它比开普勒理论更优越。 62

因此,高度可否证的理论,如果事实上并没有被否证,应该比低度可否证的理论更可取。这个限定对否证主义者是很重要的。业已被否证的理论必须毫不留情地予以拒绝。科学的事业包括,提出高度可否证的假说,以及随之进行审慎的和执著的否证它们的尝试。引用波普尔著作(1969,第231页,黑体字为原文所标)中的话说:

> 因此,我很乐意承认,像我本人这样的否证主义者,更喜欢那种通过大胆猜想解决某个有趣的问题的尝试,**即使**(而且尤其如果是)**这个猜想很快被证明是假的**,而不喜欢任何对一系列无关的不言自明的事实的描述。我们喜欢这种尝试是因为,我们认为这就是我们可以从我们的错误中学习的方式;在发现我们的猜想是错误的时,我们也将学到更多有关真理的知识,并且将更接近真理。

我们从我们的**错误**中学习。科学通过试**错**法而进步。由于那种逻辑情境使得从观察命题中推导出普遍定律和理论成为不可能,但却使得推断出它们为假成为可能,因而**否证**便成了科学中的重要标志、惊人的成就和主要的生长点。对于更为极端的否证主义者对否证之重要性的这种有些反直觉的强调,我将在以后的诸章中提出批评。

由于科学的目的在于建立能提供丰富信息的理论，因而否证主义者欢迎提出大胆的推测性猜想。只要轻率的推测是可否证的，只要它们被否证时就把它们拒绝，它们就会得到鼓励。这种不顾一切的态度与极端的归纳主义者所倡导的谨慎是冲突的。按照后者的观点，只有那些被证明是正确的或可能正确的理论，才能获准进入科学。我们只应在合理的归纳允许我们的范围之内超越直接的经验结果。与之相反，否证主义者认识到归纳的局限性和观察对理论的从属性。在他们看来，只有借助独创的和敏锐的理论才能揭示自然的奥秘。面对世界现实的猜想性理论的数量越多，那些猜想的推测力越强，科学中取得重大进展的机会就越大。推测性理论的激增不会有什么危险，因为任何不适当的描述世界的理论，都可以因可观察检验或其他检验的结果而被毫不留情地淘汰。

对理论应具有高度可否证性的要求，有一个引人注目的推论，即理论应当是得到清晰陈述的并且应当是精确的。如果一个理论陈述得非常模糊，以致不清楚它主张的是什么，那么，当用观察和实验对它加以检验时，它就可能总是被解释得与那些检验结果相一致。这样一来，它就能顶住否证而获得辩护。例如，J. W. 歌德（J. W. Goethe）在写到电时（1970，第295页）说过：

> 它是无，是零，仅仅是一个点，无论它以什么方式存在于所有显而易见的存在物之中，它同时总是一个原点，一旦受到最微弱的刺激，它自己就会呈现出一种双重现象，一种只是显示它自身将要消失的现象。引起这种显现的条件是

随着特定物体的性质无限地变化的。

　　如果我们从这段引文的字面意义来理解，很难明白哪一组可能的物理条件能用来否证它。正是因为它（至少在脱离上下文时）是如此模糊和不确定，所以它是不可否证的。政治家和算命者可以使他们的断言如此模糊，以致总可以把它们解释为与最终可能出现的无论什么结果都吻合，从而以此方式躲避对他们所犯错误的谴责。对高可否证度的要求把这种花招排除了。否证主义者要求，应当把理论陈述得足够清晰，这样它们处在了被否证的风险之中。

　　在精确性方面，情况也是相似的。一个理论被阐述得愈精确，它就变得愈可否证。如果我们承认，一个理论愈可否证，（假如未被否证）它就愈好，那么，我们也必须承认，一个理论的主张愈精确，它就愈好。"行星沿着椭圆形轨道围绕太阳运动"比"行星沿着闭合的环形轨道围绕太阳运动"更精确，因而也更可否证。一个卵形的轨道会否证第一个命题而不会否证第二个命题，但任何否证第二个命题的轨道都会否证第一个命题。否证主义者必然更喜欢第一个命题。类似地，否证主义者必定更喜欢光在真空中的速度是每秒 299.8×10^6 米这一断言，而不喜欢光在真空中的速度是每秒 300×10^6 米这个精确性略低的断言，这恰恰是因为第一个断言比第二个断言更可否证。

　　对表述的精确性和清晰性这两方面的要求密切联系在一起，它们都是自然而然地从否证主义者对科学的说明中得出的。

5. 否证主义与进步

也许可以把否证主义者所理解的科学的进步概括如下。科学始于问题,这些问题与对世界或宇宙的某些方面的运动的解释联系在一起。科学家提出一些可否证的假说作为对某个问题的解答。随后,对猜想性的假说进行批判和检验。其中有些假说很快会被淘汰,其他的则被证明是更成功的。而这些假说必定要经受更为严格的批判和检验。当一个成功地经受住了广泛的严格检验的假说最终被否证时,一个可望与业已解决的问题大相径庭的新问题出现了。这个新问题要求人们发明新的假说,随之进行更新的批判和检验。这样的过程会无限期地继续下去。永远也不能说一个理论是正确的,无论它经受住了多少严格的检验,但如若当前的一个理论能够经受住这样一些检验,这些检验曾经否证了它以前的理论,那么,从这种意义上有希望说,这个理论比它的前任理论更优越。

在我们考虑一些说明这种否证主义的科学进步观的例子之前,应当对"科学始于问题"这一主张简单说两句。这里有一些科学家在过去遇到过的问题。蝙蝠事实上只有很小的且视力很弱的眼睛,它是如何那么灵巧地在夜间飞行的? 为什么一个简单的气压计在高海拔处量出的气压比在低海拔处低? 为什么伦琴(Roentgen)实验室中的照相底片在持续变黑? 为什么水星的近日点会前移? 这些问题来自于或多或少较为直接的**观察**。那么,否证主义者坚持科学始于问题这个事实,难道与朴素归纳主义者

坚持科学始于观察不是一样的吗？对这个问题的回答是明确的
"否"。上述四个由观察所构成的问题，只有**根据某种理论**来看才
是成问题的。第一个例子根据动物都用它们的眼睛"看"的理论
是成问题的；第二例子对伽利略的支持者们来说是成问题的，因
为它与他们所接受的"真空力"的理论有冲突，他们把这个理论当
作对水银不从气压计管中下落的一种解释；第三个例子对伦琴
来说是成问题的，因为那时人们心照不宣地假设，不存在任何种
类的辐射或放射作用，它们能够穿透底片箱使底片变黑；第四个
例子之所以成问题，是因为它与牛顿理论不相容。科学始于问题
这一主张，是与理论优先于观察和观察命题完全相容的。科学并
不始于刻板的观察。

在进行了这段偏离主题的论述之后，我们现在回到否证主义
的科学进步观，按照这种观点，科学进步就是一个从问题到推测
性假说、再到对它们的批判和最终否证、由此再到新问题的过程。
我们将提供两个例子，第一个例子比较简单，涉及蝙蝠的飞行，第
二个例子处理起来更为艰巨一些，涉及物理学的进步。

我们从第一个问题开始。蝙蝠能够很轻松地快速飞行，能避
开树枝、电线、别的蝙蝠等等，并且能捕捉昆虫。而蝙蝠的视力很
弱，而且无论如何，它们的飞行大都是在夜间进行。这就提出了
一个问题，因为它好像否证了动物像人一样用它们的眼睛看东西
这个似真的理论。一个否证主义者将试图通过构造一个猜想或
假说来解答这个问题。他也许会指出，尽管蝙蝠的视力似乎很弱，
但它们能够以我们尚未理解的方式用它们的眼睛在夜间看得很
清楚。可以对这个假说进行检验。把一只实验用蝙蝠放入一个

66 黑暗的房子里,房子中有一些障碍物,可以用某种方法测量它们
    避开障碍物的能力。现在,给这只蝙蝠戴上眼罩,再把它放入这
    间房子里。在实验前,实验者可能做出以下推断。推断的一个前
    提就是他的假说,可以把这个假说清晰地表述为:"蝙蝠能够用它
    们的眼睛在飞行时避开障碍物,在不用它们的眼睛时就不能做到
    这一点。"第二个前提是对实验设置的描述,其中有这样的命题:
    "实验用的蝙蝠被蒙上了眼罩,这样它们就不能用它们的眼睛看
    东西了。"实验者可以用演绎的方式,从这两个前提中推导出,实
    验用的那些蝙蝠将无法有效地避开这间检测实验室中的障碍物。
    好了,实验完成了,结果发现,蝙蝠就像以前一样有效地避开了碰
    撞。假说被否证了。现在,需要科学家重新运用想象,构想一种
    新的猜想、假说或推测。也许,有个科学家指出,蝙蝠的耳朵以
    某种方式参与了它躲避障碍物的能力。可以对这个假说进行检
    验,即尝试以这种方式对它进行否证:在把这些蝙蝠放入检测实
    验室之前,把它们的耳朵塞住。这次人们发现,蝙蝠避开障碍物
    的能力相当大地减弱了。这个假说得到了支持。否证主义者现
    在必须设法使这个假说更精确,以便使它变得更容易被否证。根
    据设想,蝙蝠的耳朵能够听到从固体反射回来的它自己尖叫的回
    声。对这个假设这样来检验:在把这些蝙蝠放入房子中之前,把
    它们的嘴堵上。这次蝙蝠又撞到了障碍物上,因而这个假说再次
    得到了支持。现在,否证主义者似乎得出了对这个问题尝试性的
    解答,尽管实验尚未**证明**蝙蝠是怎样在飞行时避免碰撞的。任何
    数量的表明这个假说是错误的因素都可能突然出现。也许,蝙蝠
    并不是用它的耳朵探测到回声,而是用它耳朵附近的敏感区域,

当耳朵被塞住时,这个区域的功能也就减弱了。或许,不同种类的蝙蝠以截然不同的方式发现障碍物,这样,实验用的蝙蝠就并不是真正有代表性的。

物理学从亚里士多德经过牛顿到爱因斯坦的进步提供了一个更大规模的例子。否证主义者对这一进步的说明大致如下。亚里士多德物理学在某种程度上是相当成功的。它可以解释大量现象。它可以解释为什么重的物体会落到地面(它们要寻找它们在宇宙中心的自然位置),它可以解释虹吸管和提升泵的作用(这种解释以不可能存在真空为基础),等等。但最终,亚里士多德物理学以多种方式被否证了。从匀速运动的船的桅杆顶部落下的石头,会落到桅杆脚下的甲板上,而不会像亚里士多德理论所预言的那样,落到远离桅杆的某个地方。可以看到木星的卫星是在围绕木星而不是围绕地球的轨道上运动。在17世纪期间,还积累了众多其他否证结果。然而,牛顿物理学一经创立,并且通过诸如伽利略和牛顿的猜想得以发展,它就成了一个更胜一筹的取代亚里士多德物理学的理论。牛顿理论可以说明落体、虹吸管和提升泵的作用,以及亚里士多德理论所能解释的任何其他现象,而且还能说明对亚里士多德学派来说成问题的现象。此外,牛顿理论还能解释亚里士多德理论未触及的现象,例如潮汐与月球位置的对应关系,以及万有引力在海平面以上随着高度而变化,等等。在两个世纪期间,牛顿理论是成功的。也就是说,通过参照借助它所预见的新现象来否证它的尝试是不能成功的。这个理论甚至导致发现了海王星这一新的行星。尽管它有这样的成功,持续否证它的尝试最终被证明是成功的。牛顿的理论被多种方式否证了。它无法说明水星轨道的详细情况，而且也无法说明放电管中快速运动的电子的质量变化。这样，在19世纪与20世纪交替之际，物理学家面临着一些具有挑战性的问题，他们需要构造一些新的旨在以某种渐进的方式克服这些问题的推测性假说。爱因斯坦能够迎接这一挑战。他的相对论能够说明那些否证了牛顿理论的现象，同时，还能在牛顿理论已经被证明是成功的领域中与它保持一致。此外，爱因斯坦的理论还对引人入胜的新现象做出了预见。他的狭义相对论预言，质量应当是速度的一个函数，质量与能量可以相互转化；而他的广义相对论则预言，强引力场应会使光线弯曲。通过参照新现象来反驳爱因斯坦理论的尝试失败了。对爱因斯坦理论的否证仍是对现代物理学家的一个挑战。如果他们最终取得了成功，那么这种成功将标志物理学发展向前迈进了新的一步。

这就是对物理学进步的典型的否证论说明。我们将在后面提出怀疑它的正确性和有效性的理由。

从前面的论述来看，显然，科学进步的概念和科学成长的概念都是否证主义对科学的说明中的重要概念。对这个问题，我将在下一章中作更详细的探讨。

6. 延伸读物

否证主义的经典文本是波普尔的《科学发现的逻辑》（*The Logic of Scientific Discovery*, 1972），该书最初于1934年用德文出版，1959年出版了英译本。他的更近一些的论著有波普尔的两部文集（1969和1979）。在波普尔1969年的著作的第1章中，他讲述了他自己如何通过把弗洛伊德、阿德勒和马克思与爱因斯坦加以比较，最终获得他的基本思想的过程。在下一章的结尾，我将提供更多与否证主义相关的资料。

第六章　精致否证主义、新颖的预见和科学的成长

1. 相对可否证度而非绝对可否证度

前一章提到了一些条件,一个假说应当满足这些条件才值得科学家考虑。一个假说应当是可否证的,愈可否证就愈好,但应该尚未被否证。更精致的否证主义者认识到,仅有那些条件是不够的。还有一个更进一步的与科学进步的需要相关的条件。一个假说应当比它所要取代的假说更可否证。

精致否证主义对科学的说明以及它对科学成长的强调,把关注的焦点从单一理论的价值转向相互竞争的理论的相对价值。精致否证主义所提供的是一种动态的对科学的描述,而不像大多数朴素否证主义者那样提供的是静态的说明。对于一个理论,精致否证主义不是问:"它是否是可否证的?""它有多大的可否证度?"以及问:"它是否已经被否证了?"而是更恰当地问:"这个新提出来的理论是否是它所挑战的理论的一个可行的替代者?"一般而言,一个新提出的理论如果比它的竞争对手更可否证,尤其

是,如果它能预见它的竞争对手尚未触及的一种新的现象,那么,它可以作为值得科学家考虑的理论而被接受。

强调把一系列理论的可否证度加以比较,是对科学即一种不断成长和进化的知识体所做的强调的一个结果,对这种比较的强调能够避免一个技术性的问题,因为很难明确说明单一的某个理论有多大的可否证度。可否证性的绝对量度是无法界定的,原因很简单,一个理论潜在的否证者的数量总是无限的。很难看出,怎样才能回答"牛顿的万有引力定律有多大的可否证度?"这样的问题。反之,把定律或理论的可否证度加以比较往往是可能的。例如,相对于"太阳系中的行星都相互吸引,引力的大小与它们的距离的平方成反比"这个断言,"任何一对物体都相互吸引,引力的大小与它们的距离的平方成反比"这个断言更可否证,因为第二个断言涵盖了第一个断言。任何否证第一个断言的情况都将否证第二个断言,但反之则不然。从理论上讲,否证主义者很希望能够说,构成科学的历史进化的一系列理论是由可否证的理论组成的,这个系列中的每一个理论都比它的理论前任更可否证。

2. 日益增加的可否证性与特设性修改

随着科学的进步,科学理论应当变得愈来愈可否证,因而也含有愈来愈丰富的内容,并且能提供愈来愈多的信息,这样的要求排除了仅仅旨在保护一个理论避免受到否证的威胁而对理论的修改。对一个理论的修改,例如,增加一个额外的公设或改变某个现有的公设等,如果不具有任何这样的可检验的推论,即它们是未经修改的理论已不可检验的推论,那么这样的修改就称之为**特设性**(ad hoc)修改。本节的余下部分将由一些旨在澄清特设性修改这个概念的例证构成。我将首先考虑一些否证主义者会拒绝的特设性修改,然后把这些修改与一些非特设性的、因而否证主义者会欢迎的修改加以对比。

　　我从一个非常平常的例子开始。我们来考虑这样一个概括:"面包都有营养"。这是一个粗浅的理论,如果说得更详细些,就相当于这样的断言:如果小麦以正常的方式生长,它们又以正常的方式被制成面包,而且人们以正常的方式食用面包,那么,那些人将获得营养。这个看起来是无害的理论在法国的一个村庄有一次遇到了麻烦:虽然小麦以正常的方式生长,它们又以正常的方式被制成面包,而且人们以正常的方式食用面包,但大多数人食用后病得很严重,而且还有许多人死了。"(所有)面包都有营养"这个理论被否证了。通过对这个理论进行以下调整就可以使它避免被否证:"除了在所提及的那个法国村庄生产的那部分特殊的面包以外,(所有)面包都有营养"。这是一种特设性修改。无法采用任何与检验原有理论相同的方式,对这个修改过的理论进行检验。任何人所消费的任何数量的面包都构成了对原有命题的一个检验,而对修改后的理论的检验,则限制在除那部分在法国导致了那些有害结果的面包以外所消费的面包。修改后的假说比原有的假说降低了可否证度。否证主义者拒绝这样的捍卫行动。

　　接下来的是一个不太令人讨厌反而很有趣的例子。这个例子基于一场交锋,这场交锋实际上发生在17世纪伽利略与亚里士多德学派的一个对手之间。通过用他新发明的望远镜仔细观察了月球之后，伽利略能够宣告，月球并不是一个平滑的球体，它的表面有许多山峰和环形山。当伽利略的亚里士多德学派的对手亲自重复这些观察时，他不得不承认情况看起来的确如此。但是这些观测结果威胁到一个对许多亚里士多德主义者来说根本性的概念，即所有天体都是完美的球体。伽利略的对手面对这种显见的否证，以毫不掩饰的特设性方式为其理论进行辩护。他指出，月球上有一种不可见的物质充塞了环形山并且覆盖了那些山峰，从而使得月球的形状成了一个完美的球体。当伽利略问怎样才能探测到这些不可见的物质的存在时，他所得到的回答是没有任何方式可以探测它。这样，毋庸置疑，这个修改后的理论没有导致任何新的可检验的结果，因而可能对否证主义者来说是完全不可接受的。被激怒的伽利略能够用一种显然很机智的方式说明，他的对手的观点是不恰当的。他宣布，他准备承认这种不可见的和不可探测的物质存在于月球之上，但坚持认为，这种物质并不是以他的对手所指出的那种方式分布，而事实上，它是堆积在山顶上的，这样，这些山就比通过望远镜观测它们时高很多倍。这种发明保护理论的特设性方法的游戏是徒劳无益的，伽利略有能力在这种游戏中用智谋战胜他的对手。

　　另一个关于可能的特设性假说的例子来自科学史，我将简略地谈一谈。在A. 拉瓦锡（A. Lavoisier）以前，燃素理论是一种权威的燃烧理论。按照该理论，在物质燃烧时会释放出燃素。当人们发现许多物质在燃烧后重量增加了时，这个理论受到了威胁。克服这种显见的否证的一个方式就是指出，燃素具有负重量。如果只能通过在燃烧之前和燃烧之后称量物质重量的方式来检验这个假说，那么，这个假说就是特设性的。它没有导致任何新的检验。

为了试图克服某个困难而对理论的修改，并不一定是特设性的。这里有一些不是特设性修改的例子，因而从否证主义的观点看，这些修改是可接受的。

我们转向对"面包都有营养"这一断言的否证，来看看如何以一种可接受的方式对这个断言进行修改。一种可接受的步骤或许是，以"除了用被某种特殊的真菌污染的小麦制成的面包以外，所有面包都有营养"这一断言（并附有对真菌及其某些特性的详细描述），取代原有的被否证的理论。这个经过修改的理论不是特设性的，因为它导致了新的检验。用波普尔（1972，第193页）的话说，它是**可独立检验的**（*independently testable*）。可能的检验也许包括，为确定是否有真菌出现，对制成有毒的面包的小麦进行检验，在某些特别准备的小麦上培养真菌，并且检验用这样的小麦制成的面包的营养效果，对真菌进行化学分析以便确定是否有已知的毒素出现，等等。所有这些检验都可能导致对修改后的假说的否证，其中许多检验并不构成对原有理论的检验。如果这个经过修改的更可否证的假说在新的检验面前经受住否证，那么，人们就学到了某种新的东西并且将取得进步。

现在转向科学史以寻求一个较少人为色彩的例子，我们也许 73 会考虑导致海王星发现的一系列事件。19世纪对天王星运动的观测显示，它的轨道严重地偏离了基于牛顿的万有引力定律所预见的轨道，这因此就对这个理论提出了一个问题。在试图克服这个困难时,法国的U. J. 勒威耶(U. J. Leverrier)和英格兰的J. C. 亚当斯(J. C. Adams)指出,在天王星附近有一颗以前没有发现的行星。这个推测的行星与天王星之间的引力,就可以用来说明为什么后者偏离了起初所预见的它的轨道。正如那一系列事件所表明的那样,这一看法不是特设性的。如果这颗推测的行星具有适当的体积并且是导致天王星轨道摄动的原因,那么就有可能估算出它大致的位置。一旦这样做了,就可以通过用望远镜观察天空的适当区域来检验这个新的设想。正是用这种方式,J. 加勒(J. Galle)第一个看到了这颗行星,亦即现在众所周知的海王星。这一项为使牛顿理论避免被天王星轨道否证而采取的步骤,远非是特设性的,它导致了对该理论的一种新的检验,该理论能够戏剧性地经受住这个检验,并且向前发展了。

3. 否证主义科学观中的确证

在前一章中,当我们把否证主义作为归纳主义的替代者加以介绍时,否证(即理论未能经受住观察检验和实验检验而失败)曾被描述为具有至关重要的价值。有人证明,逻辑情境使得人们可以根据可利用的观察命题证实理论的谬误,但不能证明理论的正确。还有人极力主张,科学也许会以这种方式进步:提出大胆的、高度可否证的猜想作为解决问题的尝试,随后对新的设想进行毫不留情的否证尝试。与此同时有人得出了这一看法:科学的重大发展是在那些大胆的猜想被否证时出现的。以否证主义者自居的波普尔在本书第62页[*]所引的那段话中说的就是这个意思（其中的黑体字为他所标）。然而，只关注否证的事例不关注别的，等于是对更精致的否证主义的立场的曲解。这一点明确地包含在前一节结尾所举的例子之中。那个可独立检验的挽救牛顿理论的尝试借助了一个推测性假说，该尝试之所以成功，是因为那个假说被海王星的发现确证（confirm）了，而不是因为它被否证了。

把对大胆的、高度可否证的猜想的否证看成是科学重大发展的机会，这种看法是错误的，在这一点上需要纠正一下波普尔的观点。当我们考虑各种极端的可能性时，这一点就变得很清楚。在一个极端，有着这样一些理论，它们表现为大胆的、有风险的猜想；在另一个极端，则有另一些理论，它们是一些谨慎的猜想，所提出的主张似乎不含有任何重大风险。任何一种猜想如果经不住观察检验或实验检验，它就会被否证，如果它通过了这样的检验，我们就会说它被**确证**了。重大的发展将以对**大胆的猜想的确证**为标志，或者以对**谨慎的猜想的否证**为标志。前一类猜想能增进知识，并且会为科学知识做出重要的贡献，这仅仅是因为，它们标志着某种事物的发现，而这种事物是前所未闻的，或者是被认为不可能的。海王星的发现、无线电波的发现，以及爱丁顿对爱因斯坦有关光线在强引力场中会弯曲这一冒险预见的确证，都构成了这一类重大发展。那些冒险的预见得到了确证。对谨慎的猜想的否证之所以能够增进知识，是因为它证实了被认为毫无疑

---

[*] 指原文页码，亦即中译本边码。——译者

问正确的猜想事实上是错误的。罗素证明，以看似自明的命题为基础的朴素集合论是矛盾的，这个证明就是这样一种事例，它否证了一个看似没有风险的猜想并且增进了知识。与此相反，从对**大胆**的猜想的**否证**或对**谨慎的**猜想的**确证**中，几乎学不到什么东西。如果一个大胆的猜想被否证了，那么，由此所能获知的是，又一个疯狂的思想被证明是错误的。开普勒推测，对于行星轨道的间隔可参照柏拉图（Plato）的5种正多面体来解释，对这一推测的否证并非标志着物理学进步的重要里程碑。类似地，对谨慎的假说的确证也不能增进知识。这种确证仅仅是显示，某个得到了充分证明并且被认为是毫无问题的理论，再一次被成功运用了。例如，对于这样一个猜想：用某种新的程序从矿石中提炼出来的铁像其他的铁一样受热时会膨胀，确证它并没有什么重要意义。　75

　　否证主义者希望拒绝特设性假说，并且鼓励提出大胆的假说，以之作为对被否证的理论的改进。那些大胆的假说将导致新颖的、可检验的预见，它们并非是从原有的、已被否证的假说中推出的。然而，纵使某个假说确实导致了新的可能的检验这一事实，使得该假说值得研究，在它至少经受住其中的某些检验之前，对于旨在用它取而代之的那个有问题的理论而言，它不能算作是对该理论的改进。这就等于说，在一个新近大胆提出的理论被认为是已被否证的理论适当的替代者之前，它必须做出一些新颖的预见，并且这些预见得到了确证。许多冒险而鲁莽的推测将经受不住随后的检验，因而也就不会被认为是对科学知识增长的贡献。偶尔也有某个冒险而鲁莽的推测确实导致了新颖的、看似不可能的预见，而这些预见被观察或实验确证了，那么，这个推测因此被证明在科学成长的历史中具有显著的地位。对从大胆的猜想中产生的新颖预见的**确证**，在否证主义的科学成长观中是极为重要的。

4. 大胆、新颖和背景知识

对于"大胆的"和"新颖的"这两个形容词分别用于修饰假说和预见，有必要再说几句。这两个词都是历史上相对的概念。在科学史上某个阶段被认为是大胆的猜想，可能在以后的某个阶段就不会再被认为是大胆的了。当麦克斯韦于1864年提出他的"电磁场动力学理论"时，它是一个大胆的猜想。之所以说它是大胆的，乃是因为它与一些当时人们普遍认可的理论有抵触，其中包括假设电磁系统（磁铁、带电体和载流导体）会在瞬间实施穿越虚空的空间相互作用的理论，以及电磁效应只能以某种有限的速度通过物质实体传播的理论。麦克斯韦的理论与这些人们普遍认可的假设发生了冲突，因为该理论预见，光是一种电磁现象，而且它还像后来人们所认识到的那样，预见波动的电流应该发射一种新的辐射即无线电波，这种电波以某种有限的速度穿越虚空的空间。因此，在1864年，麦克斯韦的理论是大胆的，而随后对无线电波的预见是一个**新颖的**预见。麦克斯韦的理论能够对大范围的电磁系统的活动做出准确的说明，在今天，这一事实已被普遍认为是科学知识的一部分，而他关于无线电波的存在及其性质的断言，不再会被认为是新颖的预见。

如果我们把在科学史的某个阶段被普遍认可并得到充分

证实的科学理论的总体称之为那时的**背景知识**(*background knowledge*),那么我们可以说,一个猜想,倘若其断言根据当时的背景知识来看似乎是不可能的,它就是一个大胆的猜想。爱因斯坦的广义相对论在1905年是一个大胆的猜想,因为那时的背景知识包含了这样的假设:光沿直线传播。这种假设与广义相对论的推论发生了冲突,按照这种推论,光线在强引力场中会发生弯曲。哥白尼天文学在1543年是大胆的,因为它与地球位于宇宙中心静止不动这一背景假设发生了冲突,在今天,它不再会被认为是大胆的了。

正像可以根据相关的背景知识认为一些猜想是否是大胆的一样,对于一些预见,也可以根据它们是否涉及某种当时的背景知识明确排除或没有考虑的现象,来判断它们是不是新颖的。1846年对海王星的预见是一个新颖的预见,因为那时的背景知识并没有提及这样一颗行星。S. D. 泊松(S. D. Poisson)于1818年根据A. J. 菲涅耳(A. J. Fresnel)的光的波动说推断,对不透明的圆盘的一侧进行适当的照明,就会在另一侧的中心观察到光斑,这一预见是新颖的,因为作为那时背景知识的组成部分的光的粒子说排除了光斑存在的可能。

在前一节中已经论证过,对科学知识增长的重大贡献要么是在一个大胆的猜想被确证之际,要么是在一个谨慎的猜想被否证之时。背景知识的思想使得我们能够理解,这两种可能性会作为某个单一实验的结果同时出现。背景知识由谨慎的假说组成,因为这种知识得到了充分的证明并且被认为是没有问题的。对于一个大胆的猜想的确证,将使背景知识的某一部分被否证,正是相对于这部分知识而言，该猜想是大胆的。

5. 归纳主义确证观与否证主义确证观的比较

我们业已看到，按照精致否证主义者的解释，确证在科学中扮演着一个重要的角色。然而，这并不妨碍把那种立场称之为"否证主义"。精致否证主义者依然坚持认为，理论有可能被否证和拒绝，同时否认理论可以被永远证明为正确或可能正确。科学的目的就是否证理论，并且用更好的、被证明具有更大的经受检验的能力的理论取而代之。对新的理论的确证的重要性在于，它构成了这样的证据，即新的理论是对其所取代的理论的改进，借助新的理论所发现的证据否证了被取代的理论，并使新的理论得到了确证。一旦新提出的大胆的理论成功地取代了其竞争者，那么，它就会转而成为严格检验将要针对的新目标，这些检验是借助更大胆的猜想性理论设计出来的。

因为否证主义者强调科学的成长，所以，他们对确证的说明与归纳主义者的说明是迥然不同的。按照本书第四章所描绘的极端归纳主义者的看法，一个理论的某些确证实例的重要性，完全是由被确证的观察命题与它们所支持的理论之间的逻辑关系决定的。加勒对海王星的观测为牛顿理论所提供的支持程度，与现代对海王星的观测所提供的支持程度并无差异，获得证据的历史背景是与之无关的。所谓的确证实例就是这样的一些例子，如果它们能对一个理论提供归纳支持，那么被确定的确证实例的数

量越多,对这个理论的支持就越大,因而也就越有可能证明它为
正确。这种认为与历史无关的确证理论似乎有这样一种缺乏魅
力的结论,即对下落的石头、行星的位置等等的无数观察,将使对
万有引力定律的正确性的概率评估不断增加,就此而言,它们将
构成有价值的科学活动。

　与之形成对照的是,按照否证主义者的说明,确证的重要性
在很大程度上取决于它们的历史背景。如果一个确证是从对某
个新颖的预见的检验中产生的,那么,该确证将赋予一个理论某
个较高的价值。也就是说,如果根据当时的背景知识来看,人们
估计不可能获得某个确证,那么该确证将是意义重大的。倘若确
证的结果是以前的结论,那么它们是没有意义的。假如今天我向
地面抛下一块石头,以此来确证牛顿理论,我对科学不会做出任
何有价值的贡献。反之,如果明天我确证一个推测性理论,该理
论意味着两个物体之间的万有引力依赖于它们的温度,从而在这
个过程中否证牛顿理论,我将对科学知识做出重大贡献。牛顿的
万有引力定律及其一些限定是当前背景知识的一部分,而万有引
力对温度的依赖则不是。对于这种否证主义者引入确证的历史
视角,这里还有一个支持它的例子。当赫兹发现第一束无线电波
时,他确证了麦克斯韦的理论。当我用我的无线电收音机收听时,
我也确证了麦克斯韦的理论。在这两个事例中,逻辑情境是相似
的。在每一个个案中,理论都预见到无线电波将被发现,而且在
每个个案中,对它们的成功发现都导致了对理论的某种归纳支
持。然而,赫兹正是由于他所完成的确证而闻名于世,而在某种
科学背景中,人们对我的频繁确证却合情合理地不予理睬。赫兹

迈出了重要的一步。而我用我的无线电收音机收听时,我只是在原地踏步。这里的所有差异都是历史背景造成的。

6. 否证主义相对于归纳主义的优势

我们已经对否证主义的基本特征进行了概括,现在到了考察这种观点可以说在哪些方面比归纳主义观点具有优势的时候了;按照归纳主义的观点,科学知识是用归纳法从确定的事实中推导出来的,关于这一点,我们已经在以前的诸章中讨论过了。

我们已经看到,某些事实,尤其是实验结果,从一种重要的意义上讲是依赖理论的而且是可错的。这一点削弱了那些归纳主义者的基础,因为他们要求,科学要有一个毫无疑问的、确定的事实基础。否证主义者承认事实以及理论都是可错的。不过,在否证主义者看来,存在着一组重要的构成了科学理论的检验基础的事实。这个基础是由那些经受住检验的有关事实的断言组成的。由此确实可以得出这样的结论,即科学的事实基础是可错的,但这不像对归纳主义者那样给否证主义者造成很大问题,因为否证主义者只探讨科学中的持续改进,而不关注对真理或可能的真理的证明。

归纳主义者在阐明可靠的归纳推理的标准方面遇到了麻烦,因而也就难以回答在什么情况下可以说事实为理论提供了有效支持等问题。否证主义者在这方面的处境要好一些。按照他们的观点,当事实构成了对理论的严格检验的一部分时,它们就能为理论提供有效的支持。对新颖的预见的确证也是这个范畴中的重要成员。这有助于说明为什么重复的实验不会导致对某个理论的经验支持的有效增加,而对于这样的事实,极端的归纳主义者难以应对。一个特殊实验的完成或许也能构成对一个理论的严格检验。然而,如果这项实验以适当的方式完成了并且该理论通过了检验,那么,随后对同一实验的重复将不会再被认为是对该理论的严格检验,因而也就不能使对它的有效支持有所增加。对于如何解释有关不可观察的事物的知识总可以从可观察的事实中推导出来,归纳主义者再次遇到了问题,而否证主义者却没有这样的问题。因为在他们看来,对于不可观察的事物的断言,可以通过探讨它们的新颖的推论对之进行严格的检验,并且可以通过这种探讨使之得到支持。

我们业已看到,归纳主义者在表征归纳推理和证明其合理性方面遇到了麻烦,这种推理意在说明理论是正确或可能是正确的。由于坚持认为,科学并不涉及归纳,否证主义者的断言避开了这些问题。演绎是用来展示理论的推论的,因而可以对这些推论进行检验,而且也有可能把它们否证。但是,否证主义者没有提出任何大意是这样的断言:经受住检验表明一个理论是正确或可能是正确的。这样的检验结果至多只能表明,一个理论是它的理论前任的改进。否证主义者要处理的是进步问题而不是真理问题。

7. 延伸读物

若想了解波普尔对他的否证主义的成熟反思,请参见他

1983年版的著作《实在论与科学的目的》（*Realism and the Aim of Science*）。列入世界哲学家图书馆丛书中的P. A. 希尔普（P. A. Schilpp）所编的文集（1974），包含了波普尔的自传、他的批评者关于他的哲学的多篇文章、波普尔对批评者的答复，以及详细的波普尔著作的文献目录。关于波普尔观点的概述，可以参考罗伯特·阿克曼（Robert Ackermann）的著作（1976）和A. 奥赫尔（A. O'Hear）的著作（1980），他们的论述都通俗易懂。对于在本章"否证主义科学观中的确证"那一节所涉及的对波普尔观点的修正，查尔默斯在其论文（1973）中进行了更详细的讨论。

第七章　否证主义的局限性

1. 源于逻辑情境的难题

我们永远无法在逻辑上通过演绎，从一组有限的可观察事实中推导出构成科学定律的那些概括，但是，我们却可以在逻辑上通过演绎，从某个与一定律相抵触的观察事实中推导出该定律的谬误。通过观察而确定有一只天鹅是黑色的，就可以否证"凡天鹅皆白"。这是没有例外的和不可否认的。然而把它用来作为支持否证主义的科学哲学的理由，并非像它也许看起来那样明确。当我们超出一些极为简单的例子（例如关于天鹅的颜色的例子）的范围，接触一些更为复杂的、更接近于典型地在科学中会遇到的那种情况的事例时，问题就立刻出现了。

如果某个观察命题O为真被确定，**那么**，就可以推断出，一个理论T的谬误在逻辑上必然意味着O并非为真。然而，正是否证主义者自己坚持，构成科学之基础的观察命题是依赖理论的而且是可错的。因此，从T与O的冲突中并不会得出T为假的结论。在逻辑上，从T包含着一个与O冲突的预见这一事实，只能推论出T和O这二者中有一个是假的，但是单凭逻辑无法告诉我们究竟哪一个是假的。当观察和实验提供的证据与某个定律的或理论的预见相冲突时，也许，有误的是这个证据而并非该定律或理论。情境逻辑中并没有任何东西要求，当出现定律或理论与观察或实验相冲突的情况时，总应该拒绝定律或理论。也许应该拒绝一个可错的观察命题，而将与之有冲突的可错的理论予以保留。当哥白尼理论被保留下来，而通过肉眼对金星和火星的规模进行观测的结果，由于在逻辑上与这个理论不相符而被放弃了，这时，恰恰体现的就是这种情况。当现代对月球轨道的详细说明被保留下来，而基于独立的观测对其规模的估算被拒绝了时，也体现了这种情况。无论一个关于事实的主张可能多么稳固地建立在观察或实验的基础之上，否证主义者的立场都不可能排除这样的可能性：科学知识的进步也许会揭示那种主张是不适当的。因此，对理论的明确的和定论性的否证是无法通过观察来完成的。

否证所遇到的逻辑问题并没有到此结束。如果有一个非白的天鹅的事例被确定，那么"凡天鹅皆白"肯定就会被否证。但是，这种对否证逻辑的简单化的说明，掩饰了否证主义的一系列严重困难，这些困难产生于任何现实检验情况的复杂性。一个现实的科学理论是由一组全称命题构成的，而并非是由像"凡天鹅皆白"这样的一个单一命题构成的。更进一步讲，如果一个理论将要接受实验检验，那么，所涉及的并不仅仅是那些构成这个即将接受检验的理论的命题。对理论的论证需要一些辅助性的假定，例如那些制约着任何仪器的使用的定律和理论。此外，为了推导出某种预见，且对该预见的有效性将要用实验加以检验，就必须增加一些初始条件，如对实验设置的描述等。举例来说，假设我们要借助望远镜对某个行星的位置进行观测,以此来检验一个天文学理论。这个理论必然预见,确定望远镜的朝向是能使人们在某个特定的时间看到这颗行星的必要条件。这个预见由之推导出来的那些前提,将包含一些构成这个将要接受检验之理论的相互联系的命题,一些诸如该行星和太阳以前的位置之类的初始条件,一些例如能够对该行星的光在地球的大气层中的折射加以修正的辅助性假设,等等。这样,如果从这个前提迷宫中推断出的预见被证明是错误的(在我们的例子中,如果那颗行星并没有在预见的位置上出现),那么,情境逻辑允许我们得出的全部结论就是,这些前提中至少有一个必定是假的。它并不能使我们辨别哪个是出错的前提。也许,这个接受检验的理论是错误的,但也可能正相反,应对错误的预见负责的是某个辅助性假设或者对初始条件的描述。因为无法排除这样的可能性,即除接受检验的理论之外,这种复杂的检验情境的某个部分也有可能应对出错的预见负责,所以,人们对一个理论无法以定论性的方式予以否证。皮埃尔·迪昂(Pierre Duhem)在其著作(1962,第183—188页)中首次提出了这个困难,而威廉·V. O. 奎因在其论文(1961)中又重新提出了这个困难,在此之后,这个困难常常被冠以迪昂–奎因论题之名。

以下有一些选自天文学史中的例子,它们将说明这一点。

在以前引用的一个例子中,我们讨论了牛顿理论明显受到了天王星轨道的反驳。在这个个案中,结果证明,有错误的不是这个理论,而是对初始条件的描述,因为它没有把有待发现的海王星考虑在内。第二个例子涉及丹麦天文学家第谷·布拉赫(Tycho

Brahé)使用的论证,他在哥白尼理论首次发表几十年以后声称,他已经用这种论证驳倒了这一理论。布拉赫论证说,如果地球在围绕太阳的轨道上运动,那么,在一年期间,当地球从太阳的一侧运动到另一侧时,从地球观察到的某个恒星的方位就会有所变化。然而,当布拉赫试图用他的仪器去发现这种预见中的视差时,尽管这个仪器是当时最精密和最灵敏的仪器,布拉赫失败了。这导致布拉赫得出结论说,哥白尼理论是错误的。从事后认识来看,可以评价说,应该为有误的预见负责的不是哥白尼理论,而是布拉赫的一个辅助性假设。布拉赫把恒星的距离估计得小了许多倍。当他的估计被更实际的估计取代后,结果证明,所预见的视差非常小,以至于布拉赫的仪器无法发现。

第三个例子是伊姆雷·拉卡托斯(1970,第100—101页)所设计的一个假说,这个假说是这样:

这是一个虚构的行星非正常运行的故事。一个爱因斯坦时代以前的物理学家接受了牛顿力学及其万有引力定律N和公认的初始条件I,并且借助它们计算出了一颗新发现的小行星p的轨道。但是这颗行星偏离了所计算的轨道。我们这位牛顿派物理学家是否会认为,这种偏离是牛顿理论所不容许的,因而一旦这种偏离被证实,它就驳倒了这个理论N?不会,他会认为,一定有一颗迄今为止尚不为人所知的行星p^1引起了p的轨道摄动。他会计算这颗假设的行星的质量、轨道等等,并且会要求一位实验天文学家检验他的这个假说。这颗行星p^1太小了,以至于甚至用现有的功效最大的望远镜也不可能观测到它；这个实验天文学家于是申请一项研究资金来建造一个功效更大的望远镜。这个新望远镜花了 3 年时间造好了。如果这颗未知的行星 p^1 被发现，人们将会为牛顿科学的这一新的胜利而欢呼。但是，这颗行星并没有被发现，我们这位科学家是否会放弃牛顿理论和他自己的摄动行星的思想呢？不会，他会认为，有一团宇宙尘埃云把行星遮挡了，使我们无法观察到它。他会计算这团云的位置和性质，并且申请一项研究资金来发射一颗人造卫星，以便检验他的计算结果。如果这颗人造卫星的仪器（也许是一些新的、根据一个没有经过多少检验的理论建造出来的仪器）记录了所猜想的那团云的存在，那么，人们会为牛顿科学的这一重大胜利而欢呼。但是，这团宇宙尘埃云并没有被发现。我们的科学家是否会放弃牛顿理论，并且放弃他自己关于摄动行星的思想和掩盖它的宇宙尘埃云的思想呢？不会，他会认为，在宇宙的那个区域存在着某个磁场，它干扰了人造卫星的仪器。一颗新的人造卫星又发射升空了。如果发现这个磁场，牛顿学派就会庆祝一个巨大的胜利。但是，这个磁场并没有被发现。是否可以认为这是对牛顿科学的一种反驳？否，他或许还会提出另一个有独创性的假说，或许……整个故事会被埋在布满灰尘的一卷卷杂志中，再也不会有人提及这个故事了。

如果这个故事被认为是似乎合理的，那么它就说明了，一个理论如何通过把否证转向复杂的假设网络的某个其他部分，从而总能够避免被否证。

2. 以史为据看否证主义的不当

一个令否证主义者窘迫的历史事实是,如果科学家们严格
85 遵循他们的方法论,那么,那些被普遍认为是科学理论的最好榜
样的理论永远也不能得到发展,因为它们在其初期可能就被拒绝
了。从任何一个关于经典科学理论的例子来看,无论是在该理论
最初被提出来之时还是在以后的岁月,都可能会发现,有一些可
观察断言在那时被人们普遍认可,并且被认为是与这个理论不一
致的。然而,这些理论并没有被拒绝,而它们未被拒绝对科学来
说是件幸事。以下有一些支持我的主张的历史事例。

在其问世之初,牛顿的万有引力理论曾遭到有关月球轨道的
观测结果的否证。使这种否证转向牛顿理论以外的原因,花费了
将近50年的时间。在其以后的生涯中,众所周知这个理论又与
水星轨道的细节不相符,然而科学家们并没有因此而放弃这个理
论。事实证明,永远也不可能以某种方式把这种否证解释为保护
了牛顿理论。

第二个例子是拉卡托斯(1970,第140—154页)提出来的,
涉及玻尔(N. Bohr)的原子理论。该理论早期的描述与这一观
察结果不一致:有的物质在超过10^{-8}秒的时间内是稳定的。按
照这一理论,在原子中,带负电荷的电子在围绕带正电荷的原子
核的轨道上运动。但是按照玻尔理论所提出来的经典电磁学理
论,沿轨道运动的电子会发生辐射。辐射的结果是,一个沿轨道

运动的电子会失去能量并且会崩坍而陷入原子核之中。按照经典电磁学的详细测量,估计发生这种崩坍的时间为大约10^{-8}秒。幸运的是,玻尔不顾这种否证坚持了他的理论。

第三个例子与分子运动论有关,这个例子的有益之处在于,该理论的创始人在其理论诞生之时就明确承认了对该理论的否证。当麦克斯韦(1965,第1卷,第409页)于1859年第一次发表气体分子运动论的统计学细节时,他在同一篇文章中承认了这一事实,即该理论被有关气体比热的测量否证了。18年之后,在评论分子运动论的结论时,麦克斯韦(1877)写道:

> 毫无疑问,从我们当前关于物质结构的观点的状况来 86
> 看,这些结论中有些是令我们非常满意的,但是还有另外一
> 些结论可能会使我们震惊而不再自鸣得意,并且也许最终会
> 把我们从我们迄今一直用来作为庇护所的所有假说中驱赶
> 出来,进入彻底的自觉无知的状态,这种状态正是一切真正
> 的知识进展的序幕。

分子运动论的所有重要发展都出现在这一否证之后。这一次又很幸运,在面对有关气体比热的测量所做出的否证时,这个理论并没有像朴素否证主义者可能不得不坚持的那样被放弃。

第四个例子是哥白尼革命,我将在下一节对它作更详细的概述。这个例子强调了在考虑重要的理论变革的复杂性时否证主义者所遇到的困难。对于一些近年来表征科学及其方法之本质的更恰当的尝试,这个例子也为对它们的讨论做好了准备。

3. 哥白尼革命

在中世纪的欧洲，人们普遍承认地球位于一个有限的宇宙的中心，而太阳、行星和恒星都在围绕它的轨道上运动。为这种天文学提供基础框架的物理学和宇宙学，基本上是亚里士多德在公元前4世纪发展出来的。在公元2世纪，C. 托勒密（C. Ptolemy）创建了一个详细的天文学体系，该体系明确说明了月球、太阳以及所有行星的轨道。

在16世纪最初的几十年中，哥白尼创建了一种新的天文学，即地球运动的天文学，这对亚里士多德体系和托勒密体系提出了挑战。按照哥白尼的观点，地球并非处在宇宙的中心静止不动，而是与诸行星一起在围绕太阳的轨道上运动。到了哥白尼的思想被证实之时，亚里士多德的世界观已经被牛顿的世界观取代了。这一重要的理论变革的进程历时超过了一个半世纪，这段历史的细节并没有给归纳主义者和否证主义者倡导的方法论提供任何支持，而是显示，需要一种不同的、也许结构更为复杂的对科学及其成长的说明。

当哥白尼于1543年第一次公布他的新天文学的细节时，有许多论据可以而且也的确被用来反对这种新的天文学。相对于当时的科学知识而言，这些论据是合理的，而哥白尼无法令人满意地反驳它们从而捍卫他的理论。为了评价这种情况，有必要熟悉一下亚里士多德世界观的某些方面，因为那些反对哥白尼的论据就是以它为基础的。以下将对某些相关的论点作一非常简要的概述。

亚里士多德的宇宙分为两个不同的区域。月下区是内区,从位于中心的地球延伸到月球轨道的内侧。有限宇宙的其余部分就是月上区,从月球的轨道延伸到恒星天球,恒星天球是宇宙的外部边界的标志。在这个天球以外不存在任何物质,甚至没有空间。在亚里士多德的体系中,不可能存在空无一物的空间。所有月上区的天体都是由一种被称之为以太的不可腐蚀的元素构成的。以太具有一种沿着正圆形轨道围绕宇宙中心运动的自然倾向。在托勒密的天文学中,这种基本思想得到了修改和扩展。由于在不同时间对行星位置的观测结果无法与以地球为中心的圆形轨道相一致,托勒密于是把更多的被称之为本轮的圆形轨道引入了该体系。行星沿着这些圆形轨道或本轮运动,而这些本轮的中心则沿着圆形轨道围绕地球运动。可以通过给本轮再添加本轮的方法对轨道作进一步的修正,从而产生一个体系,它与对行星位置的观测结果相符合,并且能够预见行星未来的位置。

与月上区的有序、有规则和不可腐蚀的特性相反,月下区是以变化、生长和衰落、繁殖和腐蚀为标志的。月下区的所有物质都是气、土、水、火这四种元素的混合物,而在某一混合物中,这些元素的相关比例就决定了如此构成的物质的属性。每一种元素在宇宙中都有一个自然位置。土的自然位置在宇宙的中心;水的自然位置在地球的表面;气的自然位置在紧接着地表之上的区域;火的自然位置在大气层的顶部、接近月球轨道的地方。因此,地球上的每一个物体都会在月下区有一个自然位置,该位置取决于它所含有的四种元素的相关比例。石头主要是由土构成的,它们的自然位置在地心附近,而火焰主要是由火构成的,它们的自然位置在月球轨道附近,如此等等,不一而足。所有物体都有一种沿着直线朝上或朝下向其自然位置运动的倾向。因而石头有一种径直朝下向着地心的自然运动,而火焰有一种径直朝上离开地心的自然运动。除了自然运动以外,所有其他运动都需要某种原因。例如,箭需要用弓来推进,战车需要马来牵引。

这些就是亚里士多德的力学和宇宙学的梗概,与哥白尼同时代的人把亚里士多德的力学和宇宙学作为前提,并且把它们用来作为反对地动说的论据。我们来考虑一些反对哥白尼体系的有一定说服力的论据。

也许,对哥白尼构成了最严重威胁的论据是所谓塔的论据,该论据如下。如果地球像哥白尼所认为的那样围绕地轴自转,那么,地球表面上的任何一点都会在一秒钟之内运动相当一段的距离。在这个运动着的地球上,如果从一个矗立的高塔的塔顶把一块石头抛下,它将朝着地心下落完成其自然运动。当它在进行这样的运动时,由于地球在自转,因而导致塔会与地球一起运动。结果,当这块石头落到地面时,塔将随着地球的转动而离开石头开始坠落时它所在的位置。因此,这块石头应该落在与塔基有相当距离的地面上。但实际上并不会出现这种情况。石头总是落在塔基的地面上。由此推知,地球不可能自转,而哥白尼理论是错误的。

另一个反对哥白尼的力学论据,涉及像石头和哲学家这样松89 散地待在地球表面的物体。如果地球在自转,为什么这些物体没有像石头会从滚动的车轮的边缘被抛出去那样,被从地球表面抛出去？如果地球在自转的同时其整体又围绕太阳运动，为什么它没有把月球甩在后面？

有些基于天文学的考虑反驳哥白尼的论据，本书已在前面提到过。这些论据涉及在观测恒星的位置时没有发现视差，以及这一事实：当用肉眼观察时，火星和金星的表观尺寸在一年过程中没有显著的变化。

由于我已经提及的这些论据以及其他诸如此类的论据，哥白尼理论的支持者面临着严峻的困难。哥白尼本人非常沉醉于亚里士多德的形而上学，他没有对这些论据做出适当的回应。

考虑到这些反对哥白尼的论据的力量，也许应该问一下，在1543年能为支持哥白尼理论说些什么？答案是："没有多少可说的。"哥白尼理论的主要吸引力在于，它能以简洁的方式解释行星运动的多种特性，而对这些，它的对手托勒密理论只能以一种枯燥的、人为的而非自然的方式来解释。这些特性包括行星的逆行，以及这一事实，即与其他行星不同，水星和金星总是处在邻近太阳的区域。任何一颗行星都会在定期的时间间隔内出现逆行，亦即，（从地球上看）停止它在恒星间向西的运动，并在短时间之内、在它重新继续向西的旅程以前，它会沿着它的路径向东折回。在托勒密体系中，对于这种逆行，是用某种特设性的手段即添加一些为解释而特别构想出来的本轮来说明的。在哥白尼体系中，没有必要采取任何这种非自然的步骤，因为地球和行星以恒星为背景一起沿着围绕太阳的轨道运动，而逆行就是这一事实的自然结果。类似的评论也适用于太阳、水星和金星常常很接近这个问题。一旦证实水星和金星的轨道都在地球的轨道的内侧，这个问题就成了哥白尼体系的一个自然结果了。而在托勒密体系中，必须以非自然的方式把太阳、水星和金星的轨道联系起来，才能得出需要的结果。

90　　　　因此，哥白尼理论有一些数学特性对它是有利的。除了这些特性之外，就简单性和与对行星位置的观测数据相符合而言，这两种竞争的理论大体上是不相上下的。以太阳为中心的圆形轨道是无法与观测完全一致的，因此，哥白尼像托勒密一样，需要添加一些本轮，而为了展现与已知的观测结果相吻合的轨道，这两个体系所需要的本轮的总数是大致相同的。在1543年，从数学简单性着眼支持哥白尼的论据，不可能被认为是对那些从数学和天文学方面反对他的论据的适当反驳。然而，许多很有数学才华的自然哲学家被哥白尼体系所吸引，他们捍卫这一体系的努力在以后的100年左右变得越来越成功了。

对捍卫哥白尼体系做出了最重要贡献的人是伽利略。他采取了两种方法。第一，他用望远镜对天空进行观察，在这样的观察过程中，他改变了需要哥白尼理论解释的观测数据。第二，他开了新力学的先河，这种新力学被用来取代了亚里士多德的力学，而且，借助这种新力学，就可以使那些反对哥白尼的力学论据失去效力了。

当伽利略于1609年制造了他的第一批望远镜并把它们对准天空时，他做出了一些戏剧性的发现。他看到了许多用肉眼看不到的星星。他看到木星有一些卫星，他还看到月球的表面有许多山峰和环形山。当用望远镜观察时，他还看到了火星和金星的表观尺寸按照哥白尼体系所预见的那样发生了变化。后来伽利略又确证了金星像月球一样显示出位相,这个事实能够与哥白尼体系完全相容,但与托勒密体系却不相容。亚里士多德学派反对哥白尼的论据是以这一事实为基础的:地球的卫星总是与所谓运动的地球并驾齐驱的,木星的卫星使这种论据失去了效力。现在对于亚里士多德学派来说,面对木星及其卫星,他们遇到了同样的问题。月球与地球相像的表面,使得亚里士多德学派对完美的、不可腐蚀的天空与变化的可腐蚀的地球的区分丧失了基础。金星盈亏的发现对哥白尼学派来说标志着一个胜利,对托勒密学派来说则是一个新的问题。不可否认的是,一旦伽利略通过望远镜所作观测的结果被人们接受,哥白尼理论所遇到的难题就烟消云散了。

91

前面对伽利略及其望远镜的评论提出了一个重要的认识论问题。为什么应该选择用望远镜观测的结果而不是选择用肉眼观测的结果? 对这个问题的一种回答也许会利用有关望远镜的光学理论,该理论能解释望远镜的放大特性,还能说明我们可能料想的望远镜映像出现的各种像差。但是,伽利略本人并没有为此目的而利用某种光学理论。最早的能在这方面提供支持的光学理论,是与伽利略同时代的人开普勒在16世纪初发明的,在以后的几十年中,这个理论又被修改和扩展了。对于我们关于用望远镜观测的结果是否优于用肉眼观测的结果的疑问,第二种回答方式是,以一种可行的方式来证明望远镜的有效性,例如把望远镜对准远处的高塔、船只等等,并且演示这种仪器如何能放大和呈现物体,使物体更加清晰可见。然而,对在天文学中使用望远镜的这种证明有一个困难。当通过望远镜观看陆地上的物体时,由于观察者熟悉高塔、船只等等的外形，把所观察的物体与望远镜导致的像差区分开是可能的。但是，当观察者搜索他不了解的天空时，情况就不是这样。在这方面意味深长的是，当伽利略绘制通过望远镜看到的月球表面的地形图时，他所绘的图中包含了某些在那里事实上并不存在的环形山。可以假设，这些"环形山"是伽利略远非完善的望远镜的操作引起的像差。这段论述足以表明，对望远镜观测的合理性的证明并不是一件简单而明确的事情。那些质疑其发现的伽利略的反对者们并非都是些愚蠢而顽固的保守分子。当越来越完善的望远镜被制造出来并且有关它们的性能的光学理论得以发展后，证明就变得唾手可得而且越来越充分了。但所有这一切都需要花费时间。

92　　　　伽利略对科学最伟大的贡献是他在力学方面的研究。他为后来将取代亚里士多德力学的牛顿力学奠定了某些基础。他明确地把速度与加速度进行了区分，并且断言，自由落体以某种恒定的与它们的重量无关的加速度运动，下落的距离与下落的时间的平方成正比。他反驳了亚里士多德关于所有运动都需要某种原因的断言。他论证说，一个沿着一条与地球同轴的线水平运动的物体，其速度既不会增加也不会减少，因为它既没有上升也没有降落。他以下述方式对抛体运动进行了分析：他把抛体运动分解为两部分，一部分是以匀速进行的水平运动，另一部分是以匀加速进行的垂直的下落运动。他指出，所合成的抛体的运动轨迹是一条抛物线。他提出了相对运动概念，并且论证说，不选择一个系统以外的参照点，就无法用力学方法发现该系统的匀速水平运动。

　　这些重要的发展并不是由伽利略在瞬间完成的。它们是在半个世纪的时间内逐渐出现的，最终在他的著作《两门新科学》（*Two New Science*，1974）中达到了顶峰，该书最初于1638年出版，这时几乎是在哥白尼的重要著作出版一个世纪以后了。伽利略运用了许多例证和思想实验，从而使得他的新观念具有了丰富的意义并且越来越精确。有时候，伽利略也会描述一些实际的实验，例如，球体沿倾斜的平面滚下的实验，尽管伽利略实际上究竟做了多少这类实验仍然是个有争议的问题。

　　伽利略的新力学使得人们能够反驳上述的某些异议而捍卫哥白尼体系了。一个留在某一高塔的顶部的物体会与该塔一起围绕地心做圆周运动，当它从高塔落下时，它仍会与高塔一起继续这样的运动，因而与经验相一致，它会落在塔基的地面上。伽利略使论证更进了一步，他断言，他关于水平运动的观点的正确性可以这样来证明：使一块石头从一条匀速行驶的船的桅杆上落下，结果会发现，这块石头会落在桅杆脚下的甲板上，尽管伽利略并没有声明他完成了这个实验。在解释松散的物体为什么没有从地球表面被抛出去这方面，伽利略不太成功。 93

　　尽管伽利略的大部分科学研究旨在巩固哥白尼理论，但伽利略本人并没有发明一种详细的天文学，而且在偏爱圆形轨道方面似乎步了亚里士多德学派的后尘。在这方面取得重大突破的是与伽利略同时代的人开普勒，他发现，对每个行星的轨道，均可以用一个单一的以太阳为其中一个焦点的椭圆来描述。这就排除了托勒密和哥白尼都觉得必要的复杂的本轮体系。在托勒密的地心说体系中是不可能进行类似的简化的。开普勒掌握了第谷·布拉赫对行星位置的记录资料,这些资料比哥白尼能利用的资料精确得多。经过对这些资料艰苦的分析,开普勒得出了他的行星运动的三定律,即行星沿椭圆形轨道围绕太阳运动,行星和太阳的连线在相等时间内扫过的面积相同,以及行星公转周期的平方与它和太阳之间的平均距离的立方成正比。

伽利略和开普勒无疑加强了支持哥白尼理论的论据。不过,在使该理论牢固地建立在一种综合性的物理学的基础上以前,还必须有更进一步的发展。牛顿可以利用伽利略、开普勒以及其他人的研究成果创建这样一种综合性的物理学,并把它发表在他于1687年出版的《原理》(Principia)之中。他清晰地阐释了一个明确的观念,即导致加速度的原因是力而非运动,对于这一观念,伽利略和开普勒都在其著作中以比较含混的方式谈到过。牛顿用其线性惯性定律取代了伽利略的惯性思想,按照他的定律,除非物体受到外力的作用,否则,它们将一直持续地进行直线匀速运动。牛顿的另一个重要贡献当然就是他的万有引力定律。这个定律使得牛顿可以说明,开普勒的行星运动定律和伽利略的自由落体定律具有近似的正确性。在牛顿体系中,天体的领域和地上物体的领域被统一在一起,每一组物体都依照牛顿运动定律在力的作用下运动。一旦牛顿物理学被建立起来,就有可能把它详尽地应用于天文学。例如,有可能把月球的有限规模、地球的自转、地球在地轴上的晃动等等因素考虑进去,对月球轨道的详细情况加以研究。还有可能研究由于太阳的有限质量、行星间的引力等因素引起的行星偏离开普勒定律的情况。牛顿的后继者们需要花费以后两个世纪的时间来完成这样一些发展。

我在这里概述的这段历史理应足以表明,哥白尼革命并不是从在比萨斜塔上扔下一两顶帽子的那一刻就发生了。而且很清楚,无论是归纳主义者还是否证主义者,他们对科学的说明都是与这段历史不相符的。新的力和惯性等概念并不是细致的观察和实验的结果。它们也不是通过对大胆的猜想的否证和不断用一个大胆的猜想取代另一个而出现的。对新的理论的早期阐述包含了一些论述得并不完善的观念,尽管有一些显见的否证,但这些阐述还是被坚持了下来并且得到了发展。这种新的理论只有在一种新的物理学体系发明之后才能成功地在细节方面与观测结果和实验结果相吻合,而新物理学体系的建立,则是一个包含众多科学家历经数个世纪的智力劳动和实践活动的过程。任何对科学的说明如果不能考虑这些因素,那么就不能认为它是比较适当的。

4. 否证主义划界标准的不适当性和 波普尔的回答

波普尔为他对科学与非科学或伪科学的划界标准提出了一个颇为引人注目的论据。按照波普尔的观点,科学理论应当是可否证的,也就是说,它们应当具有一些可用观察和实验来检验的结论。这种标准的一个缺点是,如果不加限定,这个标准太容易被满足,尤其是被许多这样的知识主张满足,对于这些知识,至少波普尔本人可能愿意把它们划入非科学之列。占星学家的确提出了许多可否证的(而且常常被否证的)主张,同时,一些发表在报纸和杂志上的占星预言也的确提出了一些可否证的（以及一些不可否证的）主张。本书第五章引述了报纸上"你的星宿"（Your Stars）的专栏做出的这一（不可否证的）预言："在体育竞猜中可能是有运气的"，这同一专栏还许诺，那些在3月28日出生的人"会有一个新的情人使你的眼中闪烁喜悦之色，并且会改变你的社交活动"，这当然是一个可否证的诺言。任何类型的坚持应当从字面上理解《圣经》的基督教基要主义都是可否证的。如果没有海并且/或者没有鱼，《创世记》（Genesis）中关于上帝创造了海并使鱼在海中繁殖的主张就会被否证。波普尔本人注意到，弗洛伊德理论，就它把梦解释为愿望的满足而言，面临着被梦魇否证的威胁。

否证主义者对这种评论可能做出的一个回答是表明，这些理论不仅必须是可否证的，而且还必须是未被否证的。这也许就把占星预言排除在科学之外了，而波普尔论证说，这也可以把弗洛伊德理论排除在外。但是不能太轻易地接受这种解答，以免把一切否证主义者希望作为科学而保留下来的理论排除掉，因为我们业已看到，大多数科学理论都有其问题，并且与某个或另外一个公认的观察结果相冲突。这样，按照精致否证主义者的观点，可以允许对面临显见否证的理论进行修改，甚至可以不顾否证，怀着问题在将来会得到解决的希望坚持这些理论。从引自波普尔的论文（1974，第55页）的以下这段话中可以看到这种回应，这是波普尔应对我在这里所提到的那类困难的一种尝试：

我总是强调需要某种教条主义：教条主义的科学家发

挥着某种重要的作用。如果我们过于轻易地向批评屈服,我们将永远也看不出我们的理论的真正力量所在。

在我看来,这段话能够说明,从本章提出的那些类批评来看,否证主义所面临的严重困难达到了何种程度。否证主义的突围策略是强调科学所具有的批判成分。我们的理论将会遇到无情的批判,这样,不适当的理论可以被淘汰,并且被一些更适当的理论取而代之。在面对有关达到怎样的确定程度就可以否证理论这一问题时,波普尔承认,尽管有显见的否证,保留理论往往仍是必要的。因此,尽管无情的批判是可取的,但看起来可能是其对立面的教条主义仍然还有一些正面的作用。人们也许会相当怀疑,一旦承认教条主义具有某种关键作用,还能给否证主义剩下什么? 进而言之,如果既对批判态度又对教条主义态度表示宽容,那么就很难明白,应当拒绝什么态度。(也许具有讽刺意味的是,如果具有高度限制的否证主义变得如此软弱以至于什么也不排除,那么就会因此与一种重要的直觉相冲突,而恰恰是这种直觉导致了波普尔对否证主义的系统阐述!)

5. 延伸读物

在希尔普主编的著作(1974)中有一系列对波普尔的否证主义的批评。拉卡托斯在其论文(1970)中对除最精致的否证主义以外的所有否证主义展开了批评。本章许多有关否证主义与哥白尼革命不相符的论点引自费耶阿本德的著作(1975)。

　　在拉卡托斯和马斯格雷夫主编的文集（1970）中，有一些文章把波普尔的观点与库恩的观点进行了批判性比较，关于库恩的观点将在下一章讨论。在梅奥的著作（1996）中有一些略微调整的对波普尔观点的批评。

第八章 作为结构体系的理论(一):
库恩的范式

1. 作为结构体系的理论

前一章对哥白尼革命的概述表明,归纳主义和否证主义对科学的说明都过于零碎了。它们把注意力集中在理论与个别的或成组的观察命题之间的关系上,而似乎未能把握重要的理论发展模式的复杂性。自20世纪60年代以来有一点已经变得很常见了,即人们会从上述情况得出这样的结论:对科学更恰当的说明,必须从理解科学活动发生于其中的理论框架开始。以下3章所关注的是,由于采用这种方法而产生的三种有影响的对科学的说明。(在第十三章中,我们将有理由对"依赖理论"的科学观是否走得太远提出疑问。)

关于为什么有人认为有必要把理论看成是结构体系,有一个理由源于科学史。史学研究揭示,大多数科学的发展和进步都展现了一种结构,对于这种结构,无论是归纳主义的说明抑或否证主义的说明都没有予以关注。哥白尼革命已经给我们提供了一个例子。反思以下事实将能使这一观念得到加强：在牛顿以后的两个多世纪中,物理学都是在牛顿的框架中发展,直到该框架在20世纪之初受到相对论和量子理论的挑战时为止。不过,对于为什么有些人认为有必要把注意力放在理论框架之上,历史论据并不是唯一的理由。有一种更具普遍性的哲学论据,它与在什么方式上可以说观察依赖理论密切相关。在第一章中我们已经强调了,观察命题必须用某种理论的语言来表述。因此可以证明,只有在理论是精确的和能增进知识的情况下,用理论语言构成的命题以及在命题中出现的概念,才会是精确的和能增进知识的。例如,我认为,人们会同意,牛顿的质量概念比例如民主概念有更精确的含义。指出这一点看起来是合理的,即前者之所以具有相对精确的意义,其理由来源于这样的事实：该概念在一个精确的、紧密结合在一起的理论亦即牛顿力学中,发挥着一种特别的有着完备定义的作用。因此,例如,什么可算作是对质量的适当的度量这样的问题,就取决于牛顿理论的界定。用弹簧秤来度量质量是有问题的,因为质量与重量有区别,重量是由某一重物与地球引力中心的距离决定的。

对于人们可能认为的一个概念获得含义的方式,存在着一些可选看法,而对这些可选看法则有一些限制,通过观察对某些可选看法的限制就可以说明,概念的含义对于它们出现于其中的理论的结构的依赖,以及概念的精确性对理论的精确性和一致程度的依赖,都是合理的。有一种这样的可选看法认为,概念是通过某种定义获得含义的。然而,必须拒绝把定义当作一种确定含义的最根本的方式,因为若使用这种方式,概念的含义只能根据其他概念来定义，且所依据的这些概念的含义也得是确定的。而如果所依据的这些概念的含义本身也得依靠定义来确定，那么很显然，除非有些概念的含义是通过其他方式获知的，否则就会出现无穷回归。除非我们已经知道许多词的含义，否则，任何词典都没有什么用处。牛顿根据以前可以利用的概念既无法定义质量也无法定义力。他必须开发某种新的概念框架才能超越旧的框架的局限。第二种可选看法建议，概念可以通过实指定义来获得其含义。在本书第一章讨论一个孩子如何学习"苹果"的含义时我们看到，这种方法即使在涉及像"苹果"这样的基本概念时也难以维持下去。当涉及定义诸如力学中的"质量"或电磁学中的"电场"这类概念时，这种方法就更不可能了。

有一种主张说，概念的含义至少在一定程度上是从它们在 [99] 其中发挥作用的一种理论中派生出来的，对于这种主张，可以用以下历史反思予以支持。与流行的神话相反，实验对于伽利略在力学方面的创新而言绝不是至关重要的。在阐述他的理论时，他所提到的许多"实验"都是思想实验。这一点对那些把新理论的产生看作实验的结果的人来说，可能看起来是荒谬的，但是，如果承认，只有当人们具有某种精确的理论，该理论能以精确的观察命题的形式提出一些预见时，进行精确的实验研究才得以可能，那么，以上所述就变得完全可以理解了。也许可以证明，伽利略正处在为创建一门新的力学做出重大贡献的过程之中，而后来证明，这种新力学能够为以后的某个阶段的详细的实验研究提供支持。他的努力包括思想实验、类比和说明性的比喻，但却没有详细的实验，对此不必感到惊讶。可以提出一个大致如此的论据：

一个概念，无论是"化学元素"、"原子"、"无意识"抑或任何其他诸如此类的概念，其典型的历史都是这样，这个概念最初是作为一种模糊的思想出现的，随后，当它在其中发挥作用的理论变得更精确和前后更为一致时，它逐渐被澄清了。可以把电场概念出现的方式，作为支持这种观点的一个例证。当法拉第在19世纪上半叶首次提出电场的概念时，这个概念是非常模糊的，而且对这个概念的阐述借助了诸如拉紧的绳子等事物的力学类比，并用比喻的方式使用了"张力"、"功率"和"力"之类的术语。随着电场与其他电磁量之间的关系得到了更加清晰的阐述，电场概念的定义变得日益完善了。当麦克斯韦提出了他的位移电流的概念时，也是借助力学类比，这才有可能使这一理论以麦克斯韦方程的形式前后更为一致，因为这些方程清晰地阐明了所有电磁量之间的相互关系。没过多久，一直被认为是为场提供力学基础的以太概念就可以废弃了，而各种场，由于它们本身是一些有着清晰定义的概念，因此被保留了下来。

100　　　在本节中，我尝试着为通过（科学研究和论证在其中进行的）理论框架而对科学所做的探讨构造了一种理论基础。在本章和以后两章，我们将考察提出了这种思想的三位重要的科学哲学家的研究。

2. 托马斯·库恩简介

归纳主义和否证主义对科学的说明，受到了托马斯·库恩（Thomas Kuhn）在其著作《科学革命的结构》（*The Structure of*

Scientific Revolutions, 1970a）中的重大挑战,该书第一版出版于1962年,八年之后再版,增加了一个用来澄清某些问题的《后记》。在该书出版以后,库恩的观点就在科学哲学界引起了反响。库恩是作为一个物理学家开始其学术生涯的,后来他把注意力转向了科学史。在这一过程中他发现,他关于科学的本质的种种预想被打破了。他开始认为,对科学的传统的说明,无论是归纳主义的说明还是否证主义的说明,都与历史证据相左。因此,库恩所提出的对科学的说明,试图提供一种与他所认为的历史情况更为一致的理论。他的理论的一个关键特征就是强调科学进步具有革命性,这里所说的革命包括摒弃一种理论结构体,并用另一种不相容的理论结构体取代它。另一个重要特征是强调科学共同体的社会学特征所起的重要作用。

可以用以下这一开放的图式来概括库恩所描述的科学进步的方式:

前科学—常规科学（*normal science*）—危机—革命—新的常规科学—新的危机。

当某个科学共同体开始遵循某个单一的**范式**（*paradigm*）之后,那种在一门科学形成以前的混乱和多样化的活动,最终会转变为成体系的和定向的活动。范式由一些具有普遍性的理论假设和定律以及它们的应用方法构成,而这些理论假设、定律和应用方法都是某个特定的科学共同体的成员所接受的。无论一个范式是牛顿力学、波动光学、分析化学或任何诸如此类的理论,在

101

该范式框架内进行研究的人都在从事库恩所谓的**常规科学**。对于通过实验结果所揭示的现实世界的某些相关活动,常规科学家会尝试予以说明和考虑,藉此尝试,他们将使范式得以阐明和发展。在此过程中,他们将不可避免地经历一些困难并且遇到一些显见的否证。如果这些困难失去控制,就会出现**危机**状态。当一种全新的范式出现并且吸引越来越多的科学家的拥护,直到最终,原来那个问题百出的范式被放弃,这时,危机将被消除。这种不连续的变化构成了**科学革命**。新的范式充满了希望,而且没有受到任何显然难以克服的困难的困扰,它现在承担起指导新的常规科学活动的任务,直至它也遇到严重麻烦,并且出现新的危机随之又发生新的革命时为止。

进行了这种概述以作为预先了解之后,我们来对库恩图式的不同组成部分进行详细的考察。

3. 范式和常规科学

一门成熟的科学是受单一的一种范式支配的。① 范式为在它所支配的科学中所进行的合理工作确立了一些标准。它将协调和指导在范式范围内工作的常规科学家群体"解难题"(puzzle-solving)的活动。按照库恩的观点,是否存在一个能对常规科学

---

① 自《科学革命的结构》第一次问世以来,库恩已经承认,他原来是在数种不同的意义上使用"范式"这个概念的。在该书第二版的后记中,他把这个词的两种含义进行了区分,一种是广义的含义,他把它称之为"学科基质"(disciplinary matrix),另一种是狭义的,他用"范例"(exemplar)把它取代。我将继续在广义的含义上使用"范式",以此指库恩现在所说的学科基质。

传统提供支持的范式，就是把科学与非科学区分开的一个特征。牛顿力学、波动光学和经典电磁学都曾构成而且也许仍将构成各种范式，因而有资格称之为科学。大部分现代社会学没有一种范式，因而也就没有资格称之为科学。

正如我在下面将要解释的那样，缺乏精确的定义是范式的本质。不过，对某些将会构成一个范式的典型的组成部分加以描述，还是有可能的。在这些组成部分中，有陈述明确的基础定律和理论假设。因此，牛顿运动定律成了牛顿范式的一部分，而麦克斯韦方程则构成了经典电磁学理论之范式的一部分。范式也包括把那些基础定律应用于各种类型的情况的标准方法。例如，牛顿范式将包括把牛顿定律应用于行星运动、钟摆、台球撞击等等情况的方法。在范式中还将包括，使范式的定律对现实世界产生作用所必需的仪器设备和仪器使用技术。牛顿范式在天文学中的应用包括各种已被认可的望远镜的运用，以及它们的使用技术和各种借助它们对所收集的数据进行矫正的技术。范式的另外一部分是由一些非常普遍的形而上学原则构成的，这些原则将对在范式框架内所进行的工作提供指导。在整个19世纪，牛顿范式被类似于这样的一种假设支配着："整个物理世界将被解释为一个机械系统，该系统在遵循牛顿运动定律之规定的各种力的影响下运行"；而在17世纪，笛卡尔纲领包含这样的原则："不存在虚空，物理宇宙就像一个巨大的时钟机构，在其中所有的力都表现为推力"。最后，所有的范式还将含有一些非常一般的方法论规定，例如，"要进行认真的尝试以使你的范式与自然相配"，或者"要把未能使范式与大自然相配的尝试看成是一个严重的问题"。

102

　　常规科学包含一些详尽地阐明某一范式的尝试，这些尝试的目的在于改善该范式与自然之间的匹配关系。范式总是非常不精确的和开放的，因而会留下大量那类工作需要去做。库恩把常规科学描绘为受某一范式的规则支配的解难题的活动。这些难题既有理论性的也有实验性的。例如，在牛顿的范式中，典型的理论难题包括，为处理一颗行星在一个以上引力的作用下的运动而设计一种数学方法，以及为适应牛顿定律在流体运动方面的应用而提出一些假设。实验方面的难题包括，改进望远镜观测结果的精确性，以及发展各种能够获取可靠的引力常数的测量结果的实验技术。常规科学家必须预先假设，一个范式为出现于它之中的难题准备了各种解决方法。解难题的失败会被认为是科学家的失败而并非范式有什么不适当。解难题受到阻碍会被认为是**反常**（*anomalies*）而并非对范式的否证。库恩承认，所有范式都包含某些反常（例如，哥白尼理论与金星的表观尺寸，或者牛顿范式与水星的轨道），并且拒绝所有类型的否证主义。

　　常规科学家一定不愿对他们在其框架内工作的范式加以批评。唯有如此，他们才能把他们的努力集中在对范式的详尽阐述方面，才能完成深入探讨自然所必需的专业工作。正是由于在基本原则方面没有什么分歧，才使得成熟的常规科学有别于不成熟的**前科学**相对来说较为混乱的活动。按照库恩的观点，前科学的特征就是在基本原则方面存在着整体上的分歧和持续的争论，这些分歧和争论如此之多，以致人们不可能认真去从事细致的专业工作。在这样的领域中，几乎有多少研究者就有多少理论，而每一个理论家都不得不重新开始，并且证明他或她本人特有的方法是合理的。库恩以牛顿以前的光学作为例子。从古代一直到牛顿时代，关于光学的本质有种类繁多、意见纷呈的理论。在牛顿提出他的光的粒子说并为之辩护之前，人们没有达成普遍的一致，也没有出现得到普遍认可的详尽的理论。在前科学时期，相互对立的理论家们不仅对基本的理论假设各执一词，而且对各种与他们的理论相关的观察现象众说纷纭。库恩承认范式在对可观察现象的探讨和解释方面有指导作用，就此而言，他与所谓的观察和实验依赖理论的观念是一致的。

　　库恩强调，对于一个范式，并非只能把它明确规定为清晰的规则和实用指南。他援引了维特根斯坦对"游戏"概念的讨论来说明他所意指的某些东西。维特根斯坦证明，要想清楚地说明一个活动之所以为游戏有什么必要条件和充分条件，这是不可能的。当有人试图这样做时，他总是会发现，他的定义中所包含的一项活动却是他可能不愿算作游戏的活动，或者该定义所排除的一项活动却是他可能想算作游戏的活动。库恩称，对于范式也存在这样的情况。如果有人试图对科学史或当代科学中的某个范式做出精确和明晰的表征，结果总是这样，有些在该范式框架内进行的工作是与这种表征相悖的。不过，库恩坚持认为，这种事态并不会使范式概念难以维持，正如与"游戏"相关的类似处境不会排除这个概念的合理使用一样。尽管对于范式没有完整而清晰的表征，作为个体的科学家们仍然总是通过他们的科学教育获得有关某一范式的知识。通过解决一些标准的问题，完成一些标准的实验，并且最终在某个已在该范式框架内具备了娴熟的实践经验的主管人的指导下从事一项研究，一个有抱负的科学家就会

104

逐渐熟悉那个范式的方法、技术和标准。像一个手艺高超的木匠无法对他或她的手艺以之为据的原理做出充分的说明一样，一个有抱负的科学家也将无法对他或她所获得的方法和技能做出清晰的说明。大多数常规科学家的知识都是迈克尔·波拉尼（1973）所谓的**意会的**（*tacit*）知识。

　　由于典型的常规科学家接受训练的方式，而且他们若想有效地工作，接受训练就必不可少，他们对他们在其中工作的范式的确切性质，往往既一无所知也无法加以阐述。然而，由此并非可以得出这样的结论：一个科学家将无法在需要时阐明范式中所包含的前提条件。当一个范式受到某个竞争对手的威胁时，这种需要就会出现。在那些情况下，就必须努力清楚地说明一个范式中所包含的普遍定律以及形而上学原则和方法论原则，以便保护它们免遭有威胁的新范式中的那些替代者的伤害。下一节将概述库恩对一个范式可能会陷入困境并被竞争对手取代的说明。

4. 危机和革命

　　常规科学家充满自信地在一个范式所规定的有明确界定的领域中进行工作。该范式将为他们提出一组明确的问题，并且提供一些他们确信对解决这些问题来说恰当的方法。如果他们因任何解决问题的失败而抱怨范式，他们就会像木匠抱怨他的工具一样受到同样的指责。然而，人们将会遇到失败，而且这些失败最终会达到一种严重程度，以至于构成了范式的一场重大危机，而且可能导致范式被拒绝并被另一种不相容的范式取而代之。

105

　　仅仅是在一个范式内存在未解决的难题，并不会构成危机。库恩承认，范式总会遇到一些难题。总会出现一些反常。只有在一系列特别的条件下，反常才会发展到动摇人们对范式的信心的地步。如果一种反常被看成是对范式的最基本的原则的打击，而且它持续阻碍着常规科学共同体的成员为消除它所做的努力，这样的反常就会被认为是特别严重的。库恩所引证的一个例子是，在接近19世纪末叶时麦克斯韦电磁学理论中的以太和地球相对于它的运动的问题。一个专业性不太强的例子也许是，亚里士多德相互联系的透明天球的宇宙本是井然有序和完美充实的，但彗星却给它带来了问题。如果反常对于某种紧迫的社会需要来说很重要，那么它们也会被看成是严重的。在哥白尼时代，从需要历法改革的角度看，那些困扰着托勒密天文学的问题是很紧迫的。阻碍人们消除某一反常的努力的时间长度，也将是与该反常的严重性有关的。严重反常的数目是影响一场危机肇始的另一个因素。

　　按照库恩的观点，对科学危机时期的特征的分析，既需要心理学家的专业能力又需要史学家的素养。当人们认为反常正在给某一范式提出严重问题时，一个"明显的无专业安全感"的时期便来临了。解决问题的尝试越来越多并且变得越来越彻底，而该范式为解决问题所规定的规则变得日益宽松。常规科学家开始进行哲学和形而上学的争论，并且试图依据哲学论据为他们的创新辩护，而从该范式的观点看，这些创新是有疑问的。科学家甚至开始公开表达他们对占主导地位的范式的不满和不安。作为例子，库恩（1970a，第84页）提及了他认为1924年左右物理学中的危机日益增长时沃尔夫冈·泡利（Wolfgang Pauli）所做的反应。被激怒的泡利对一个朋友坦言："现在，物理学再度陷入可怕的混乱之中。无论如何，这种处境对我来说是太艰难了，我真希望我是一个电影喜剧演员之类的人并且从未听说过物理学。"一旦一个范式变得脆弱，并且其基础被破坏到连它的支持者也对它失去了信心的程度，这时，革命的时机也就成熟了。

当一个作为竞争对手的范式出现时，一场危机的严重性将会加深。按照库恩（1970a，第91页）的观点："新范式或者一种允许事后阐述的充分的暗示，都是一下子突现出来的，有时是在午夜，在一个深深地陷入危机的人的头脑中。"新的范式将与旧的范式大相径庭，并且是与旧的范式不相容的。根本的差异是多种多样的。

每一个范式都会把世界看成是由不同的事物构成的。亚里士多德的范式把宇宙看成是分成了两个不同的王国，一个是不可腐蚀的和毫无变化的月上区，另一个是可腐蚀的不断变化的地球区。后来的范式把整个宇宙看成是由相同的数种物质构成的。拉瓦锡以前的化学包含这样的主张，即世界具有一种被称作燃素的实体，它会在物质燃烧时被释放出来。拉瓦锡的新范式意味着，并不存在诸如燃素之类的东西，而空气和氧确实存在，并且在燃烧过程中发挥着迥然不同的作用。麦克斯韦的电磁学理论包含着一种占据了所有空间的以太，而爱因斯坦对这一理论的彻底改造把以太排除了。

相互竞争的范式会把不同的问题看成是合理的或有意义的。燃素的重量对于燃素理论家来说是重要的，而对于拉瓦锡来说是没有实质意义的。行星的质量问题对于牛顿学派而言具有根本性的意义，但对亚里士多德学派而言却是异端邪说。对于爱因斯坦以前的物理学家来说，地球相对于以太的速度是极为重要的，但这个问题被爱因斯坦消除了。各种范式不仅会提出不同的问题，而且还会包含迥异的和不相容的标准。未得到解释的超距作用对牛顿学派来说是容许的，而笛卡尔学派则把它斥之为是形而上学的甚至是超自然的东西。没有原因的运动对于亚里士多德而言是荒谬的，但对牛顿而言却是自明的。在现代核物理学中，元素的嬗变有着重要的地位（就像它在中世纪的炼金术和17世纪的机械论哲学中那样），但却与约翰·道尔顿（John Dalton）的原子论纲领的目的背道而驰。许多在现代微观物理学中可描述的事件都与不确定性有关，而这种不确定性在牛顿纲领中是没有地位的。

　　科学家在其框架内工作的范式将对他们看待世界的某个特定方面的方式提供指导。库恩论证说，在某种意义上，相互竞争的范式的支持者们"生活在不同的世界之中"。他以这一事实作为例证，即在哥白尼理论被提出来之后，西方天文学家才首次注意、记录和讨论了天空的变化。而在这以前，亚里士多德范式断定，在月上区不可能有任何变化，因而也就观察不到什么变化。那些被发现的变化则总是被解释为大气层上层的扰动。

　　一部分作为个体的科学家，从对一种范式的忠诚转向了对另一种与之不相容的范式的忠诚，库恩把这种变化比作"格式塔转换"或"宗教上的改宗"。没有纯粹的逻辑论据可以证明一种范式比另一种优越，从而可以迫使一个有理性的科学家做出这种变化。这种证明之所以不可能，其中的一个原因在于这样一个事实，在一个科学家对某一科学理论之价值的判断中，包含着诸多因素。科学家个人的决定将取决于他或她对不同因素的优先考虑。这些因素将包括诸如简单性、与某种紧迫的社会需要的关系、解决某种特别问题的能力，等等。因此，一个科学家被哥白尼理论吸引，也许是因为该理论在一些数学方面所具有的简单性。另一个科学家被它吸引，则可能是因为该理论包含着进行历法改革的可能性。第三个科学家或许是由于沉浸于地球力学，并且认识到了哥白尼理论对它所提出的问题，使得他未能采用哥白尼理论。第四个科学家却可能因为宗教的理由而拒绝哥白尼理论。

在逻辑上不能令人信服地证明一个范式比另一个现存的范式优越的第二个原因源于这一事实，即相互竞争的范式的支持者们所赞成的一系列标准和形而上学原则不尽相同。从自己的标准来看，有人也许会认为范式A比范式B优越，而如果把范式B的标准用来当作前提，判断也许正好相反。只有当一个论证的前提被接受时，它的结论才具有说服力。相互竞争的范式的支持者们都不会接受对方的前提，因而也必然不会被对方的论证说服。正是由于这种原因，库恩（1970a，第93—94页）把科学革命与政治革命进行了比较。正如"政治革命的目的是，要以现有政治制度本身所不允许的方式改变这些制度"，因而"政治解决方案必然会失败"一样，"在相互竞争的范式之间进行选择，就等于在不相容的社会生活方式之间进行选择"，没有一种论证能够"在逻辑上甚至在概率上令人非信不可"。不过，这并不意味着，在影响科学家决策的重要因素中不包括各种各样的论证。按照库恩的观点，这些被证明在促使科学家改变范式方面颇为有效的因素，是一个有待心理学研究和社会学研究去发现的问题。

有许多相互关联的原因可以说明，为什么当一个范式与另一个范式相竞争时，却没有任何一种在逻辑上令人信服的论证可以断定，一个有理性的科学家应当为了一个范式而放弃另一个。没有这样一种单一的标准，科学家必须凭借这种标准来判断一个范式的价值或希望，进而言之，相互竞争的纲领的支持者所赞成的一系列标准是不同的，他们甚至会以不同的方式来看这个世界，并且用不同的语言来描述它。相互竞争的范式的支持者之间的论证和讨论的目的，应当是说服而不是强迫。我认为，我在这一段中所概述的，就是库恩下述这一主张的理由：相互竞争的范式是"不可公度的"（incommensurable）[*]。

当相关的科学家共同体的整体而非科学家个人放弃一种范式并采用一种新的范式时，作为响应，一场科学革命就会来临。随着越来越多的科学家个人出于各种不同的原因而转向新的范式，就会出现"日渐增加的专业忠诚分布的转移"（库恩，1970a，第158页）。如果革命要取得成功，这种转移就要不断扩大以便覆盖相关科学共同体的绝大部分，而只剩下个别的反对者。这些反对者会被排斥在新的科学共同体之外，而且，他们也许会把某个哲学学科当作避难所。无论如何，他们最终将消亡。

> [*] "不可公度的"（incommensurable）亦被译作"不可通约的"和"不可比较的"。——译者

5. 常规科学的功能与革命的功能

　　库恩著作的某些方面也许会给人留下这样一种印象,即他对科学本质的说明纯粹是**描述性的**,也就是说,他的目的仅仅在于描述科学理论或科学范式以及科学家的活动。如果是这样,那么,作为一种关于科学的**理论**,库恩对科学的说明大概就没有多少价值了。除非这种对科学的描述性说明是由某种理论构成的,否则,对于应当描述什么活动和什么活动成果,它将无法提供指导。如果这样,尤其糟糕的是,对平庸科学家的活动和成果就可能像对某个爱因斯坦式的人物或伽利略式的人物的成就那样,需要予以详细的记录。

　　然而,把库恩对科学的表征看作只不过是来源于对科学家工作的描述,这种看法是错误的。库恩坚持认为,他的说明构成了一种关于科学的理论,因为它包含了对科学各个组成部分的**功能**的解释。按照库恩的观点,常规科学和革命都有助于一些必要功能的实现,因此,科学必然要么包含那些特征,要么包含其他有助于完成同样的功能的特征。我们根据库恩的观点来看一看,这些功能是什么。

　　常规科学的周期为科学家们提供了机会,使得他们可以把某个理论的专门部分加以发展。在依据一个范式亦即他们认为是理所当然的基本原则工作时,他们能够完成严密的实验工作和理论工作,对于使范式与自然的相配达到日益增大的程度而言,这些工作是必不可少的。正是由于科学家们对某一范式的适当性有信心，他们才能够把精力集中，投入到为解决在这个范式内给他们提出的复杂的难题所进行的尝试之中，而不是忙于对他们的基本假设和方法的合理性进行争论。常规科学在很大程度上应当是无可批评的，这对它来说是必要的条件。如果所有科学家无论何时都对他们在其中工作的框架的所有部分加以批评，那么，任何错综复杂的工作都难以完成。

如果所有科学家都曾经是而且一直是常规科学家，那么一门特定的科学就会陷入某个单一的范式之中，并且永远也无法超越它而进步。从库恩的观点看，这恐怕是一个严重的缺陷。一个范式包含了一个特别的可以借以观察世界和描述世界的概念框架，还有一组特别的使范式与自然相配的实验技术和理论技术。但是没有什么先天的理由可以使人们期待，任何一个范式是完美的甚或是可获得者之中最好的。可用来获得完全适当的范式的归纳程序是不存在的。因此，科学本身应当有一种突破一个范式进入另一个更好的范式的方法。这就是科学革命的功能所在。所有范式，从它们与自然的相配方面看，都在某种程度上是不适当的。当这种不适应变得严重时，亦即，当危机扩大时，用另一个范式取代现有的整个范式的革命性步骤，对科学富有成效的进步来说就成为必不可少的了。

库恩用通过革命而进步的主张取代了归纳主义科学观所特有的通过积累而进步的主张。按照归纳主义的观点，伴随着观察数量和观察种类的增加，使得人们可以构造出新的概念、对旧的概念加以提炼并且发现它们之间新的规律性关系，科学知识得以持续地增长。从库恩特有的观点看，归纳主义的这种观点是错误的，因为它无视范式在指导观察和实验方面的作用。正是由于那些范式对在它们的框架之中所从事的科学有着这样一种普遍而深入的影响，因而，一种范式被另一种范式取代必然是一种革命性的活动。

111　　　符合库恩说明的另一种功能也值得一提。正如上面所论及的那样，库恩的范式并没有精确到可以用一组明晰的规则来代替的程度。不同的科学家或科学家群体完全有可能以某种略有不同的方式对范式进行解释和应用。面对相同的情况，并非所有科学家都将做出同样的决定或采取同样的策略。这样有一个好处，即人们所尝试的策略的数量将会有许多。这样风险就由科学共同体分担了，而一些长期成功的机会也增加了。库恩（1970c，第241页）问道："若非如此，作为一个整体的群体怎么能够确保万无一失呢？"

6. 库恩科学观的优点

库恩认为，科学工作包括在某一基本上没有什么疑问的框架内解决问题，这一思想，从描述上讲肯定是对的。在一个学科内，如果像波普尔"猜想和反驳"的方法所表征的那样，不断地对基本原则提出质疑，那么，该学科就不可能取得重大进步，原因很简单，那些原则没有足够长的不受到挑战的时间以使专门的工作得以完成。我们完全可以把爱因斯坦描绘成一个英雄：他凭借他所具有的创造性和勇气对物理学的一些基本原则进行挑战，取得了重大进展；但是我们不应忽视这一事实：正是经过在牛顿范式框架内200年错综复杂的工作，以及在电磁学理论内100年的工作，才揭示出爱因斯坦将会认识到并且用他的相对论来解决的问题。对基本原则进行持续的批判，最恰当地说，是哲学而非科学所具有的特征。

如果在阐明从什么意义上说占星术有别于科学方面，我们把库恩和波普尔各自的尝试加以比较，那么，正像黛博拉·梅奥（1996，第2章）业已令人信服地证明的那样，库恩的说明更具有说服力。从波普尔的观点看，占星术之所以可以被断定为是非科学，或者是因为它是不可否证的，或者是因为它是可否证的并且已被证明是错误。第一个理由是不成立的，因为正如库恩（1970b）指出的那样，甚至在文艺复兴时期，当占星家认真地从事占星术实践时，他们的确做出了一些可否证的预见，而且这些预见也的确常常被否证。但我们不能将这后一个事实当作可以把占星术排除在科学之外的充分理由，以免基于类似的理由把物理学、化学和生物学也排除在外；因为我们已经看到，所有科学都有各自的问题，它们表现为有疑问的观察结果或实验结果。库恩的回答是指出，比如说天文学与占星术之间的差异在于，天文学家可以从预见的失败中学习，而占星家则不是这样。天文学家可以改善他们的仪器，对可能的扰动进行检验，假设存在着尚未发现的行星或者月球不是一个平滑的球体，等等，然后完成错综复杂的工作，以便来看看这些变化是否能够消除失败的预见所提出的问题。与之相反，占星家没有以同样的方式从错误中学习的资源。对于天文学家具备而占星家缺乏的这些"资源"，我们可以把它们解释为能够维持常规科学传统的共有的范式。因此，库恩

112

的"常规科学"可以用来确定科学的一个至关重要的要素。

　　库恩说明的补充部分，亦即"科学革命"，似乎也具有相当的价值。库恩使用革命的概念来强调科学发展的非积累性。科学的长期进步，并非只包含被确证的事实和定律的积累，有时候也涉及一种范式被推翻并且被一个不相容的新范式取代。当然，库恩并不是第一个提出这种论点的人。正如我们已经看到的那样，波普尔本人曾强调，科学进步包含对理论的批判性的颠覆以及它们被其他理论取代。然而，对于波普尔来说，一个理论被另一个理论取代，只不过就是一组主张被另一组不同的主张替换，但从库恩的观点来看，一场科学革命不仅只限于此。一场革命不仅涉及一般定律的变化，也涉及看待世界的方式的变化，还涉及那些在评价理论时所要运用的标准的变化。我们业已看到，亚里士多德理论假设了一个有限的宇宙，在这样的一个系统中，每一个物体都有其自然的位置和功能，这是区分天上之物与地上之物的一个重要的细节。在那样的图式内，对宇宙中各种物体的**功能**的参照，是一种合理的解释模式（例如，石头总会落至地面到达它们的自然位置，并且会使宇宙恢复其理想的秩序）。经过了17世纪的科学革命后，宇宙变成了无限的宇宙，在其中，每一个物体都在受规律支配的力的作用下相互吸引。所有解释都诉诸那些力和定律。就经验证据在亚里士多德理论（或范式）和牛顿理论（或范式）中都起着某种作用而言，在前者中，无须借助外力且在最适宜的条件下活动的感官的证据被认为是基础性的，但在后者中，通过仪器和实验获得的证据是基础性的，而且这样的证据往往比感官直接传达的证据更受青睐。

从描述事实方面讲，库恩指出这一点无疑是正确的，即存在着像科学革命这样的事物，这些革命所包含的变化的范围，不仅涉及所提出的主张，而且也涉及人们假定的那类构成世界的实体，以及那类据信是适当之解释的证据和模式。此外，如果这一点得到承认，那么，对科学进步的任何适当的说明，都必须包含对怎样把在革命过程中所引起的变化解释为进步的说明。的确，我们可以利用库恩对科学的表征，并以一种特别敏锐的方式提出这个问题。库恩坚持认为，什么可以算作问题是因范式而异的，而且，对于所提出的用来解决问题之措施的适当性的标准，也是随着范式的不同而有所变化的。但是，如果确实是这种情况，即标准会因范式而异，那么，为了判断一个范式比它所取代的范式更好、从而构成了一种超越被取代范式的进步，能够依据的标准又是什么呢？更确切地说，在什么意义上可以说科学通过革命而进步？

7. 库恩对通过革命而进步的矛盾心理

众所周知，库恩对我们提出的这个基本问题是含糊其词的，他自己的研究使这种暧昧的态度显得非常突出。在《科学革命的结构》出版以后，有人指责库恩提倡了一种"相对主义的"科学进步观。我认为，这种指责的意思是，库恩提出了这样一种对进步的说明，按照该说明，一个范式是否比它挑战的另一个范式更优越这个问题，没有一个确定的和中立的答案，它要依做出判断的个人、群体或文化等等的价值观而定。库恩显然对这种指责感到不舒服，而且在其著作的第二版所增加的《后记》中，他试图使自己远离相对主义。他写道（1970a，第206页）："后来的科学理论常常处在一种截然不同的应用环境中，它们比以前的理论有更强的解难题的能力。这并不是一种相对主义的立场，在它所展示的意义上，我是一个科学进步的坚定的信仰者。"这一标准是有疑问的，因为库恩本人强调，什么可算作一个难题和什么可算作对它的解答是依赖范式而定的，而且，库恩（1970a，第154页）在其他地方还提供了不同的标准如"简洁性、范围和与其他专业的兼容"。更大的问题在于非相对主义关于进步的主张与库恩著作中许多段落的论述相冲突，这些论述读起来像是在明确地倡导相对主义的立场，甚至像是根本否认存在一种有关科学进步的合理标准。

　　库恩把科学革命比作格式塔转换，比作宗教上的改宗，并且比作政治革命。库恩使用这些类比是想强调，一个科学家的忠诚从一种范式转向另一种范式这一变化的程度，是无法通过诉诸普遍认可的标准用合理的论证阐述清楚的。在本书第6页[*]中，那幅图会由从上方看的楼梯变成从下方看的楼梯，这种变化方式就是一个最适当的格式塔转换的例子，但用它来强调的恰恰是非理性选择的转化程度，宗教上的改宗可以被典型地看成是一种与之类似的转变。就与政治革命相类比而言，库恩（1970a，第93—94页）坚持认为，那些革命的"目的是，要以现有政治制度本身所不允许的方式改变这些制度"，因而"政治解决方案必然会失败"。

---

　　[*] 指原文页码，亦即中译本边码。——译者

以此类推，"在相互竞争的范式之间进行选择，就等于在不相容的社会生活方式之间进行选择"，因而没有一种论证能够"在逻辑上甚至在概率上令人非信不可"。库恩强调（1970a，第238页），我们发现科学的本质的方式"实质上是社会学的"，而且是通过"考察科学团体的本质，弄清楚它重视什么、容忍什么和蔑视什么"来实现的，但如果发现不同的群体重视、容忍和蔑视的东西有所不同，这种强调也会导致相对主义。的确，当前流行的科学社会学的支持者通常就是这样解释库恩的，他们把他的观点加以发挥，变成了毫不掩饰的相对主义。

在我看来，从补充了那篇《后记》的库恩著作的第二版来看，他关于科学进步的说明包含了两种互不相容的立场，一种是相对主义的，另一种不是。这就导致了两种可能性。第一种可能性是，遵循前一段所提到的社会学家所采取的方式，接受和发展库恩思想中的相对主义立场，这种立场除了其他方面外，还包括对科学的社会学研究，库恩曾间接提到过这种需要，但从未对它做出过回应。第二种可能性将不理睬相对主义，并且以一种与科学进步的总体意义相容的方式改写库恩的思想。这种抉择将需要回答这样一个问题：在什么意义上可以说一个范式超越了它所取代的范式因而构成了进步。我希望在本书结束时读者将很清楚，哪一种观点是我认为最富有成果的。

8. 客观知识

"相互竞争的范式之间的转变……要么必须立即整体地转变

（虽然不一定在瞬间完成），要么就根本不变。"我并不是唯一一个发现库恩的著作（1970a，第150页）中的这个句子令人费解的人。一个范式如何能够立即整体地转变，但又不一定在瞬间完成？我不认为，找出这个有问题的句子中所包含的混乱的根源有什么困难。一方面，库恩认识到一场科学革命由于涉及许多理论工作和实验工作，因而要延续很长一段时期。库恩本人对哥白尼革命的经典研究（1959）证明，革命所需做的工作历时达数个世纪。另一方面，库恩把范式转化与格式塔转换或宗教上的改宗加以比较，使得范式转化思想有了即刻的意味，即这种转化是"立即整体地"发生的。我认为，在这里，库恩事实上把两种知识混淆了，讲清楚这种差别是很重要也很有益处的。

　　如果我说"我知道（know）我在这段话中所写的那些资料而你不知道"，我是指我所熟悉并且保存在我的心中或头脑中的知识，而这种知识是你不熟悉并且也没有保存在你的心中或头脑中的。我知道牛顿第一运动定律，但我不知道怎样从生物学上对小龙虾进行分类。这又是一个有关我的心中或头脑中保存了什么的问题。这些主张，如麦克斯韦不知道他的电磁学理论预见了无线电波，以及爱因斯坦知道迈克耳逊-莫雷实验的结果，都涉及同样的在"知道"的意义上使用"know"的问题。知识是一种心灵状态。从这种用法也涉及个人的心灵状态的意义上说，与该用法密切相关的是这个问题：一个人是否或在什么程度上接受或相信某一主张或一组主张。我认为伽利略为其望远镜使用的有效性提出了令人信服的论据，但费耶阿本德却不这么认为。路德维希·玻尔兹曼（Ludwig Boltzmann）接受了气体分子运动论，但

116

他的同胞恩斯特·马赫（Ernst Mach）却不接受。所有这些谈论知识和关于知识的主张的方式都关系到个人的心灵状态或态度。这是一种通常而且非常合理的谈论方式。由于找不到一个更恰当的词，我想把这里所谈论的知识称之为**主观**意义上的知识。我想把它与另一种不同的用法亦即我称之为**客观**意义上的知识区分开。

"我的猫住在一间没有动物居住的屋子里"这个语句的性质是矛盾的，而"我有一只猫"和"一只几内亚猪今天死了"等语句，则具有"今天我的白猫把某人的几内亚宠物猪杀死了"这一陈述的推论的性质。在这些例子中，这些语句具有我赋予它们的性质这一事实，从某种通常的意义上讲，似乎是明显的，但并非必然如此。例如，在一起谋杀案的审讯中，一个律师也许可能在经过了十分艰苦的分析之后发现，从一个证人报告的事实中得出的结论，与从第二个证人报告的事实中得出的那些结论相抵触。如果情况确实如此，那么问题就在于所说的这些证人是否知道这一点或是否相信这一情况。此外，如果这个律师没有发现这种矛盾，它也可能一直不为人所知，因而没有人曾经认识到这种矛盾。然而，问题依然存在：这些陈述是不一致的。命题可能具有这样的特性，即它们与个人所知道的是有所不同的。它们具有客观的属性。

在本书第一章中，我们已经遇到了区分主观知识与客观知识的一个例子。我所区分的一方是个人的知觉经验和他们也许相信的知觉经验的某个推论，另一方是他们或许被说服从而予以支持的观察命题。我强调，对于后者是可以公开进行检验和争论的，而这对于前者来说是不可能的。

　　一个知识体系在其发展的某个阶段会陷入的命题迷宫，其特点类似于个人以该知识体系为据进行工作但不一定意识到它。构成现代物理学的理论结构是异常复杂的，以至于显然，无法把它看成是与任何一个物理学家或物理学家群体的信念等同的。许多科学家凭借他们个人的才能、用他们各自的方式对物理学的成长和阐述做出了贡献，这就像为了建造一座大教堂许多工人把他们的努力结合在一起一样。正如对于在地基附近进行挖掘的工人不详发现的含义，一个开心的高空作业工人可能很幸运地一无所知那样，许多理论家可能也不知道某些实验发现与某一理论的相关性，而他或她正是以该理论为据进行工作的。无论在哪个事例中，结构的各部分之间的客观联系是存在的，这种存在并不依赖于个人是否知道这种联系。

　　从科学中，很容易找出一些说明这一论点的历史事例。常常会有这种情况，即某一理论未预料到的结果，例如实验预见或与另一理论的冲突，被后来的研究**发现**了。因而泊松能够发现并证明菲涅耳的光学理论具有这一推论：当对不透明的圆盘进行适当的照明时，就会在背光的一侧的中心看到光斑，这是一个菲涅耳不知道的推论。菲涅耳理论与它所挑战的牛顿的光的粒子说之间的各种冲突也被发现了。例如，前者预言，光在空气中应当比在水中传播得快，而后者的预见正相反。

　　通过讨论命题的客观性，尤其是有关理论断言和观察断言的命题的客观性，我已经说明了，在一种意义上可以把知识解释为客观的。但并非只有这些命题是客观的。实验设置和程序、方法

118

论规则以及数学体系等,从它们有别于那类保存在个人心灵中的事物的意义上讲,也是客观的。个人可以面对它们,而且可以利用它们并对它们进行修改和批评。一个作为个体的科学家将面对这样一种客观的情况———一组理论、实验结果、仪器和技术、论证模式以及诸如此类的东西,而这些,正是该科学家为改变和改善这种情况必须利用的东西。

我并不打算使我所使用的"客观的"一词等同于"可评价的"。按照我的用法,那些不一致的或解释能力很差的理论也可以是客观的。的确,它们在客观上具有不一致或解释能力很差的性质。尽管我对"客观的"一词的用法源自于并且严格地遵循了卡尔·波普尔的用法(尤请参见他1979年版的著作,第3和第4章),但我不希望跟着他卷入这一棘手的问题之中,即这些客观性之存在的精确意义是什么。相对于物理对象具有的那些属性而言,命题并不具有这种意义的属性,而且,要清楚地说明这些语言对象的存在方式以及其他社会建构物如方法论规则和数学系统,是一项很棘手的哲学事业。我宁愿在常识层次上阐述我的论点,使用我已经使用过的那些例子。对于我要达到的目的来说,这已经足够了。

库恩关于范式的大部分论述完全适合我所引入的二分法中客观的一方。他关于在一个范式中解难题的传统的论述,关于范式所遇到的反常的论述,以及关于各个范式因包含着不同的标准和不同的形而上学假设而有差异的论述,都是恰当的例子。如果接受这种论述模式,那么,阐明关于在什么意义上可以说一个范式是对它的竞争者的改进这一我们的基本问题,用库恩的话来说就是相当有意义的。这是一个关于范式之间的客观关系的问题。

119　　不过，在库恩的书中还有另一种论述模式，可以把它归为我的二分法中主观的一方。这包括他关于格式塔转换等诸如此类的论述。像库恩那样按照格式塔转换来论述一个范式转化为另一个范式，会给人留下这样的印象：转换双方的观点是不可比较的。从一个范式到另一个范式的转化，被等同于当一个科学家把他或她的忠诚从一个范式转向另一个范式时，其心灵或头脑中发生的变化。正是这种认同导致了本节开始时所引述的库恩的那句话中所包含的混乱。 如果像库恩似乎关心的那样，我们应关心的是科学的本质以及在什么意义上可以说科学会进步，那么我的建议就是，应当把所有关于格式塔转换和改宗的论述从库恩的说明中移走，并且我们应该坚持对范式以及它们之间的关系的客观表征。在许多时候库恩的确是这样做的，他的历史研究成果有助于阐明科学的本质，就此而言，这些成果是一个重要的资料宝库。

　　从什么意义上可以说一个在历史上存在的范式比它所取代的竞争对手更优越这个问题，与下述问题是不同的，即科学家个人以什么方式或出于什么原因把他们的忠诚从一种范式转向了另一种范式，或者他们以什么方式或出于什么原因最终在某一或另一范式框架内工作。科学家个人在自己的工作中出于各种原因做出判断和选择，并且往往受到主观因素的影响，这个事实是一个问题。而一个范式与另一个范式之间从事后认识来看有着极为明显的利益关系，则是另外一个问题。如果要确定科学在某种不同的意义上进步，那么，提供答案的将是后一种思考。正是由于这个原因，我不满意库恩在其1977年版的著作（第13章）中，把注意力集中在"价值判断和理论选择"上，以此来反击对他的相对主义的指责。

9. 延伸读物

当然，最重要的原始资料是库恩的《科学革命的结构》（1970a）。在《发现的逻辑还是研究的心理学？》（"Logic of Discovery or Psychology of Research？", 1970b）中，库恩讨论了他的观点与波普尔的观点之间的关系，并且在《对批评者的回应》（"Reflections on My Critics", 1970c）中对他的一些批评者进行了回应。库恩1977年版的文集是非常有价值的。霍伊宁根–许奈（Hoyningen-Huene）在其著作（1993）中对库恩的科学哲学进行了详细的论述，该书还有详细的库恩著作的文献目录。伯德（Bird）的著作（2000）是较为新近的对库恩科学哲学的介绍。在拉卡托斯和马斯格雷夫主编的文集（1970）中，有不少库恩与他的一些批评者交换意见的文章。若想了解社会学家对库恩的评价，请参见例如布鲁尔的论文（1971）和巴恩斯的著作（1982）。有关科学中意义的构造的说明，请参见N. 内尔塞希安（N. Nersessian）的著作（1984），这一说明例证了本章第1节所概括的观点。

第九章　作为结构体系的理论（二）：
研究纲领

1. 伊姆雷·拉卡托斯简介

　　伊姆雷·拉卡托斯是匈牙利人，他于20世纪50年代后期移居英国，并且受到卡尔·波普尔的影响，用拉卡托斯的话说，波普尔"改变了［他的］生活"［约翰·沃勒尔（John Worrall）和G. 柯里（G. Currie）主编的文集（1978a，第139页）］。尽管拉卡托斯是波普尔的科学观的热心支持者，但他最终认识到波普尔的否证主义所遇到的困难，关于这些困难我们已经在本书第七章中思考过了。在20世纪60年代中叶，拉卡托斯了解到了库恩的《科学革命的结构》中所包含的另一种科学观。尽管波普尔和库恩提出了相互竞争的科学观，但他们的观点有许多相同之处。尤其是，他们都坚持一种反对实证主义和归纳主义的科学观的立场。他们都把理论（或范式）当作比观察重要的问题，并且强调，对观察和实验结果的探索、解释、接受或拒绝，都是在某一种理论或范式的背景下进行的。拉卡托斯延续了这种传统，并且寻找某种修改波普尔的否证主义并摆脱其困境的方法，为此，他采取了诸多方法，包括在吸收库恩洞见的同时，完全拒绝了库恩观点中的相对主义部分。像库恩一样，拉卡托斯也看到，把科学活动描述为是在某一框架中进行的这种方法，具有一定价值，而且他创造了"研究纲领"（research program）这个短语，把它用来作为在某种意义上取代库恩范式的拉卡托斯理论的名称。说明拉卡托斯方法论的原始资料是他1970年的论文。

122

2. 拉卡托斯的研究纲领

我们在本书第七章已经看到，波普尔的否证主义遇到的主要困难之一是，对于理论迷宫的哪部分应当因显见的否证而受到指责，它未能提供明晰的指导。无论科学家个人也许希望针对哪个部分提出指责，如果把他或她的这种指责当作其个人一时兴致的结果，那么就很难理解：成熟的科学怎么能以它们看起来那样协调的和有凝聚力的方式进步。拉卡托斯的回答是，科学的所有部分并非是等同的。有些定律或原理是比其他部分更基本的。的确，有些定律或原理是非常基础性的，以至于它们几乎可以界定科学的本质。由于这个原因，不应因任何明显的失败而责备它们。相反，应受指责的是那些不太基础的部分。可以把一门科学看成是对基本原理的结论依据一定纲领所做的拓展。科学家可以按照他们认为适宜的方式修改更具辅助特点的假设，以此来尝试解决问题。无论他们修补辅助性假设的尝试可能有什么不同，就他们的努力取得了成功而言，他们都将为同一**研究纲**

领的发展做出贡献。

拉卡托斯把基本原理称之为一个研究纲领的**硬核**（*hard core*）。硬核比其他部分都重要的是，它界定了一个纲领的特征。硬核表现为一些非常一般性的假说，这些假说形成了纲领发展的基础。这里有一些实例。哥白尼天文学纲领的硬核是这一假设：地球和行星在围绕静止的太阳的轨道上运动，而且地球每天围绕它的地轴自转一周。牛顿物理学的硬核是由牛顿运动三定律再加上他的万有引力定律构成的。马克思历史唯物主义的硬核可能是这样一种假设，即社会的主要变化可以依据归根结底由经济基础决定的阶级斗争、阶级的本质以及斗争的具体情况来解释。

一个纲领的基本原理需要用一系列补充假设加以扩充，以便使它充实到可以做出明确的预见的程度。构成一个纲领的不仅有明晰的补充硬核的假设和定律，而且还有一些初始条件所依据的假设，这些初始条件是用来详细说明一些在观察命题和实验结果中预设的特定情况和理论的。例如，哥白尼纲领的硬核需要通过在其最初的圆形轨道上增添许多本轮加以补充，而且还必须改变以前对地球与恒星间距离的估计。起初，这个纲领中也包含着这样的假设，即可用肉眼揭示有关恒星和行星的位置、大小和亮度等的正确信息。在一个明确表述的纲领与观察结果之间的任何不一致，都会归因于补充性假设而不会归因于硬核。拉卡托斯把补充硬核的附加假说的总体称之为**保护带**（*protective belt*），以强调其保护硬核免遭否证的作用。按照拉卡托斯（1970，第133页）的观点，硬核由于"它的倡导者的方法论决策"而使得它成为不可否证的。与之形成对照的是，在提高纲领的预见与观察和实验结果之间的一致程度的尝试中，保护带中的假设将会被修改。例如，通过用椭圆轨道替换哥白尼的数组本轮，并用借助望远镜获得的观察资料替换肉眼获得的观察资料，哥白尼纲领中的保护带就得到了修改。通过改变对地球与恒星间距离的估计并且补充一些新的行星，初始条件最终也被修改了。拉卡托斯不加限制地利用"助发现法"（heuristic）这个术语来表征纲领。一个助发现法是一组有助于发现或发明的规则或提示。例如，解决纵横字谜的助发现法的一部分也许就是"从找出回答短词所需要的线索开始，然后找出回答长词所需要的线索"。拉卡托斯把为研究纲领中的工作所提供的指导方针分为**反面助发现法**（*negative heuristic*）和**正面助发现法**（*positive heuristic*）。反面助发现法明确说明将建议科学家不要做什么。正如我们业已看到的那样，科学家得到的建议是不要修补他们在其框架中工作的纲领的硬核。如果科学家实际上要修改硬核，那么他或她事实上就选择了要离开这个纲领。当第谷·布拉赫指出，只是行星而非地球在围绕太阳的轨道上运动，并且太阳在围绕地球的轨道上运动，这时，他就选择了离开哥白尼纲领。

　　一个纲领的**正面助发现法**将明确说明一个科学家在一个纲领的框架中应当做什么，而不是说明他不应该做什么，正面助发现法比反面助发现法更难予以明确的表征。正面助发现法将对以下活动提供指导：如怎样补充硬核，以及如何修改所产生的保护带以便使一个纲领能够对可观察现象做出解释和预见。用拉卡托斯自己的话（1970，第135页）来说："正面助发现法由一组部分明确表述的建议或暗示组成，它们提示如何改变和发展研究纲领的'可反驳的变型'，如何修改'可反驳的'保护带并使之更加精致。"研究纲领的发展不仅将包括增加一些适宜的辅助性假说，而且还包括发展适当的实验技术和数学方法。例如，显而易见，从哥白尼纲领开创时起，组合和利用本轮的数学方法以及改进的观察行星位置的技术就是必不可少的。拉卡托斯借用了牛顿早期发展其万有引力的经历说明了正面助发现法的观念。在这里，正面助发现法包括这样一种思想，即人们应当从简单的理想化的事例开始，进而，在熟悉了它们之后，就应当转向一些更复杂和更现实的事例。牛顿最初考虑了一个点状行星围绕一个静止的点状太阳的椭圆运动，通过这种思考他得出了引力的平方反比律。显然，如果在实践中把这个纲领应用于行星运动，那么就必须从这种理想化的形式发展到一种更为现实的形式。不过，这样的发展涉及要解决一些理论问题，而且不经过相当可观的理论工作是无法完成的。在有了一个确定的纲领的情况下，也就是说，在他的正面助发现法的指导下，牛顿本人取得了重大进展。他首先考虑了这样一个事实：太阳和行星都在它们相互的引力的影响下运动。然后，他又考虑了行星的有限规模并把它们当作球体。在解决了那种运动所提出的数学问题以后，牛顿进而又思考了其他一些复杂的情况，例如行星能够自转的可能性引起的那些复杂情况，以及行星与行星之间和每个行星与太阳之间存在着万有引力这个事实。当牛顿在这个纲领中沿着一条从一开始就显示出或多或少具有必然性的道路走了这么远之后，他就开始关心他的理论与观察之间的一致性问题。当他发现缺少一致性时，他能够转而考虑非球形的行星以及如此等等的情况。正如正面助发现法包含理论纲领一样，它也包含实验纲领。这种实验纲领包括发展更精确的望远镜以及它们在天文学中的应用所必需的辅助性理论，诸如那些为思考光在地球大气层中的折射提供适当的方法的理论。对牛顿纲领最初的系统阐述，已经显示出了一种愿望，即制造一些灵敏得足以在实验室范围内探测万有引力［卡文迪什（Cavendish）实验］的设备。

以牛顿运动定律和他的万有引力定律为核心的纲领提供了强有力的助发现指导。也就是说，从一开始，一个非常明确的纲领就制定出来了。拉卡托斯（1970，第140—155页）对玻尔的原子理论的发展进行了说明，以此作为正面助发现法发挥作用的另一个例子。拉卡托斯强调，这些发展研究纲领的例子的一种重要特点是，观察检验是在相对较晚的阶段才变得有重要意义。这一点与本书第八章第1节有关伽利略创建其力学的评论是一致的。在一个研究纲领中的早期工作，往往被描述为是在未注意到观察所提出的显见否证或者对它们置之不理的情况下进行的。必须给研究纲领提供机会以实现其全部潜力。必须构造一个适度精致和适当的保护带。在我们关于哥白尼纲领的例子中，这个过程包括，发展一种适当的能够适应地球运动的力学，以及一种适当的有助于解释望远镜观察所得的数据的光学。当一个纲领发展到适于接受实验检验的阶段时，按照拉卡托斯的观点，具有极为重要意义的是确证而不是否证。一个纲领的价值的大小，是通过它所导致的新颖预见被确证的程度显示出来的。当加勒第一次观察到海王星和哈雷彗星按照预见返回时，牛顿的纲领就经历了这种戏剧性的确证。而失败的预见，例如牛顿早期关于月球轨道的预测,只不过表明为了补充或修改保护带还需要做更多的工作。

　　一个研究纲领的价值的主要指标,就是它所导致的新颖预见被确证的程度。第二个指标隐含在我们上述的讨论中了,这就是,一个研究纲领应当确实提供一种研究的**纲领**。正面助发现法应当前后非常一致,足以能通过制定一种纲领来为未来的研究提供指导。拉卡托斯认为,作为纲领,马克思主义和弗洛伊德心理学符合纲领价值的第二个指标但不符合第一个指标,当代社会学作为一个整体在某种程度上符合第一个指标却不符合第二个指标(可是,他并没有为这些评论提供任何详细说明以资支持)。无论如何,一个**进步的**(*progressive*)研究纲领,将是一个保持前后一致性并且至少是间歇地导致被确证的新颖预见的纲领,一个**退步的**(*degenerating*)研究纲领,将是一个失去了其前后一致性并且/或者不能导致被确证的新颖预见的纲领。拉卡托斯的科学革命观就是,一个进步的研究纲领将取代一个退步的研究纲领。

3. 研究纲领中的方法论及诸研究纲领的比较

　　我们需要从在某一研究纲领范围内所从事的工作的背景和一个研究纲领与另一个纲领冲突的背景着眼,讨论拉卡托斯的科学研究纲领方法论。在某个单一的研究纲领范围内的工作,包括通过增加和阐明各种假说来扩展和修改它的保护带。任何这样的步骤,只要不是在本书第六章所讨论的特设意义上的步骤,都是允许的。对一个研究纲领的保护带的修改或扩增必须是可独立检验的。倘若科学家个人或科学家群体以他们所选择的任何方式对保护带的修改或扩展，有可能为新的检验提供机会并且因此会为新的发现创造可能性，那么，就应该对这种步骤持开放态度。

作为说明，我们不妨从牛顿纲领发展的历史中选取一个我们在前面业已利用过多次的例子，亦即考虑一下勒威耶和亚当斯在致力于解决令人困惑的天王星轨道的问题时所面临的情况。那些科学家选择了修改这个纲领的保护带，他们提出，初始条件是不恰当的，并且指出，在天王星附近有一颗尚未被确认的行星干扰了天王星的轨道。他们的步骤是与拉卡托斯的方法论相一致的，因为这个步骤是可检验的。通过把望远镜对准天空的适当区域，可以发现所猜测的这颗行星。但是，按照拉卡托斯的观点，其他可能的回应也是合理的。例如，可以把这种异常的轨道归咎于望远镜的某种新型的失常，只要在提出这种意见时，使对这些失常之存在的检验成为可能即可。从某种意义上说，解决一个问题的步骤的可检验性越高就越好，就像这里提及的步骤那样，因为这样会增加成功的机会（在这里，成功就意味着对从某个步骤中产生的新颖预见的确证）。拉卡托斯方法论排除了特设性步骤。因此，在我们的例子中，如果简单地把天王星的这种复杂的轨道归因于它的自然运动，以此来解释它的轨道的异常现象，那么，这样的尝试是应该排除的。这样的尝试不可能导致新的检验，因而也就不会带来新发现的希望。

按照拉卡托斯的方法论，第二类应当排除的是涉及与硬核有某种偏离的步骤。采取这样的步骤会破坏一个纲领的前后一致性，这就等于是选择离开这个纲领。例如，倘若一个科学家试图以这种方式处理天王星轨道异常的问题，即指出天王星与太阳之间的引力是某种不遵循平方反比律的力，那么，这恐怕就是选择要离开牛顿的研究纲领。

一个复杂的理论迷宫的任何一部分都可能是造成显见否证的原因这一事实，对依赖猜想与反驳这种不适当的方法的否证主义者提出了一个严峻的问题。对于否证主义者来说，由于在找出麻烦的根源方面无能为力，常常会导致失去条理的混乱。拉卡托斯的方法论旨在避免这种结局。不受侵犯的纲领的硬核以及作为其补充的正面助发现法，使秩序得以维持。在那个框架中，如果富有创造性的猜想所导致的一些预见时不时地被证明是成功的，那么这些猜想的增加将导致进步。关于保留还是拒绝一个假说的决定，完全直接取决于实验检验的结果。在一个研究纲领中，相对而言，观察对于一个正在接受检验的假说的影响是不会产生什么问题的，因为硬核和正面助发现法都可用来确定一种相当稳定的背景。

正如前面所论及的那样，拉卡托斯关于库恩革命的观点包括用一种纲领替代另一种纲领。我们已经看到，库恩（1970，第94页）没有能力明确地回答在什么意义上可以说一个范式比它所取代的范式更优越这个问题，因而使他没有别的选择，只能诉诸科学共同体的权威。后来的范式之所以比它们的前任优越，是因为科学共同体判断它们是如此，而且"不存在比相关共同体的断言更高的标准"。拉卡托斯不满意库恩理论中的这种相对主义的结论。他寻找了一种存在于特定的范式以外的标准，或者就拉卡托斯的理论而言，一种存在于纲领以外的标准，这种标准可用来确定非相对主义意义的科学进步。就他所理解的这种标准而言，该标准存在于他关于进步的和退步的研究纲领的构想之中。进步包含着用进步的研究纲领取代退步的研究纲领，而且，从进步的研究纲领已被证明是对新现象更有效的预见者这一意义上讲，它是对退步的研究纲领的改进。

4. 新颖的预见

拉卡托斯所提出的非相对主义的进步标准，在很大程度上依赖于新颖预见的概念。一个研究纲领只要能比另一个研究纲领更成功地预见新现象，它就是一个更优越的纲领。正如拉卡托斯最终认识到的那样，新颖预见的概念并非像它乍看上去那样明了，因此必须关注，怎样才能把它塑造成这样一种形式，以便使它能在拉卡托斯方法论中，或在任何寻求使对它的利用产生显著效果的方法论中，发挥需要它发挥的作用。

我们已经在波普尔方法论的背景下接触过新颖预见。在那个背景下，我指出，波普尔观点的本质是认为，在某个特定时期，就一个预见没有包括在那时人们所熟悉并被普遍认可的知识之中而言，或者就它与这种知识有冲突而言，它是新颖的。对波普尔来说，用一个理论的新预见来检验它，就相当于对该理论的严厉检验，因为预见与普遍的预期相抵触。拉卡托斯在某种与波普尔相似的意义上使用了新颖预见的概念，试图借此帮助他表征一

129

个研究纲领的进步特性，但正如他最终认识到的那样，这种做法不起作用，这一点可以用一些非常直接的反例来证明，这些反例恰恰来自于拉卡托斯不加限制地用来说明他的观点的那些纲领。这些反例包括，一个研究纲领的价值状况是由它解释现象的能力决定的，这些现象在当时已被人们完全确定并且已被完全熟悉了，因而从波普尔的意义上讲它们不是新现象。

　　自古代时起，人们就已经非常熟悉了行星运动的某些特性，但只是在哥白尼理论出现以后，对这些特性才有了恰当的解释。这些特性包括行星的逆行，行星在逆行时看起来最亮这个事实，以及金星和水星看起来总是距太阳不远这个事实。一旦假设地球和行星一道在围绕太阳的轨道上运动，并且水星和金星的轨道在地球轨道的内侧，就可以直接理解这些现象的性质；而在托勒密理论中，对这些现象只能通过增加为了说明它们而特意设计的本轮来解释。拉卡托斯和哥白尼，以及我猜想我们中的大多数人，都认为这就是哥白尼体系比托勒密体系优越的一个重要标志。然而，哥白尼对行星运动的一般特性的预见，从我们界定的意义上不能算作是新颖的，其直接的原因就在于，自古代以来人们就已经非常熟悉那些现象了。根据我们所讨论的意义上一个可算是新颖的预见来看，对恒星视差的观测结果也许是对哥白尼理论的第一个确证，但这种观测结果与拉卡托斯的宗旨根本不相符，因为获得它时早已进入了19世纪，而这时科学界早已承认哥白尼比托勒密有优势了。

130　　　还可以很容易地找出其他例证。在少数可以用来支持爱因斯坦广义相对论的观测结果中，有一个涉及水星轨道近日点的岁差，这是一种早在爱因斯坦解释它以前就已经为人所知并已被承认的现象。量子力学给人留下最深刻印象的特点之一，就是它有能力解释从气体中发出的光的光谱，这种量子力学有能力解释的现象，在可获得这种解释以前半个多世纪就已经被实验者熟知了。可以把这些成功描述为包含了对现象的新颖预见而不是对新现象的预见。

考虑到E. 扎哈尔［E. Zahar（1973）］所提出的理由，拉卡托斯最终认识到，他原来对科学研究纲领方法论的阐述中有关新颖预见的说明需要修改。毕竟，当断言在什么程度上某些可观察的现象支持一个理论或一个纲领时，无论先出现的是关于现象的理论还是知识，这肯定都是一个没有什么哲学实质意义的历史上的偶然事实。爱因斯坦的相对论既可以解释水星的轨道也可以解释光线在引力场中的弯曲。这两方面都是支持该理论的重要成就。因此，水星近日点的岁差在爱因斯坦理论形成以前就为人所知，而发现光线的弯曲是在这之后，纯属偶然。但是，如果对于爱因斯坦理论来说，事情发生的顺序是颠倒的，或者，如果这两种现象都在该理论以前为人所知抑或都在它以后才被发现，那么，我们对该理论的断言是否会有什么不同吗？对于这些反思的适当回答的具体细节，相关的争论仍在进行着，例如在艾伦·马斯格雷夫的论文（1974b）中的争论和约翰·沃勒尔的论文（1985和1989a）中的争论，不过，需要把握的并且在比较哥白尼与托勒密时发挥作用的直觉，似乎是非常明确的。托勒密对逆行的解释并没有构成对那个纲领的重要支持，因为他是通过增加特意为解释所设计的本轮，刻意设法使该纲领与观测数据相适应的。与之形

成对照的是,根据哥白尼理论的基本原则,那些可观察现象可以
自然地得到解释,而无须任何人为的调节。一个理论或纲领中所
包含的预见应该是自然的而非人为设计出来的。在这里,作为这
种直觉依据的也许是这一观念:证据支持某一理论,即使该理论
不存在,证据中也包含着一些未得到解释的具有一致性的内容。
如果哥白尼理论并非在本质上是正确的,它怎么能够成功地预见
行星运动的所有可观察的普遍特性? 而这一论点对于托勒密对
相同现象的解释就不适用。如果托勒密理论是非常错误的,那么,
说它为了确保解释成功增加了本轮,因此就能解释那些现象,这
也是矛盾的。这就是沃勒尔(1985,1989)处理这个问题的方式。

　　有鉴于此,我们应当这样重新系统地阐述拉卡托斯的方法
论:就一个纲领做出了自然的而不是新颖的预见且预见得到了
确证而言,它是进步的,在这里,"自然的"是与"设计的"或"特设
的"正相反的。(我们将在本书第十三章中从一个不同的而且或
许是更高的角度重新讨论这个问题。)

5. 根据历史对方法论的检验

　　拉卡托斯像库恩一样也关心科学史。他认为,理想的是,任
何科学理论都能具有科学史意义。也就是说,在某种意义上可以
根据科学史对某种科学方法论或科学哲学进行检验。然而,恰如
拉卡托斯充分认识到的那样,究竟在什么程度上会是如此,还需
要仔细地阐述清楚。如果不分青红皂白地解释说科学哲学需要
与科学史相一致,那么,好的科学哲学就将变得与对科学的准确

描述毫无二致。真若如此，就将失去把握科学的基本特性或区分好科学与坏科学的立足点。波普尔和拉卡托斯倾向于把库恩的说明看作在这种意义上"仅仅"是描述性的，因此，它是有缺陷的。波普尔对这个问题是非常谨慎的，与拉卡托斯不同，他否认与科学史的比较是一种合理的证明科学哲学的方法。

我认为，正如在拉卡托斯1978年的论文中所描述的那样，他的观点的基本要素就是这些。在科学史中，有些事件毫无疑问具有进步性，而且这些事件可以被看成是先于任何精致的科学哲学的。如果有人想否认伽利略物理学是在亚里士多德物理学上的进步，或者否认爱因斯坦物理学是在牛顿物理学上的进步，那么，他或她就不是以一种与我们所有人都相同的方式使用科学这个词。若关心怎样最恰当地对科学进行分类的问题，我们就必须具有某种关于科学是什么的前理论的观念以便阐明这个问题，而这种前理论的观念将包括，对诸如伽利略和爱因斯坦等人的重大科学成就那样的经典事例的认识能力。现在，有了这些前提条件作为背景，我们才可以要求任何科学哲学或科学方法论都应与它们兼容。也就是说，任何科学哲学都应能够领会，在什么意义上可以说伽利略在天文学和物理学中的成就是重大的进展。这样，如果科学史揭示，在伽利略的天文学中，他改变了被认为是可观察事实的资料，而在力学中他主要依赖于思想实验而非实际的实验，那么，这就给某些哲学提出了一个问题，因为这些哲学描述说，科学进步是通过可靠的可观察事实的累积和对这些事实的谨慎归纳而渐进增长的过程。正如我在上一节已经论述过的那样，由于拉卡托斯本人早期的研究纲领方法论使用了新颖预见的概念,对于哥白尼天文学在什么意义上是进步的而言,这就使得相关的理解变得不可能了,因而这一早期的理论可能会受到批评。

运用这样的论证模式,并以实证主义和否证主义的方法论都无法理解科学进步中那些经典事件的意义为理由,拉卡托斯进而对这两种方法论进行了批判,与之对照的是,他论证说,他自己的说明不会因有这样的缺陷而痛苦。然后,当转向科学史中一些较小的事件时,拉卡托斯或某个支持者可以从科学史中挑选一些令史学家和哲学家困惑的事件,以此来说明,从科学研究纲领方法论的角度讲它们是多么好理解。例如,许多人为这个事实感到困惑,即当托马斯·扬(Thomas Young)在19世纪初提出光的波动说时,支持者寥寥无几,在20年之后提出的菲涅耳理论却得到了广泛认可。约翰·沃勒尔(1976)对拉卡托斯的观点提供了史学方面的支持,他指出,历史事实是,扬的理论实际并没有以一种自然的而非刻意的方式在实验上得到令人信服的确证,与之相反,菲涅耳的理论却得到了这样的确证,而且菲涅耳借助他所能引入的数学工具,使其波动理论具备了一种有巨大优势的正面助发现法。像C.豪森(C. Howson)在其主编的文集(1976)中展示的那样,拉卡托斯的许多学生或以前的学生都进行了一些研究,旨在以这类方式支持拉卡托斯的方法论。

拉卡托斯最终认识到,他的方法论的主要价值在于为科学史的写作提供了帮助。史学家必须对一些研究纲领加以鉴别,表征它们的硬核和保护带,为它们的进步或退步的方式提供文献证明。以这种方式,通过比较研究纲领之间的竞争,就可以阐明科学进步的方式。我认为,必须承认,正如在豪森主编的文集（1976）中展示的那样，拉卡托斯和他的信徒们通过这种方式的研究，的确成功地对物理学史上的一些典型事件做出了有益的说明。尽管拉卡托斯的方法论能够为科学史学家提供建议，但拉卡托斯并没有打算使它成为给科学家提供建议的一个来源。鉴于他已发现必须修改否证主义才能克服它所面临的问题，这对拉卡托斯来说已成了一个不可避免的结论。不应当一遇到显见的否证就拒绝理论，因为在一定时候所提出的这种责难也许针对的是某种原始资料而不是理论，而单一的成功也不能永远证明一个理论的价值。这就是拉卡托斯为什么引入了研究纲领的原因，研究纲领获得了时间得以发展，有可能，它们在经历了一段后退期后最终还是进步了，或者在经历了早期的成功后又退步了。（关于这一点，值得回忆的是，哥白尼理论在其最初的成功之后，在伽利略和开普勒的类似理论使它重新获得生命以前，退步了大约一个世纪。）但是，采取了这一步骤之后，显然，从拉卡托斯的方法论中并不能产生即时的建议，以此劝告科学家们必须放弃一种研究纲领，或者更偏向于某一特定的研究纲领而不是它的对手。如果一个科学家认为存在着一些可能使一个退步的研究纲领恢复生机的方法，因而他或她继续在该纲领的框架中工作，这未必是不合理的，也未必就是受到了误导。只有在较长的时期内（亦即，从某种历史的视角来看），把拉卡托斯的方法论用于研究纲领的比较才可能有意义。在这方面，拉卡托斯最终把（只能根据历史的后见之明进行的）对纲领的**评价**与对科学家的**建议**区分开，他否认他的方法论的目的就是要提供这种建议。"科学中不存在即时的合

134

理性"成了拉卡托斯的一个口号,正是在这个口号所体现的意义上,拉卡托斯认为,可以这样解释:实证主义和否证主义想要提供可用来接受或拒绝理论的标准,就此而言,它们力求的东西太多了。

6. 拉卡托斯方法论的问题

我们业已看到,拉卡托斯认为,依据科学史对方法论进行检验是适当的。因此,甚至用他的话也可以说,对他的方法论在描述方面是否恰当提出质疑是合理的。对此提出怀疑是有一些理由的。例如,在科学史中,是否可以发现诸如"硬核"这样的可用来鉴别研究纲领的东西? 实际上,科学家有时确实试图通过调整他们在其框架中工作的理论或纲领的基本原理来解决问题,就此而言,相反的证据却出现了。例如,哥白尼本人曾对太阳的位置做了一点调整,使它靠近行星轨道的中心一侧,后来又认为月球是围绕地球而非太阳运动的,最终还使用了各种方法来调节本轮运动的局部情况,以便使那些运动摆脱不一致的局面。这样,哥白尼纲领的真正硬核是什么呢? 在19世纪,出现了一些认真的尝试,旨在通过修改引力的平方反比律来应对诸如水星的运动这样的问题。由此可见,从科学史中可以找到与拉卡托斯本人关于硬核的主要例子相反的情况。

更深层的问题涉及的是,在拉卡托斯对科学的说明中扮演着如此重要角色的方法论决策是否具有现实性。例如,就像我们所看到的那样,按照拉卡托斯(1970,第133页)的观点,一个纲领的硬核由于"它的倡导者的方法论决策"而使得它成为不可否证的。这些决策是历史现实，抑或拉卡托斯想象力的虚构之物？拉卡托斯实际并没有为他所需要的答案提供任何证据，而且，什么研究会提供这样的证据这一点完全不清楚。这是一个对拉卡托斯至关重要的问题，因为方法论决策是他自己的立场与库恩的立场相区别的核心。库恩和拉卡托斯二人都承认，科学家们以一种协同的方式在一个框架内工作。对于库恩，至少从他的一种语气来看，科学家们如何以及为什么这样做的问题，将会由社会学分析来揭示。而在拉卡托斯看来，这导致了一种不可接受的相对主义。因为对于他来说，这种凝聚力是**合理的**方法论决策导致的。对于这些决策并不具有历史的（或当代的）现实性这种指责，拉卡托斯并未做出答复，对于在什么意义上应该认为这些决策是合理的这个问题，他也没有提供清晰的答案。

对拉卡托斯的另一个根本性批评，直接关系到本书的核心议题，即科学知识的特征（如果有的话）是什么这一问题。至少拉卡托斯的某些言过其实的说法暗示，他的方法论想要对这个问题做出明确的回答。他主张，"科学哲学的中心问题是——阐述在什么样的**普遍**条件下一个理论是科学的"，这是一个"与科学的合理性问题密切相关的"问题，而且，这个问题的解决"应当为我们在什么时候承认一个科学理论是合理的或不合理的提供指导"（约翰·沃勒尔和G. 柯里主编的文集，1978a，第168—169页，黑体为原文所标）。拉卡托斯（1970，第176页）把他的方法论描述为是解决这些问题的一个方法，它将"有助于我们把定律设计得可以遏止——思想污染"。"我［拉卡托斯］为判断在一个纲领内的进步和停滞提供了标准,并提供了'排除'整个研究纲领的准则"(约翰·沃勒尔和G.柯里主编的文集,1978a,第112页)。显然,从拉卡托斯观点的细节以及他本人对那些细节的评论来看,拉卡托斯的方法论并不能实现这些预期。他并没有提供排除整个研究纲领的准则,因为对一个退步的纲领,怀有它会恢复生机的希望而坚持该纲领是合理的。如果哥白尼理论需要花一个世纪才能获得重要的成果,因而在一个世纪中坚持该理论是科学的,为什么当代马克思主义者(拉卡托斯的靶子之一)努力发展历史唯物主义以便使之获得重要成果就不是科学的呢?当拉卡托斯认识到并且承认,在物理学范围内,他的方法论只能在回顾时借助历史的事后认识做出判断,这时他实际上不情愿地承认,他的方法论根本不能断定任何当代的理论是非科学的"思想污染"。如果不存在"即时的合理性",那么就不能马上拒绝马克思主义、社会学以及拉卡托斯所讨厌的其他事物(*bêtes noir*)。

拉卡托斯方法论所面临的另一个基本问题,来源于他认为借助科学史研究来支持该方法论的方式是必不可少的。拉卡托斯及其信徒们通过对过去300年的物理学史的个案研究,使这种主张成为必然的了。但是,如果这种方法论以这种方式得到支持,然后又应用到其他领域,例如对马克思主义或占星术做出判断,这实际上是未加论证而假设,所有研究领域,如果要被认为是"科学的",都必须具有物理学的基本特征。保罗·费耶阿本德(1976)就是以这种方式批评拉卡托斯的。拉卡托斯的方法论确实回避了一个重要的基础性的问题,确切地说,它只不过展现了一个问题。至少有许多明显的理由可以说明,为什么人们会料想用来判断物理学的某一方法论和某一组标准在其他领域也许是不适用的。人们可以而且常常在受控实验的人为环境下，把一些个别的作用过程如万有引力、电磁力以及基本粒子在碰撞时产生的作用等等孤立出来，以此方式进行物理学研究。对于人和社会，一般来说是不能用这种方式来对待的，否则就会损害所要研究的对象。对于以这种方式发挥功能的生命系统而言，存在大量复杂的情况是不可避免的，因此，甚至可以预期，生物学也会展现出某些与物理学不同的重要特性。在社会科学中，生产出来的知识本身就构成了处在研究之中的系统的一个重要组成部分。因此，例如，经济学理论能够影响个人在市场中的活动方式，从而，理论的改变有可能导致正在被研究的经济体系的某种改变。这种并发现象不适用于物理学。例如，行星并没有根据我们关于它们运动的理论改变其运动。无论从诸如此类的反思中产生了何种论证力量，情况依然是，拉卡托斯未加证明就假设，所有科学知识都应当在某种根本的意义上与过去300年的物理学类似。 137

当我们考察在拉卡托斯去世后发表的他的《牛顿对科学标准的影响》（"Newton's Effect on Scientific Standards", 1976a）中所做的一项研究的含义时，就会发现另一个根本性的问题。在那项研究中，拉卡托斯主张，牛顿实际上导致了一种科学标准的变化，拉卡托斯明确地认为，这种变化是进步的。但拉卡托斯能够提出如此主张这一事实，不大可能取决于他在其他论述中反复重申的这一假设，即对科学的评价必须依照某种"普遍的"标准。如果说牛顿使科学标准变得更完善了，那么人们可以问：

"根据什么标准来判断这种变化是进步的？"这个问题与库恩遇到的问题类似。这是一个我们在本书后面将必须面对或消除的问题。

7. 延伸读物

拉卡托斯方法论的主要文本是他发表于1970年的论文《否证与科学研究纲领方法论》（"Falsification and the Methodology of Scientific Research Programmes"）。大部分其他重要的论文都收入了沃勒尔和柯里主编的文集（1978a和1978b）之中。拉卡托斯的《归纳逻辑问题》（*The Problem of Inductive Logic*, 1968）和《对批评者的答复》（"Replies to Critics", 1971）也是很重要的。拉卡托斯在《证明与反驳》（*Proofs and Refutations*, 1976b）中对把其思想应用于数学的说明是颇有吸引力的。豪森主编的文集（1976）中含有一些旨在用来支持拉卡托斯观点的历史个案研究。另一项此类研究是拉卡托斯和扎哈尔合作的论文（1975）。R. S. 科恩（R. S. Cohen）、费耶阿本德和M. W. 瓦托夫斯基（M. W. Wartofsky）主编了一本纪念拉卡托斯的文集（1976）。费耶阿本德的论文（1976）是对拉卡托斯方法论的重要批评。马斯格雷夫的论文（1974b）、沃勒尔的两篇论文（1985, 1989a）和梅奥的著作（1996）都讨论了新颖预见的概念。B. 拉弗尔（B. Larvor）的《拉卡托斯导论》（*Lakatos: An Introduction*, 1998）对拉卡托斯工作的概括是颇有价值的。

第十章　费耶阿本德的无政府
主义科学理论

1. 到目前为止的情况

　　我们在寻找**那种**可用来把科学与其他知识相区分的对科学的表征,但在这方面似乎却遇到了困难。实证主义者对20世纪初叶有很大影响,他们认为,科学的特别之处就在于它是从事实中推导出来的;我们的讨论正是从他们所采取的这种观念开始的,但是这种尝试难以继续,这不仅是因为,事实是"依赖于理论的"并且是可错的,没有充分明确的事实使他们的观点得以维持,而且还因为,对于理论如何能够从可发现的事实中"推导"出来,尚无法找到明晰的说明。否证主义的处境也好不到哪里,这主要是因为,若想在科学的任何现实情况中都找出错误预见的原因是不可能的。因而,关于理论如何能够被否证的明确意义,几乎像它们如何能够被确证的明确意义一样,是难以捉摸的。库恩和拉卡托斯二人都试图把注意力放在科学家们在其中工作的理论框架上,以图解决这个问题。然而,对库恩来说,他强调的是在相互竞争的范式框架中工作的人"生活在不同的世界之中"，他过于强调这一点，以至于他没有给自己留下适当的资源来阐明，从什么意义上可以说，在科学革命的过程中从一种范式转向另一种范式的变化是一种进步。拉卡托斯试图避免这种陷阱，但是，姑且不论有关他在回答时不加限制地使用方法论决策的现实性的问题，他最终关于表征科学的标准如此宽泛，以致几乎不会把任何智力活动排除在外。有一位科学哲学家保罗·费耶阿本德对这些失败并不感到惊讶，他试图从这些失败中找出他所认为的全部意义，本章将对他的颇有争议但很有影响的"无政府主义的"科学观进行描述和评价。

2. 费耶阿本德反对方法的论据

保罗·费耶阿本德是奥地利人，他的大部分学术生涯都以加利福尼亚州的伯克利为基地，但他也曾有段时间在伦敦与波普尔和拉卡托斯进行互动（并且对他们提出了批评），他于1975年出版了一部著作，题为《反对方法：无政府主义认识论纲要》。在这部书中，对于所有想提供一种有关科学方法的说明以便保持科学方法之特殊地位的尝试，他均提出了挑战，他论证说，并不存在这样的方法，而且的确，科学并不具有一些特征可以使得它必然比其他形式的知识优越。费耶阿本德进而宣称，如果存在一种单一的永世不变的科学方法原则，那么，这一原则就是"怎么都行"（anything goes）。在费耶阿本德的著作中，无论是早期还是晚期的著作，都可以选出一些段落，用来对《反对方法》的大部分内容所包含的这种极端的无政府主义科学观进行严格的限定。然而，把注意力集中在未加限定的无政府主义科学理论上，以便了解我们从中能学到些什么，这对我们的目的而言将是非常富有启示意义的。无论如何，正是费耶阿本德观点的这种极端形式已经使它在文献中名声籍甚，科学哲学家们试图反对的也正是这种观点，但要反对这种观点并非是轻而易举之事。

　　费耶阿本德论证的主要方法是，试图削弱哲学家们对科学方法和科学进步的表征的基础，他基于他们的理由以下述方式对他们提出了挑战。他以他的反对者（包括大多数哲学家）认为是科学进步的经典事例的科学变迁作为例子，并且指出，从历史事实来看，那些变迁与那些哲学家所提出的科学理论是不相符的。（费耶阿本德并没有强迫他自己承认，从他将要做出的论证来看，所说的那些事件是进步的。）费耶阿本德所诉诸的主要例子涉及伽利略使天文学和物理学所获得的发展。费耶阿本德的论点是，如果对科学方法和科学进步的说明甚至不能理解伽利略创新的意义，那么，它就算不上是一种对科学的说明。在概述费耶阿本德的观点时，我基本上仍将坚持利用伽利略这个例子，这主要是因为，这个例子足以说明费耶阿本德的观点，当然，这也是因为，这个例子无须借用深奥的专业术语就很容易理解。

　　费耶阿本德的许多观点对本书读者来说将不会感到很陌生，因为我在本书前面的论述中已经出于不同的目的利用过它们了。

　　在本书第一章引述的一些引文，说明了实证主义或归纳主义的这一观点：伽利略的创新可以根据他认真对待可观察事实的程度、根据使他的理论与它们相适应的程度来解释。以下这段话摘自伽利略的《关于两大世界体系的对话》（1967），转引自费耶阿本德的著作（1975，第100—101页），这段话表明，伽利略并不是那样认为的。

> 你会对毕达哥拉斯的观点［即地球在运动］的信徒如此之少感到惊讶，而我会对到目前为止任何信奉和遵从它的人都感到惊奇。我也可能未必十分赞赏那些掌握了这一观点并且认为它是正确的人显著的敏锐，他们是凭借纯粹理智的力量做这种如此违背他们自己的感觉的事情的，以至于对于那种观点，他们宁愿相信理性告诉他们的情况，而不愿相信感性经验明白地向他们表明的与之相反的情况。因为我们已经考察过的反对地球转动的论据看起来好像很有道理，而且，托勒密学派和亚里士多德学派及其他们的所有信徒都认为这些论据是决定性的，这一事实的确是对它们的有效性的一种有力证明。不过，与周年运动截然相反的经验看起来的确力量非常强大，因此我要重申一下，当我反思阿利斯塔克（Aristarchus）和哥白尼竟然能够运用理性战胜感觉，而且在对感觉的挑战中理性成了他们信念的女主人，这时，我感觉到无限的惊讶。

与伽利略同时代的人接受那些被认为是感官已经证实了的事实，而伽利略则迥然不同，对于他来说（1967，第328页），用理性征服感官甚至用"更高级和更完备的辨别能力"亦即望远镜取代感官，是必要的。我们来考虑一下伽利略必须"战胜"感官证据

141

的两个事例：其一，他拒绝了地球静止不动的主张，其二，他拒绝了金星和火星的表观尺寸在一年过程中没有显著变化的主张。

如果一块石头从一高塔的顶部落下，它会落向塔基。这个以及其他诸如此类的经验可用来作为地球静止不动的证据。因为如果地球是运动的，比如说围绕它的地轴自转（上述所引的那段话中伽利略所说的"转动"），那么，难道当石头落下时地球不会在下面运动，从而使石头落在与塔基有相当距离的地面上吗？伽利略是借助事实反驳这种论据的吗？诚如费耶阿本德指出的那样，伽利略在《对话》中当然不是这样做的。伽利略（1967，第125页及以下）是通过"窃取"读者的"想法"来获得所期望的结果的。他的论证如下。一个沿着没有什么摩擦力的斜面向下滚的球的速度会不断增加，因为它从某种程度上说是"落"向地心。相反，一个沿着没有什么摩擦力的斜面向上滚的球的速度会不断减小，因为它正在远离地心向上升。在说服读者相信这一点是明显的之后，他或她就会问：如果把斜面改为完全水平的平面，那么球的速度会出现什么情况呢？看来，答案似乎是它的速度既不会增加又不会减小，因为球既没有上升也没有下落。球的水平运动将会持续下去，并且保持运动速度不变。尽管这并不符合牛顿的惯性定律，但这却是一个倘若没有外因匀速运动便会持续下去的例子，而且对于伽利略来说，它足以反驳一系列反对地球自转的论据。伽利略所得出的推论是，当石头从塔上落下时，它和塔一起随地球自转而进行的水平运动保持不变。这就是为什么它与塔同步运动而落在塔基地面上的原因。因此，塔的论据并不能像假定的那样证实地球是静止不动的。伽利略例证的成功达到了如此的程度，以至于正如他本人所承认的那样，他可以使之不诉诸观察结果和实验结果。（我在这里要指出，在伽利略时代，没有摩擦力的斜面比现在更难获得，而且在那时，对斜面不同位置上的球的速度的测量并非是切实可行的。）

142　　　我们在本书第一章看到，水星和火星的表观尺寸是非常重要的，因为哥白尼理论预见，它们的表观尺寸将会有显著变化，而这一预见是无法用肉眼证明的。一旦用望远镜而不是用肉眼获得的观察资料被认可，这个问题就解决了。那么，对于为什么优先选择通过望远镜来获得观察资料，怎样为之辩护呢？以下是费耶阿本德所呈现的情况和伽利略对这种情况的回答。在天文学领域接受望远镜所揭示的现象绝不是件简单的事。伽利略没有适当的或详尽的关于望远镜的理论，因而他不能诉诸望远镜理论来为通过望远镜而获得的观察资料辩护。但在地球范围内，确实存在着为通过望远镜观察的结果证明的试错法。例如，用望远镜对远处建筑物上某一肉眼难以识别的铭文的辨读，可以通过走近该建筑物来核对，而对远处一艘船上的货物的辨认，当这艘船抵达港口时就可以得到证明。但是，望远镜在地球范围内的使用不可能直接用来证明它在天文学范围内的应用是合理的。望远镜在地球范围内的使用，借助了一系列可见的线索，而这些在天文学情况中是没有的。我们之所以可以从望远镜的许多假象中辨认出真实的形象，是因为我们熟悉我们正在观察的那类事物。因此，例如，倘若望远镜显示远处的一艘船的桅杆在摇摆，一侧呈现出红色，另一侧呈现出蓝色，并且有黑色的斑点在它上方盘旋，那么，这些畸变、颜色和斑点可作为假象而不予考虑。然而，当观察天空时，我们没有熟悉的区域，关于什么是与假象相反的真正存在物也没有明晰的指导。除此之外，与熟悉的物体的比较有助于对规模的判断，利用视差和交叠有助于判断什么远、什么近，而这些在天文学中是一种一般难以获得的奢望，而且肯定不会出现这样的情况，即伽利略通过接近行星而用肉眼核实他用望远镜对它们观察的结果。甚至有这样一个直接的证据表明通过望远镜所获得的观察资料是不稳定的，因为它所放大的月球的程度与放大的行星和恒星的程度是不同的。

按照费耶阿本德（1975，第141页）的观点，上述这些困难就在于，若想说服那些既否认哥白尼理论又否认通过望远镜获得的与天空有关的观察资料的反对者，依靠论证是不适当的。因此，伽利略必须求助于而且也的确求助了宣传和圈套。

　　另一方面，有些望远镜显示的现象显然是哥白尼学说所揭示的。伽利略把这些现象当作支持哥白尼的独立证据来介绍，而情况却是，一种受到反驳的观点即哥白尼学说与从另一种受到反驳的思想中产生的现象很相似，这另一种思想就是，望远镜显示的现象就是可信的天空中的形象。伽利略由于其风格和聪明的说服技巧而成功了，因为他是用意大利文而不是用拉丁文写作，而且他借助了一些生性讨厌旧思想和与它们相关的学术标准的人的力量。

这一点应当是很清楚的，即如果费耶阿本德对伽利略方法论的解释是正确的，并且是科学中的典型情况，那么，标准的实证主义科学观、归纳主义科学观和否证主义科学观都有一些严重的问题难以与这种解释相协调。按照费耶阿本德的观点，这种解释可以与拉卡托斯的方法论相适应，但这只不过是因为，那种方法论非常宽泛以至于可以与任何事物相适应。费耶阿本德揶揄拉卡托斯说，欢迎他这个"无政府主义的同路人"，虽然他是伪装的，而且很高兴把《反对方法》献给拉卡托斯这位"朋友和无政府主义的同路人"。费耶阿本德诠释了两种框架，即以肉眼获得的观察资料为后盾的亚里士多德的地球静止不动的框架，以及得到通过望远镜所得的观察资料支持的哥白尼的地动说，他把它们解释为实际上是相互排斥的思想学派，这种解释方式令人回想起库恩对范式是相互排斥的看待世界的不同方式的描述。的确，这两位哲学家彼此独立地构想出"不可公度的"这个词，以此来描述两个理论或范式的这种关系：它们无法在逻辑上加以比较，因为在比较时缺乏可以利用的理论上中立的事实（theory-neutral fact）。库恩基本上是通过诉诸社会共识（social consensus）重建规律和秩序来避免费耶阿本德的无政府主义结论的。费耶阿本德（1970）拒绝了库恩诉诸科学共同体的社会共识的做法，部分原因在于，他认为库恩没有对获得共识的合理与不合理（例如，杀死所有敌手）的方式进行区分，还有部分原因在于，他并不认为诉诸共识就能够把科学与诸如神学或有组织的犯罪等其他活动区分开。

费耶阿本德认为，他本人已经证实，那种把握科学知识特有的、表明它优越于其他知识形式之特征的尝试失败了，既然如此，他得出结论说，我们社会赋予科学的那种至高的地位，以及假设它所具有的那种不仅超越马克思主义而且超越诸如巫术和伏都教之类事物的优越性,并未被证明是合理的。按照费耶阿本德的看法,高度尊重科学是一种危险的教条,这种教条所起的压抑作用与他所描绘的基督教在17世纪所起的作用是类似的,并且会使人想起伽利略与教会斗争等事例。

3. 费耶阿本德对自由的倡导

费耶阿本德的科学理论置身于一种高度评价个人自由的伦理学框架内,它包含了一种被费耶阿本德描述为"人道主义态度"的看法。按照这种态度,个人应当是自主的,并且具有某种类似于19世纪哲学家约翰·斯图尔特·穆勒(John Stuart Mill, 1975)在他的论文《论自由》("On Liberty")中所说的那类自由。费耶阿本德(1975,第20页)宣布,他本人赞成"增加自由的尝试,以便趋向一种完美的有价值的生活",并且支持穆勒倡导"个性的培养,唯有它会创造出或能够创造出充分发展的人"。从这种人道主义的观点出发,费耶阿本德为他的无政府主义科学观提供了证明,而他所依据的理由是,这种科学观可以使科学家摆脱方法论的束缚从而增加他们的自由,更一般地说,它可以使个人有自由在科学与其他形式的知识之间进行选择。

从费耶阿本德的观点看,我们社会中的科学的制度化是与人道主义态度不一致的。例如,在学校中,科学在授课时被当作理所当然的知识。"因此,现在一个美国人虽然可以选择他喜欢的宗教,但他若要求让他的孩子在学校学习巫术而不学习科学仍然不会得到允许。国家与教会是相分离的,但国家与科学之间没有这种分离"(1975,第299页)。费耶阿本德(1975,第307页)写道,鉴于这一点,我们需要做的就是,"使社会摆脱意识形态上僵化的科学令人窒息的控制,就像我们的前辈们使**我们**摆脱唯一真正的宗教令人窒息的控制一样!"在费耶阿本德所想象的自由社会中,将不会使科学具有超越其他知识形式或传统的优越地位。在自由社会中,一个成熟的公民是"一个学会了自己作决定的人,因而是一个已经**决定**赞成他认为最适合于他的事物的人"。科学将作为一种历史现象,"与诸如'原始'社会的神话那样的其他神话故事一起"被人们研究,这样,每一个个人都"具有做出自由决定所需的信息"(1975,第308页,黑体为原文所标)。在费耶阿本德的理想社会中,在意识形态方面,国家在不同意识形态之间是中立的,以便确保个人能维持选择的自由,并且不把某种意识形态在违背他们意志的情况下强加给他们。

费耶阿本德反对方法的论点以及他对某种特定类型的个人自由的倡导,在他的无政府主义认识论那里达到了顶峰(1975,第284—285页,黑体为原文所标):

在卡尔纳普、亨普耳、E. 内格尔(E. Nagel)[三位著名的实证主义者]、波普尔甚至拉卡托斯想要用来使科学变迁合理化的方法中,没有一种是适用的,而那种可以应用的方法即反驳法,其力量大大减小了。剩下的就是审美判断,对鉴赏力、形而上学偏见和宗教欲望的判断,简而言之,**所剩下的就是我们的主观愿望**:科学在它最先进和最普遍的阶段把自由还给个人,而他似乎会在它更平庸的阶段失去自由。

因此,不存在什么科学方法。科学家应当遵循他们的主观愿望。怎么都行。

4. 对费耶阿本德的个体主义的批评

对费耶阿本德所理解的人类自由的批评,将会成为评价他对方法的批判的一个有益开端。费耶阿本德自由观念的主要问题来源于,从把自由理解为摆脱束缚的意义上讲,自由达到一定的程度就变成完全消极的了。从个人可以遵循自己的主观愿望并且做自己想做的事的意义上说,他们应当是不受束缚的。但这种看法忽视了这个问题的积极的方面,即个人有多少方法可以利用以实现他们自己的愿望? 例如,对言论自由可以而且常常是以不受国家压制、诽谤法等等形式的束缚为出发点来讨论的。因此,举例来说,在一个校园的讲座中,如果学生们因讲演在学术上表达了一些同情法西斯主义的观点而打断它,他们也许会被指责拒绝了演讲者的言论自由。有人会指责他们为演讲者的自然权利设置了障碍。不过,从积极的观点看,对于言论自由,也可根据个人所能利用的使自己的观点被别人听到的资源来考虑。例如,某个特定的个人能够利用什么样的传播媒介? 这一观点对我们的例子会有另一种不同的看法。也许演讲者能够得到大学的演讲大厅、麦克风和媒体广告等等,而倡导其他观点的人却不能,基于这个理由可以证明,打断这个讲演可能就是合理的。18世纪的哲学家大卫·休谟在批评约翰·洛克的社会契约思想时,细致地

146

说明了我正在论述的这种观点。洛克把社会契约解释为是一个民主社会的成员自愿接受的，并且论证说，任何不愿意赞成这种契约的人都可以自由移民。对此，休谟作了以下回答：

> 当一个穷困的农民或艺术家不懂任何外语或不了解外国的生活方式，只能日复一日以他所获得的微薄的收入生活时，我们是否可以认真地说，他可以自由选择离开他的祖国？我们倒不如断言，即使一个人是在睡觉时被带上船的，但他一旦离开船就必然葬身大海，一命呜呼，这样，他要留在船上，就会自愿地同意船长的统治。①

个人出生于某个社会之中，该社会是先于他们而存在的，从这种意义上说，社会所具有的特性是未经他们选择而且他们也无法选择的。他们可以选择行动过程，因而，他们所具有的自由的确切意义，将取决于他们在实际中获得各种行动所需资源的途径。在科学中也是如此，一个希望对某一门科学做出一定贡献的人将面对以下情况：各种理论、数学方法、仪器和实验技术。可供科学家选择的行动路径，一般来说是由客观存在的情况限定的，而可供某个特定的科学家选择的路径，将由该科学家个人可利用的现有资源的子集决定。只是在可以从一系列有限的对他们开放的选项中不受约束地进行选择的意义上，科学家才能自由

①　这段出自休谟的《论原始契约》（"On the Original Contact"）的引文引自 E. 巴克（E. Barker）的著作（1976，第156页）。这段话中所批评的洛克的独特观点，也可参见该书第70—72页。

地遵循他们的"主观愿望"。此外,理解那种情况的先决条件,将是个人所面临的无论他喜欢与否的情况的一种表征。无论在科学中或者更一般地说在社会中是否有什么变化,主要的理论工作都要涉及对个人所面临的情况的理解,而不涉及某种普遍化的对不受束缚的自由的诉求。

对于费耶阿本德来说,具有讽刺意味的是,他在对科学的研究中极力否认中立于理论的事实的存在,而他在其社会理论中却诉诸了更为雄心勃勃的意识形态上中立的国家(ideology-neutral State)的观念。但是在地球上,这样的国家怎么能出现,它怎么发挥其功能、怎么能维持? 从在探讨"国家"的起源和本质的问题方面已经做过的认真尝试来看,费耶阿本德对这样一个乌托邦的古怪的思辨,即所有个人在这里都能以不受约束的方式遵循自己意向的想法,显得非常幼稚。

费耶阿本德把他的科学观置于一个包含朴素的自由观念的个体主义框架之中,对他的这种做法的批评是一个问题。而处理他提出的在科学中"反对方法"的论点的细节则是另一个问题。在下一章中我们将看到,从费耶阿本德对方法的攻击中我们能够建设性地挽救些什么。

5. 延伸读物

费耶阿本德在《自由社会中的科学》(*Science in a Free Society*,1978)中发展了《反对方法:无政府主义认识论纲要》(1975)的某些思想。《实在论、理性主义与科学方法》[*Realism*, 148

Rationalism and Scientific Method（费耶阿本德，1981a）]和《经验主义问题》[*Problems of Empiricism*（费耶阿本德，1981b）]是他的两本论文集，其中许多文章都写于他的"无政府主义"以前的阶段。《对专家的安慰》（"Consolations for the Specialist"，1970）和《对科学理性的批判》（"On the Critique of Scientific Reason"，1976）是他分别对库恩和拉卡托斯的批评。笔者在《伽利略用望远镜对金星和火星的观察结果》["Galileo's Telescopic Observations of Venus and Mars"（查尔默斯，1985）]和《费耶阿本德未看到的伽利略》["The Galileo that Feyerabend Missed"（查尔默斯，1986）]中，已经就费耶阿本德对伽利略科学的描述提出了异议。论述费耶阿本德科学哲学的著作有：库瓦利斯（Couvalis，1989）、法雷尔（Farrell，2003）和奥伯海姆（Oberheim，2006）等人的著作。

第十一章 方法中的方法论变革

1. 反对普遍的方法

我们在前一章看到,费耶阿本德提出了一种反对哲学家们已经提出的关于科学方法的不同说明的论点,这些说明是一些把握科学知识与众不同的特性的尝试。费耶阿本德所采取的一种重要策略是,证明那些关于伽利略对物理学和天文学的发展的说明是矛盾的。我在其他论述(查尔默斯,1985和1986)中已经就费耶阿本德对伽利略事件的历史说明提出了异议,而我将在下一节中介绍和利用我的不同意见的某些细节。一旦那段历史得到修正,我相信情况仍将保持这样:修正过的历史将会对有关科学和科学方法的标准说明提出问题。也就是说,我认为,**倘若我们清楚这种受到了反驳的方法的概念**,费耶阿本德反对方法的论点在某种意义上仍可以维持。费耶阿本德的论点所反对的是这样一种主张,即存在着一种普遍的非历史的科学方法,这种方法所包含的那些标准,是所有科学若想与"科学"这一名称相称都应当达到的。在这里"普遍的"这个术语是用来指所提出的方法适用于所有科学或所有假定的科学——物理学、心理学、创世科学或任何其他科学,而"非历史的"这个术语则预示着方法的不受时间限制的特征。它既被用来评价亚里士多德物理学,也被用来评价爱因斯坦物理学,既被用来评价德谟克利特(Democritus)的原子论,也被用来评价现代原子物理学。我很乐于与费耶阿本德一起认为,普遍的和非历史的方法是非常难以置信的甚至是荒谬的。正如费耶阿本德(1975,第295页)所说的那样,"科学能够而且也应当按照一些确定的和普遍的规则运行这一思想,既是不现实的也是有害的",这种思想是"对科学不利的,因为它忽视了影响科学变迁的复杂的物质条件和历史条件",而且"会使科学变得缺乏可适应性和更为教条"。如果将出现一种能够判断过去、现在**以及未来的**所有科学的方法,人们也许会问,哲学家用什么办法获得这样一种有效的工具,这种工具如此之有效,以致事先可以告诉我们什么是判断未来科学的适当方法。如果我们把科学构想成为一种没有限度的对改进我们知识的探讨,那么,为什么不可能存在我们按照我们所学到的知识**改进**我们的方法以及调整和改善我们的标准的余地呢?

如果把方法理解为一种普遍的和一成不变的方法,那么,对我来说,参加费耶阿本德发起的反对方法的战斗是没有问题的。我们已经看到,费耶阿本德就反对方法的论据所做的回答是,假设不存在任何方法,科学家将会遵循他们自己的主观愿望,而且怎么都行。然而,普遍的方法和没有任何方法根本并未穷尽诸多可能性。应该坚持一种中庸之道,即认为在科学中存在着一些方法和标准,但它们有可能因科学不同而相异,而且在某一门科学中它们是可变化的,而且会越变越好。费耶阿本德的论点不仅没有说反对这种中庸的观点,而且,正如我在下一节试图说明的那样,对他所举的伽利略的例子还可以用某种支持这种论点的方式进行解释。

我认为存在一种中庸之道,按照这种观点,在成功的科学中隐含着一些历史上偶然的方法和标准。有些科学哲学家像我一样,坚定地拒绝费耶阿本德的无政府主义和极端相对主义,他们通常的反应是,那些像我本人这样在寻求一种中庸之道的人是在自欺欺人。例如,约翰·沃勒尔(1988)已经明确地描述了这样一种论证思路,如果我要为科学方法的变化辩护而又要避免极端相对主义,那么,我必须说明这种变化怎样使方法变得更好。但是,"更好"的标准是什么呢? 看起来,除非有一些判断标准变化的超标准,否则就无法以一种非相对主义的方式解释那些变化。但超标准又使我们回到了意味着能产生这类标准的普遍方法。因此,沃勒尔继续论证说,我们要么坚持普遍方法,要么坚持相对主义。不存在什么中庸之道。至少从为答复这种论证做准备来说,从科学中举一个方法标准变化的例子是有益的。我在下一节将讨论伽利略所实现的这种变化。

2. 用借助望远镜获得的观察资料取代肉眼获得的观察资料: 标准的变化

伽利略的一个亚里士多德派的反对者(引自伽利略,1967,第248页)提到,把"感觉和经验应当是我们进行哲学探讨的指导"这一思想作为"科学本身的标准"。许多对亚里士多德学派传统进行评论的人已经注意到,这种传统的一条关键原则是,知识主张应当与在适当的条件下非常谨慎地运用感官所获得的证据相一致。卢多维克·盖莫纳特(Ludovico Geymonat)是一位伽利略的传记作者,他(1965,第45页)谈到"那个［伽利略创新的］时代绝大多数学者共同持有的"信念,即"只有直接的视觉才具有把握真正实在的力量"。莫里斯·克拉维林［Maurice Clavelin(1974,第384页)］在比较伽利略科学与亚里士多德科学时观察到,"漫步学派物理学主要的基本原则从不与感觉证据相对立",斯蒂芬·高克罗格尔［Stephen Gaukroger(1978,第92页)］在类似的背景下论及了"亚里士多德著作中对感觉–知觉的根本性的和排他性的信赖"。从目的论角度对这种根本性标准的辩护是很常见的。感官的功能被理解为给我们提供有关世界的信息。因此,尽管例如在模糊不清或者当观察者生病或喝醉酒等反常的环境下,感官有可能会被误导,但是,假设感官在执行意欲让它们完成的任务时可能一贯会被误导,则是没有意义的。欧文·布洛克［Irving Block(1961,第9页)］在一篇解释亚里士多德的感官知觉理论的文章中,对亚里士多德的观点作了如下表征:

> 自然使一切都具有某种目的,人的目的就是通过科学理解自然。因此,如果自然塑造人及其器官的方式使得所有知识和科学从一开始就必然是错误的,那么,这对自然来说是矛盾的。

亚里士多德的观点得到了托马斯·阿奎那（Thomas Aquinas） 152
在许多世纪以后的响应，正如布洛克（1961，第7页）所陈述的
那样：

> 感官知觉对于它所适用的对象来说总是真实可信
> 的——因为一般而言，自然能力在从事它们所适宜的活动时
> 不会出错，如果它们真出错了，这是由于受到了某种干扰或
> 其他原因。因此，只在很少的事例中，而且只有在感官有欠
> 缺的情况下，感官对它们所适用的对象的判断才会是不正确
> 的，例如，当人发烧时，尝甜的东西会有苦的感觉，因为他们
> 的舌头出现了问题。

伽利略面对的是一种依赖感官的境遇，其中包括把通过肉眼
获得的观察资料当作"科学的一个标准"。为了引进望远镜，并且
用借助望远镜获得的观察资料取代和否定某些肉眼获得的观察
资料，他必须勇敢地反抗这一标准。在他这么做的时候，他已经
导致了一种科学标准的变化。正如我们业已看到的那样，费耶阿
本德认为，伽利略不可能提出一种令人信服的论点，而且必须求
助于宣传和圈套。但历史事实告诉我们情况并非如此。

我已经（在本书第20—23页*）考虑过伽利略为他对木星卫
星的观测结果的可靠性所提出的论据。在这里我将把注意力集
中在这一点，即伽利略为使人们接受望远镜所揭示的金星和火星

---

* 指原文页码，亦即中译本边码。——译者

的表观尺寸的变化所能够收集到的论据。我们已经在前一章中描述过这个问题的紧迫性,并且承认,关于在接受通过望远镜对天空的观测结果的过程中所存在的困难,费耶阿本德的说明不无道理。

伽利略诉诸了光渗现象以使人们怀疑用肉眼对行星的观测结果,并且以此作为支持借助望远镜获得的观测结果的理由。伽利略的假说(1967,第333页)是,当用眼睛观看某个黑暗背景下的小而明亮的远距离光源时,眼睛"会给自身带来障碍"。因为这样的对象看上去仿佛"戴上了由偶然和异样的光线形成的花环"。因此,伽利略在其他著作(1957,第46页)中解释说,如果恒星"是靠纯粹的视力观察的,它们呈现给我们的不是它们天然的(也就是说,它们物理的)规模,而是受到一定光耀的光渗后并在其周围伴有耀眼的光线的景象"。对于行星而言,望远镜可以把光渗消除。

由于伽利略的假说涉及这样一种主张,即光渗是小而明亮的远距离光源引起的结果,那么就可以在不使用望远镜的情况下以不同方式改变那些因素来对此加以检验。伽利略(1957,第46—47页)显然诉诸了许多方法。恒星和行星的亮度,可以在观看它们时通过云层、黑色的面纱、有色玻璃、一根管子、手指间的缝隙以及一张卡片上的针孔等来降低。对于行星而言,光渗可以通过这些技术消除,从而它们会"显示出它们是具有正圆形和清晰边界的球体",对于恒星而言,光渗永远也无法完全消除,因此,"永远无法看到"它们有"圆形的边界,相反,它们貌似一团团火焰,火焰的光线在它们周围闪动,并且散发出大量的火花"。就光渗依赖于受观察的相关光源的表观尺寸而言,伽利略假说得到了月球和太阳不受光渗影响这一事实的证明。伽利略假说的这一方面,以及光渗对光源距离的依赖,可以直接在地球上进行检验。一支点燃的火把可以在白天或夜晚、在近处或远处被看到。当夜晚在远处看到这个火把时,当它与周围的环境相比很明亮时,它看起来比它实际的规模要大一些。因此,伽利略(1967,第361页)评论道,他的前辈包括第谷·布拉赫和C. 克拉维乌斯(C. Clavius),在估计恒星的规模时应该做得更谨慎些:

> 我不会相信他们认为,火炬的真实表面就是它在一片黑暗之中看起来的那样,而不是在周围明亮的环境下被看到的那样:因为在夜间,我们的光源从远处看起来较大,但在近处看起来,它们实际的火焰就较小而且轮廓清晰。

光渗对光源相对于其周围环境的亮度的依赖,从恒星在黎明时的外观那里得到了进一步的确证:这些恒星在这时比在夜晚看起来小得多;这一点也得到了金星外观的确证:当在大白天观察金星时,它看起来"如此之小,以至于需要有非常敏锐的视力才能看到它,而在随后的夜晚,它看起来就像是一个巨大的火炬"。后面这种效应,为在不诉诸望远镜的观察证据的情况下检验所预见的金星表观尺寸的变化,提供了一种大致的方法。如果不把观察限制在白天或黎明,那么,就可以用肉眼进行这一检验。至少按照伽利略的观点,表观尺寸的变化是"肉眼完全可以觉察的",尽管要对它们作精确的观察只能依靠望远镜(德雷克,1957,

154

第131页）。

　　这样，通过相当直接的实践证明，伽利略就能说明，当观看地球上和天空中相对于其周围的环境来说较为明亮的小光源时，肉眼会产生不一致的信息。伽利略为之提出了大量证据的光渗现象以及用灯所做的更直接的证明显示，肉眼对小而明亮的光源的观察结果是不可靠的。这一结论的一个言外之意是，用肉眼在白天对金星观察的结果，比在夜晚当金星相对于其周围的环境来说较为明亮时对它的观察结果更可取。前一种结果与后一种结果不同，展示的是金星在一年之中的表观尺寸。可以说，所有这一切都没有借助望远镜。当我们注意到在使用望远镜观察行星时可以消除光渗，而且表观尺寸的变化与用肉眼在白天可以观察到的变化相一致时，一个支持借助望远镜获得的观察资料的论据开始出现了。

　　对于借助望远镜获得的有关金星和火星之规模的观察资料来说，最终证明它们具有可靠性的，是这些观察资料与当时所有重要的天文学理论的预见完全一致。这与费耶阿本德和伽利略本人描述情况的方式有冲突，因为他们的描述暗示着，实际上这些观察资料对哥白尼理论的支持超过了对其对手的支持。哥白尼理论的对手就是托勒密理论和第谷·布拉赫的理论。这两种理论都像哥白尼理论一样准确地预见了同一种表观尺寸的变化。托勒密体系反映了与地球的距离的变化，而这些变化导致了所预见的表观尺寸的变化，因为在这一体系中，当行星沿着附加在均轮上的本轮运动时，它们会接近地球随后又远离地球，然后，本轮和均轮会处在与地球等距离的地方。第谷·布拉赫的体系也会反映这些变化,在该体系中,行星而非地球在围绕太阳的轨道上运动,而太阳本身则在围绕静止的地球的轨道上运动;出于相同理由,哥白尼理论也会反映这些变化,因为从几何学上讲,这二者是等同的。德里克·J. 德·S. 普赖斯[Derek J. de S. Price(1969)]曾经非常概括地指出,一旦把这些体系加以调整以便与所观察的行星和太阳的角坐标相适应,情况必然如此。奥西安德尔在为哥白尼的《天球运行论》所写的序言中承认,行星的表观尺寸给自古以来的主要的天文学理论提出了一个问题。

对于人们接受借助望远镜所获得的某些重要的发现结果,伽利略进行了论证,我们已经考察了他的论证方式,而且我已经指出,这些论证是令人信服的,历史事实已经证明,它们在很短的时间内就使伽利略所有严肃的对手心悦诚服了。而在证实他的论点的过程中,伽利略在形成科学的共同趋向,亦即在用借助仪器获得的观察资料取代肉眼的观察资料方面迈出了第一步,并且在此过程中突破和改变了"科学本身的标准"。他的这一成就对支持和反对方法的论点有什么影响呢?

3. 理论、方法和标准的逐步变化

约翰·沃勒尔等人的论证的大意是,伽利略是不可能改变标准的,那么,相对于这类论证而言,伽利略是怎样设法通过提出合理的论据来改变标准的呢? 他之所以能够做到这一点,是因为在他与他的对手之间存在着许多他们共有的东西。在他们所要实现的目的方面也有许多重合之处。例如,他们都有这样的目的,即对得到经验证据证实的天体的运动进行描述。毕竟,托勒密的《天文学大成》(*Almagest*)有很丰富的行星位置的记录,而第谷·布拉赫则因其制造大规模的象限仪等仪器著称于世,这些仪器引人注目地增加了这些记录的精确性。伽利略指出,对于有些低水平的观察结果,例如,在夜晚一盏灯从远处看去比它实际的规模大,以及金星在白天比在漆黑的夜晚看起来小等,他的对手除了接受以外没有别的明智的选择。以共有的目的为背景的这些共有的观察结果,足以使伽利略能够说服他的反对者,他使用了"机智的说服技巧",这些技巧除了直接的论证外不包含任何别的东西,而且,这些技巧至少在一种环境下使得他们将愿意放弃"科学本身的标准",并且接受某些借助望远镜获得的观察资料,而不接受与之相应的肉眼的观察资料。

　　一门科学在其任何发展阶段上,都是由以下这些部分组成的:为获得某种特别的知识的特定目的,为达到那些目的所需要的方法和判断那些目的在什么程度上得以实现的标准,以及就实现相关的目的而言,代表目前发展状况的特定事实和理论。在实体网络中,每一个个体项都将根据研究得到修正。我们已经讨论过理论和事实可错的方式(我们还记得过冷液体反驳了液体不能向上流动的主张),而且我们在前一节说明了一种在方法和标准中的变化。表现某一科学之目的的复杂形式也可能会发生变化,我们不妨来举一个例子。

　　罗伯特·玻意耳(Robert Boyle)的实验工作,被人们公正地看成是对17世纪科学革命的一个重大贡献。在玻意耳的工作中可以分辨出两个有某种冲突的方面,从某种意义上讲,它们代表了旧的和新的从事科学的方式。在其更具哲学色彩的著作中,玻意耳倡导"机械论哲学"。按照这种哲学,物质世界被看成是由诸多物质组成的。而且显而易见,确实存在这一类的物质。具有可观察规模的物体是由微小的物质微粒的各种排列构成的,变化被理解为是这些微粒的重新排列。物质微粒所具有的属性仅包括:每一个微粒都具有的特定的大小、形状和运动,以及可以用来把物质与虚空的空间区分开的不可入性。一个粒子在与另一个粒子碰撞时,其运动会发生变化,这种作用过程就是自然中所有活动和变化的根源。对某种物理过程的解释将包括,把这一过程回溯到相关粒子的运动、碰撞以及重新排列。在对这种观点的一种表述中,玻意耳赞成新的机械论世界观,这种世界观被看成是亚里士多德世界观的适当的替代者。按照这种世界观,适当的解释就是最终的解释。这些解释诉诸了微粒的形状、大小、运动和碰撞等观念,这些观念本身并没有被认为是需要解释的。因而,从这种观点看,科学的目的就是做出最终的解释。

157

　　在倡导机械论哲学的同时,玻意耳也做实验,尤以其气体力学和化学的实验最为著名。正如玻意耳本人的一些评论所暗示的那样,他的实验的成功并没有产生这种机械论哲学所需要的那种科学知识。玻意耳关于气体物理学的实验,尤其是那些用气泵做的使得他能够把一个玻璃容器中的绝大部分气体排出的实验,引导他根据气体的重量和弹性去解释一系列气体的现象,例如,气压计在排空空气的容器的内部和外部的表现等。他甚至能够提出一种有关压力与一定质量的气体的体积之间关系的定律,该定律后来以他的名字命名。但是,从机械论哲学的观点看,他的解释不是科学解释，因为它们不是最终解释。只有在重量和弹性等属性已经根据微粒的作用过程得到了解释之后，诉诸这些属性才能成为可接受的。不用说，玻意耳无法满足这样的要求。对于玻意耳的实验科学，人们最终的评价是，它们所寻求的解释既是实用的也是可获得的。与之相反，对于严格意义上的机械论解释，人们最终的评价是，它们是不可获得的。事实上，到了17世纪末，最终解释的目的在物理学中已被放弃了。这种目的最终被看成是一种乌托邦，尤其在与实验科学的成就相对比时更是如此。

因此，概而言之，在某一特定的时代所构成的某一科学的目的、方法、标准、理论和可观察事实之网络的任何一部分，都是可以逐渐变化的，而保持不变的那部分网络将提供一个背景，在此背景下就可以为变化提出某种论据。不过，立刻为改变这个网络中的一切提出合理的论据当然也是不可能的，因为如果那样，就不存在提出这样的论据时可以依赖的基础了。因此，如果科学的典型情况是，相互竞争的科学家们从他们各自的范式出发，对一切事物的看法都是不同的，并且，从他们没有任何共同的东西这一意义上说，他们生活在不同的世界之中；那么，的确不可能找到这样一种客观的意义，在这种意义上可以说科学不断在进步。但是在科学中或科学的历史上，或者就此而论在任何其他领域，并没有出现与这种滑稽的场面相一致的情况。对科学进步做出客观的说明，我们并不需要一种普遍的、非历史的科学方法观，而且，对方法如何会变得更好做出客观的说明是可能的。

4. 轻松的插曲

我可以想象,约翰·沃勒尔以及具有相同意向的相对主义的反对者和普遍方法的捍卫者们,将会如何回应我在上面所采取的方针。譬如,他们会说,我所举的伽利略的例子虽然没有说明标准的变化,但却涉及了对一些更高级和更一般的标准的诉求。例如,伽利略和他的竞争对手都要求,他们对行星轨道的说明应得到适当的证据的证明。一旦我们说清楚这些一般性假设,我的批评者们也许又会论证说,正是那些一般性假设构成了普遍的方法,而且,恰恰是那一切形成了一个背景,在此背景下伽利略所导致的变化被断定为是进步的。我听他们说,没有这样一个背景,你就不能证明这一变化是进步的。

我们姑且先退一步。假设我们确实试图阐明某些一般性原则,而且可以预期,这些原则是从亚里士多德到斯蒂芬·霍金(Stephen Hawking)的任何一位科学的支持者所坚持的。假设结果是某些这类原则:"对论证和可获得的证据采取严肃的态度,而不要以超越可获得的方法的范围而追求某种知识或某种水平的确证为目的"。我们把这称之为科学方法常识观(commonsense version of scientific method)。我承认,存在着一种常识意义上的普遍方法。约翰·沃勒尔及其支持者也许会为赢得我的这一让步而欣喜,但是,我马上要使他们的这种沾沾自喜的感觉荡然无存。我首先要指出,如果常识普适法是正确的和适当的,那么它将使他们所有的人而且也包括我自己在内都无所事事,因为它几乎算不上是一种需要一个专业哲学家去阐明、评价或辩护的方法。更严重的是，我认为，一旦我们更进一步，抓住这个问题不放，并且要求详细说明什么可算作是证据和确证，以及究竟对什么样的主张可以为之辩护以及如何辩护，那么，这些具体的细节将会随着科学的不同以及历史环境的不同而有所变化。

对常识法的阐述也许并不足以形成一项要求科学哲学家全力以赴去完成的任务。然而，我确实认为，对它的评价足以抵制当代科学研究中的某些倾向。我想到了某些科学社会学家和后现代主义者（我们不妨把他们简称为"平等主义者"），他们对给科学知识以特殊地位嗤之以鼻或者予以否定，其理由是，这会使对它的证明几乎像任何其他社会工作一样，必然含有科学家或科学家群体的利益，例如财政地位、社会地位和专业利益等诸如此类的益处。作为对此的回答，我认为，例如，在以改进如何使化合物化合的知识为目的和以改进专业化学家的社会地位为目的之间，存在着一种常识性的区别。我甚至会认为，如果存在一些悍然无视这种常识的学术活动，那么，意识到这一点的人理应要求剥夺那些活动的基金。注意到这一点是很有意思的，即传统的科学哲学家自己为创造这样一种给平等主义者留下余地的局面做了许多事。正是他们假设，只有借助对普遍方法的某种哲学上的清晰说明，才能对科学与其他类型的知识进行区分。因此，当本书前几章介绍的那些尝试以那样的方式失败时，似乎就为平等主义者的前进开辟了道路。迈克尔·马尔凯（1979）无疑是最谦虚的平等主义者之一，他提供了科学分析者诸多可能的例子中的一例，他得出结论说，他所谓的"标准的观点"的失败必然会导致从社会学上对科学的归类。①

　　这就使我们到达了大约15年以前科学哲学内部的一个争论 160
点。我们不能就这样把诸问题留在这里,因为在此期间,自那时
以来已经发展出了两种重要的运动,这两种运动都值得关注。其
中一种运动涉及运用一种概率理论对普遍方法进行说明的尝试。
对于它,我们将在下一章予以研究。第二种运动试图通过密切关
注实验及其相关的方面,来反对它所认为的对科学受理论支配的
说明的滥用,这种对科学的说明在一段时期内颇有影响。对于这
种探索,我们将在本书第十三章中予以讨论。

5. 延伸读物

　　我在《科学及其编造》(查尔默斯,1990,第2章)中,对反对
普遍方法的论点作了更详尽的论述,《伽利略用望远镜对金星
和火星的观察结果》(查尔默斯,1985)和《费耶阿本德未看到的
伽利略》(查尔默斯,1986)就费耶阿本德对伽利略的个案研究
进行了批评和修正。拉里·劳丹(Larry Laudan)在其两部著作
(1977,1984)中,试图在普遍方法和无政府主义之间,找到一种

----

　　① 请不要把我在这段中的评论理解为是在暗示,对于在社会中发挥其功能的
科学,没有进行政治分析和社会分析的余地,我在《科学及其编造》[*Science and
Its Fabrication*(1990,第8章)]中尝试着对此进行了明确的阐述。我的评论也
无意轻视那些冠以"科学的社会研究"之名的所有研究,因为许多当代的研究已经
对科学工作的本质提出了一些有理有据的见解。这些评论仅仅是针对某些人,他们
自认为已经构造了具有如此高地位的社会学或其他种类的知识,从这类知识的观点
来看,他们可以断定科学不具有任何特别的地位。

与我不同的中庸方法。读者在《玻意耳的机械论哲学乏善可陈》［"The Lack of Excellence of Boyle's Mechanical Philosophy"（查尔默斯,1993）］和《科学中的终极说明》["Ultimate Explanation in Science"（查尔默斯,1995）]中,可以发现我有关玻意耳研究的论点更为翔实的叙述。

第十二章　贝叶斯方法

1. 引言

　　我们中的许多人都非常相信关于哈雷彗星最近回归的预言，以至于我们早在事先就预定到远离城市灯光的乡村去度周末，以便进行观察。我们的信心被证明并无不妥。科学家们非常相信他们把载人宇宙飞船送入太空的那些理论的可靠性。当其中的某一理论出现问题时，或许会给我们留下深刻印象；但是，当科学家们借助计算机能够迅速地计算出还有多少剩余的火箭燃料可以用来点燃火箭发动机，从而准确地把将要返回地球的飞船送入某一轨道，这时，我们也许不会感到惊讶。这些情况暗示着，在到目前为止我们的叙述中，从波普尔开始到费耶阿本德，哲学家们所强调的理论的可错性程度也许被误置或夸大了。波普尔的主张即所有科学理论的概率都为零能否与这些情况相一致？就此而论，值得强调的是，在我的两种叙述中，科学家们所使用的理论都是牛顿理论，按照波普尔（以及其他大多数人）的说明，这一理论在20世纪初被多种方式否证了。肯定有某个方面出现了严重的错误。

有一个哲学家群体的确认为，有某个方面出现了根本性错误，他们的努力就是要改变这些错误，在过去几十年他们变得广受欢迎，这就是贝叶斯学派，他们因其观点以18世纪数学家托马斯·贝叶斯（Thomas Bayes）所证明的概率论中的一个定理为基础而获得此名。贝叶斯学派认为，说一个得到充分确证的理论的概率为零是不恰当的，他们寻求某种归纳推理，对他们来说，该推理能够产生非零概率，并且可以用某种方式避免本书第四章所描述的那些困难。例如，他们也许能够说明，当计算哈雷彗星或宇宙飞船的轨道时，如何以及为什么可以认为牛顿理论具有很高的概率。本章将对他们的这种观点进行概述和批判性评价。

2. 贝叶斯定理

贝叶斯定理是关于条件概率亦即命题成立的概率的定理，这些概率取决于影响那些命题的证据（因此以之为条件）。例如，赌马者赋予比赛中的每一匹马获胜的概率，将以这个赌马者有关每匹马以前表现的知识为条件。此外，当有新的证据时，例如，该赌马者发现，在进入跑道时，有一匹马大汗淋漓，而且看起来肯定是疾患缠身，他也可能会根据新的证据修改这些概率。贝叶斯定理是一种根据新的证据来描述概率将如何变化的定理。

在科学范围内的问题是，如何根据证据来赋予理论或假说以概率。我们用P（h/e）表示根据证据e一个假说h所具有的概率，用P（e/h）表示在假设假说h正确时赋予证据e的概率，用P（h）表示在缺乏有关e的知识的情况下赋予h的概率，用P（e）表示在对

h的真值没有做出任何假设的情况下赋予的**e**概率。这样,贝叶斯定理可以写作:

$$P(h/e)=P(h)\cdot\frac{P(e/h)}{P(e)}$$ 。

P(**h**)被称作**先验概率**(*prior probability*),因为它是在考虑证据**e**之前赋予假说的概率,P(**h/e**)被称作**后验概率**(*posterior probability*),它是在考虑到证据**e**之后的概率。因此,这个公式告诉我们如何根据某种特定的证据来改变一个假说的概率,使之具有某种新的经过修正的概率。

　　这一公式显示,比例因子P(**e/h**)/P(**e**)将根据证据**e**修正先验概率P(**h**)。很容易明白这一点是如何与通常的直觉相一致的。因子P(**e/h**)是对赋予**h**以**e**如何可能的度量。如果**e**是**h**的必然结果,那么该因子将获得最大值1,如果非**e**是**h**的必然结果,那么该因子将获得最小值0。(概率值总是在代表确定性的1与代表不可能性的0之间。)某个证据支持一个假说的程度与该假说预见该证据的程度是成正比的,这一点似乎是非常合理的。比例因子中的除项P(**e**)是在假说**h**未被假设为真时对所考虑的证据是否可能的度量。因此,如果无论我们是否假设某一假说,证据的某个部分都被认为是极为可能的,那么,当证据被确证时并不会给假说提供有效的支持;而如果只有在假设了假说的情况下,证据才会被认为是非常可能的,那么,当证据被确证时假说将会得到高度确证。例如,如果某种新的万有引力理论预见重的物体会落到地面,那么,它不会通过观察一块石头的下落而得到有效的确证，因为无论如何都可以预料这块石头会下落。另一方面，如果那种新的理论可能预见万有引力会随着温度而有某种微小的变化，那么，通过发现这种效应，这一理论将得到高度确证，因为如果没有这种新的理论，这种效应会被认为是根本不可能的。

贝叶斯科学理论的一个重要方面就是，总把一些假设看成是理所当然的，并以它们为背景对先验和后验概率进行计算，也就是说，它假设了波普尔所谓的背景知识。因而，例如，当在上一段论述中指出，若 e 是 **h** 的必然结果，P（e/**h**）具有最大值1，这时，**h** 就会被理所当然地认为包含在可获得的知识背景之中了。我们在以前诸章中已经看到，在理论产生出可检验的预见以前，需要用适当的辅助性假设使它们得以增强。贝叶斯学派考虑到了这些因素。通过这种讨论可以假设，概率是以假设的知识为背景计算出来的。

164　　　澄清这一点是很重要的，即贝叶斯定理在什么意义上的确是一个**定理**。尽管我们在这里将不考虑细节，但我们注意到，关于概率的本质，有一些最低限度的假设，它们一起构成了所谓的"概率演算"。这些假设既被贝叶斯学派接受了，同样也被非贝叶斯学派接受了。可以证明，否认它们会有一系列令人不快的结果。例如，可以证明，一个违背概率演算的博弈系统，使得赌注可以被下在一场赌博、比赛或诸如此类的活动的所有可能的结果上，以至于**无论有什么结果**，参与赌博事务的一方或另一方都会赢，从这种意义上说该系统是"不合理的"。（允许这种可能性的投注赔率系统被称之为荷兰赌系统。它们都违背概率演算。）贝叶斯定理可以从构成概率演算的前提中推导出来。从这种意义上说，这个定理本身是没有争议的。

到此为止,我们已经介绍了贝叶斯定理,并且尝试着指出,它所规定的假说的概率将根据证据而改变的方式,使得人们产生了某些有关证据影响理论的明确的直觉。现在,我们必须加大力度强调所涉及的概率解释的问题。

3. 主观贝叶斯主义

在一个有关所涉概率的本质的基本问题上,贝叶斯学派本身有分歧。我们可以把分歧的一方称之为"客观"贝叶斯学主义者。按照他们的观点,概率所呈现的是理性的行为者根据客观的情境**应当**赞成的可能性。我用一个赛马的例子来说明他们的立场的要点。假设我们在一场赛马中面对一个参赛骑手的清单,我们没有得到任何有关参赛马的信息。于是,也许有人会论证说,基于某种"中立原则",赋予每匹马获胜可能性之概率的唯一合理方法,就是在参赛骑手之间平均分配概率。倘若我们开始时具有这些"客观的"先验概率,那么,贝叶斯定理将说明,如何根据任何证据来修改这些概率,这样,由此产生的后验概率也是理性的行为者**应当**认可的。至少,在科学领域中,有关这种方法的一个重要的且众所周知的问题是,如何赋予假说以客观的先验概率。看起来势必是这样,我们把某个领域的所有可能的假说都列出来,并且在它们之间分配概率,也许应当运用中立原则赋予每种假说同样的概率。可是,这样一张清单从什么地方开始呢? 也许可以恰当地认为,在任何领域中可能的假说的数目都是无限的,而这将

165

导致每个假说的概率均为零，并且贝叶斯游戏无法开始。如果所有理论都具有零概率，那么，波普尔就赢了。有限的假说序列怎么能够获得某种客观的非零先验概率分布呢？我本人的观点是，这个问题是难以克服的，而且我从当前的文献中得到的印象是，大部分贝叶斯主义者自己也正在转而接受这种观点。这样的话，我们还是转向"主观"贝叶斯主义吧。

对于"主观"贝叶斯主义者来说，贝叶斯定理所处理的概率呈现的是信念的主观程度。他们论证说，以此为基础，可以形成对概率理论的前后一致的解释，而且，正是这种解释可以对科学做出非常公正的评价。对于他们的部分基本原则，可以借助我在本章开篇的那段论述中所援引的例子来把握。主观贝叶斯主义者论证说，无论把零概率赋予所有假说和理论的论证多么有力，实际情况都并非是：一般人尤其是科学家会把零概率赋予那些得到了充分确证的理论。我预定到山区去旅行以便观察哈雷彗星这个事实，至少在我这个个案中暗示他们是对的。在科学家们的研究中，他们把许多定律看成是理所当然的。天文学家在应用光的折射定律时，以及那些从事空间项目的科学家们在运用牛顿定律时，都毫无疑虑，这证明他们赋予了那些定律即使不是等于1也是接近于1的概率。主观贝叶斯主义者完全把科学家们事实上碰巧所具有的对假说的信念的程度，当作他们的贝叶斯计算中的先验概率的基础。他们以这种方式避开了波普尔的大意为所有全称假说的概率必然为零的责难。

贝叶斯主义在博弈范围内有很大意义。我们已经注意到，贝叶斯定理可以在概率演算中得到证明，遵守概率演算规则是避免荷兰赌的一个充分条件。通过把科学与博弈系统加以严格类比，应用于科学的贝叶斯方法就可以利用这一点。一个科学家对于一个假说所相信的程度，类似于他或她认为某一匹马赢得比赛的合理的几率。在这里，存在着一种可能的导致含糊的根源，有必要处理一下。如果我们坚持与赛马的类比，那么，可以把赌马者认为是合理的几率，当作或者是指他们个人的信念的主观程度，或者是指实际上在他们的赌博行为中所体现的他们的信念。这些并非必然是同一类事物。由于赌马者一看到赛道就变得紧张不安，或者，当他们所相信的赔率系统保证能赢一个特别大的赌局时他们不知所措，这时，他们有可能摆脱他们所相信的几率的影响。并非所有贝叶斯主义者在把贝叶斯演算应用于科学时，都会在这些可能的选项中做出相同的选择。例如乔恩·多林（Jon Dorling）在其论文（1979）中把概率看作对科学实践中所反映出的结果的度量，而豪森和P. 乌尔巴赫（P. Urbach）在他们的著作（1989）中则把概率看作对信念的主观程度的度量。对于前者来说，要认清在科学实践中什么意味着与赌博行为相对应，存在着困难。而像豪森和乌尔巴赫那样把概率看作信念的主观程度，至少有这样一个优势，即可以明确概率所指的是什么。

　　尝试根据科学家的主观信念来理解科学和科学推理的做法，对于那些寻求对科学的客观说明的人来说，似乎是一种令人失望的偏离。豪森和乌尔巴赫对这种指责做出了回答。他们坚持认为，贝叶斯理论构成了一种**客观的**关于科学推理的理论。亦即，给定一组先验概率和某种新的证据，贝叶斯定理会以一种客观的方式确定，根据那一证据新的后验概率必定会是什么。在这方面，贝

167　　叶斯主义与演绎逻辑之间没有什么区别，因为逻辑对构成演绎前提的命题的来源也无能为力。它只规定了一旦给出那些命题，将会从命题中推导出什么。可以把贝叶斯主义者的辩护看作更进了一步。可以证明，科学家个人的信念，无论一开始有多么大的差异，只要有适当的证据输入，都可以趋向一致。通过一种日常的方式就很容易弄明白，这种情况最终是怎样发生的。假设有两个科学家，他们一开始对某一假说h可能为真有很大分歧，该假说在不同情况下可以预见预料之外的实验结果e。其中一个赋予h以很高概率的人与那个赋予h以较低概率的人不同，他将认为e并非是完全不可能的。因此，P（e）对于前者来说具有较高的值，而对于后者来说则具有较低的值。现在假设e通过实验得到了确证。每一个科学家都将根据因子P（e/h）/P（e）来调整h的概率。不过，由于我们假设e是h的必然结果，P（e/h）等于1，比例因子就等于1/P（e）。因此，一开始赋予h以较低概率的科学家，相对于一开始赋予h以较高概率的科学家来说，将会用一个更大的因子来提高那个概率。随着更多正面的证据出现，原来的怀疑者不得不提高概率值，以至于最终该值会逼近已经深信不疑的科学家所赋予的概率值。贝叶斯学派以这种方式论证说，可以使有广泛差异的主观见解以一种客观的方式对证据做出回应，最终趋向一致。

4. 贝叶斯公式的应用

　　贝叶斯主义者希望保持并支持科学中的典型的推理模式，前一段论述已经对他们的这种处事方式给予了明确的预示。在本节中,我们将举出更多一些有关贝叶斯主义发挥作用的例子。

在以前诸章中,我们已经指出,当根据实验检验一个理论时,有一种效益递减律会起作用。一旦一个理论曾经被一项实验确证,科学家们就不会认为,在同样的条件下重复同样的实验,可以像第一次实验那样对理论的确证达到同样高的程度。贝叶斯学派能够很容易地说明这一点。如果理论T预见到实验结果E,那么概率P(E/T)为1,这样,根据正面的结果E而使概率T增加的因子则为1/P(E)。这个实验每成功地完成一次,科学家就更可能预计这个实验在以后还会再次成功。也就是说,P(E)将会增加。因此,随着每一次重复,这个理论的正确性的概率的增加幅度将会愈来愈小。

还可以根据历史事例,阐述其他支持贝叶斯方法的论点。的确,我认为,从乔恩·多林(1979)开始,近年来贝叶斯学派的方法有了运气上升的趋势,而其关键的理由恰恰就在于,他们致力于对科学史个案的探究。在我们对拉卡托斯方法论的讨论中,我们注意到,按照那种方法论,重要的是一个纲领的确证,而不是其显见的否证,对纲领的否证可以用来指责保护带中的假说,而不应指责硬核。贝叶斯学派的主张有能力为这种策略找到理论依据。通过关注豪森和乌尔巴赫(1989,第97—102页)所利用的一个历史事例,我们来看看这一学派是怎么做的。

这个例子涉及威廉·普劳特(William Prout)于1815年提出的一个假说。相对于氢原子的重量来说,化学元素的重量一般都接近于整数,这个事实给普劳特留下了深刻的印象,他猜想,元素的原子量是氢原子数目的整数倍。也就是说,普劳特把氢原子看作起着最基本的建筑石块的作用。问题是,对普劳特及其信徒们的合理回答是,(按照1815年测量的结果)所发现的氯相对于氢的原子量是35.83,亦即不是一个整数。贝叶斯学派的策略是,选定一些概率,它们能够反映普劳特及其信徒们也许会赋予他们的理论及其相关方面的背景知识的先验概率,然后运用贝叶斯定理来计算,这些概率将如何根据有异议的证据即氯的非整数原子量的发现而改变。豪森和乌尔巴赫试图说明,在这样做时所得出的结果是,普劳特假说的概率只下降了一点,而相关测量的准确性的概率却有了引人注目的下降。由此看来,普劳特完全有理由保留他的假说(硬核)并且责备测量过程的某个方面(保护带)。看起来,这似乎已经为在拉卡托斯的方法论中出现的、没有任何根据的"方法论决策"提供了明晰的理论基础。此外,在这方面效法多林的豪森和乌尔巴赫,似乎为所谓的"迪昂-奎因问题"提供了一个普遍性答案。面对一个假设之网的某个部分会因显见的否证而受责这个问题,贝叶斯学派的回答是,提供适当的先验概率并计算出后验概率。这些将说明哪些假设降到了一个较低的概率,因此,这些假说应予放弃,以便使未来有最大的成功的机会。

在普劳特这一个案中或者贝叶斯学派所提供的其他范例中,我都不会仔细考察计算的细节,但我至少要进行充分的叙述,以便给计算的方式增添一些情趣。对于普劳特的假说h以及氯具有非整数的原子量这一证据e的效应,可以按照赋予假说的概率,在可获得的知识背景a中做出判断。在背景知识中,最为相关的部分是对可获得的测量原子量的技术的信心,以及对所使用的化学试品的纯度的信心。需要对有关**h**、**a**和**e**的先验概率进行估计。豪森和乌尔巴赫基于他们对历史证据的估计，即普劳特学派非常相信他们的假说为真，估计P（**h**）的值为0.9。他们对P（**a**）的估计稍微低一些，仅为0.6，其理由一方面是化学家们认识到试品不纯的问题，另一方面是对特定元素的原子量的不同测量的结果存在着差异。对概率P（**e**）的确定是基于这一假设，即**h**的替代选项是原子量的随机分布，因此，例如假设氯的原子量在某个单位区间是任意分布的，它在100次机会中有一次为35.83，而不是35.82、35.61或35.00至36.00之间的100个概率中的任何一个，那么，基于这些理由，赋予P（**e**/非**h**&**a**）的概率值为0.01。把这些以及少数其他诸如此类的概率估计输入到贝叶斯定理之中，分别产生了**h**和**a**的后验概率P（**h**/**e**）和P（**a**/**e**）。前者的结果为0.878，后者为0.073。请注意，普劳特假说**h**的概率仅从原来估计的0.9下降了一个很小的量，而有关测量可靠性的假设**a**的概率，则引人注目地从0.6下降到0.073。豪森和乌尔巴赫得出的结论是，普劳特学派对此的合理反应，就是保留他们的假说而对测量提出怀疑。他们指出，只要输入计算的数字像历史文献一样所表现的那样正确地反映了普劳特学派的态度，那么，几乎没有什么是依这些数字的绝对值而定的。

　　对于有关特设性假说不受欢迎及其相关问题的某些标准说明，可用贝叶斯方法提出批评。在本书前面的部分，我根据波普尔的观点提出了这样一种观念，即特设性假说是不受欢迎的，因为它们离不开那种导致对它们的系统阐述的证据，如果离开，就无法对它们进行检验。与此相关的一种观念是，用来构造一种理论的证据不能再用来作为证明它的证据。从贝叶斯主义的观点看，尽管这些观点有时候能对理论是如何被证据充分确证的提出一些适当的回答，但它们也会陷入迷途，而且，作为它们基础的基本原则被误解了。贝叶斯学派试图以下述方式做得更好一些。

贝叶斯学派承认这样一种广泛公认的观点，即用各种不同的证据比用某一种特定的证据，能够更充分地确证一个理论。贝叶斯学派有一个明确的基本原则解释了为什么情况会是这样。它的论点是，用单一的一种证据确证某一理论，在效果方面存在着效益递减。这一观点源自于这个事实：这个理论每被这个证据确证一次，表示对它将来还会被确证的信念程度的概率会逐渐增加。相比之下，一个理论被某个新证据确证的先验概率可能是相当低的。在这些情况下，一旦确证出现就把它的那些结果输入贝叶斯公式，将会导致赋予该理论的概率有很大的增加。因此，独立证据的重要性是无可争辩的。不过，豪森和乌尔巴赫论证说，从贝叶斯学派的观点看，如果把假说当作特设性的东西而抛弃，那么，缺乏独立的可检验性并不是这样做的正当理由。此外，他们否认用于构造一个理论的观察资料不能用来确证该理论。

以对独立的可检验性的要求为根据来排除特设性假说，这样的尝试所遇到的主要困难是，这种做法太缺少说服力，而且它以一种至少与我们的直觉相冲突的方式接纳了一些假说。例如，我们来考虑一下伽利略的对手的尝试：在面对伽利略对月相和环形山的观察结果时，他提出，有一种透明的水晶般的物质把可观察的月球包裹起来了，他试图通过这种方式来维护他关于月球是一个球体的假设。这种修正是无法用独立可检验性准则来排除的,因为它是可独立检验的,这种独立可检验性已得到了这一事实的证明:在不同的月球登陆过程中并没有体验到来自任何此类水晶球的干扰,这就把该假设否证了。格雷格·班福德(Greg Bamford)在其论文(1993)中已经指出了这一点,并且指出了波普尔传统的哲学家们在定义特设性概念的诸多尝试中所遇到的一系列困难,而且他认为,他们是在试图为一种事实上只不过是常识的观念提出一个专业概念的定义。尽管班福德的批评不是从贝叶斯学派的观点出发的,但豪森和乌尔巴赫论的反应是类似的,因为他们都认为,特设性假说之所以被拒绝,仅仅因为它们被认为是似是而非的,并且因此只获得了很低的概率。假如一个理论t由于某种有异议的证据而遇到了麻烦,并且通过增加假设a而得到了修改,这样,新的理论t应为(t & a)。那么概率论的直接结论是,P(t & a)不可能大于P(a)。这样,从贝叶斯学派的观点来看,修改后的理论将仅仅由于P(a)是不可能的而被赋予较低的概率。伽利略对手的主张是难以置信的,就此而言他的理论可以被拒绝。再没有别的理由了,而且也不需要别的理由了。

现在我们转向利用观察资料构造理论以及否认可以把这些观察资料看作对该理论的支持的情况。豪森和乌尔巴赫(1989,第275—280页)提出了一些反例。设想有一个坛子中装了一些筹码,并且想象,我们开始时假设所有这些筹码都是白的,没有一个是有其他颜色的。假定我们现在从坛子中1000次取出筹码,每取一次后,都把筹码放回去并且摇一摇这个坛子,结果是495次取出了白筹码。然后,我们再把我们的假说调整为:坛子中装的白筹码和有其他颜色的筹码的数目是相同的。这是一个修改过的关于同等数目的假说,用来构造它的证据是否会对这个调整后的假说提供支持? 豪森和乌尔巴赫合理地指出,会得到支持,并且说明了从贝叶斯学派的立场看为什么情况是如此。作为取出495次白筹码的实验结果,同等数目假说的概率会增加,而在导致概率增加方面,关键的因素是,如果同等数目假说不成立,那么取出那个次数的筹码的概率是多少。一旦承认那个概率是很小的,就可以直接从贝叶斯演算中得出确证同等数目假说的实验的结果,即使该假说是用来解释该观察资料的。

有一种常常针对贝叶斯方法的权威批评确实对它的某些类型造成了打击,但我认为豪森和乌尔巴赫为之辩护的那种类型的贝叶斯方法可以反驳这种批评。若想运用贝叶斯定理,就必须有能力评价$P(e)$,亦即正在考虑的某个证据的先验概率。在考虑假说h的范围内,把$P(e)$写作$P(e/h).P(h)+P(e/非h).P(非h)$是很方便的,这在概率论中是完全等同的。贝叶斯学派必须能够估计假设假说为真的证据的概率,如果证据是假说的必然结果,概率完全可能为1,如果假说为假,他们也必须能够估计证据的概率。有疑问的是后一个因素。看起来,必须根据除h以外的所有假说来估计证据的可能性。这看起来是一个很大的障碍,因为任何一个特定的科学家都不可能知道h的所有可能的替代者,尤其是,正如有人已经指出的那样,如果其中必须包括尚未发明的假说,情况就更是如此。豪森和乌尔巴赫可能做出的回应是,坚持在他们的贝叶斯演算中的概率所代表的是个人概率,也就是说,这些概率事实上是个人赋予不同命题的。根据h的替代选项使得某个证据为真的概率值,是由某个科学家根据恰好该科学家所知道的假说(当然不包括尚未发明的假说)确定的。因此,例如,在处理普劳特这个个案时,豪森和乌尔巴赫只考虑了普劳特假说的唯一替代选项,即这一假说:原子量是随机分布的,他们所基于的历史证据大致来说是,那就是普劳特学派认为的替代选项。正是由于他们这样彻底地转向了主观概率,使得豪森和乌尔巴赫可以避免这里所提出的这个特定的问题。

论及贝叶斯学派的科学分析的基本要素时,我在我的描述中把注意力主要集中在豪森和乌尔巴赫所概述的立场上,因为在我看来,它是一种最具有一致性的见解。对概率的解释是以科学家实际持有的信念的程度为根据的,由于这种方式,他们的体系能够赋予理论和假说以非零概率,它对概率如何根据证据而得到调整做出了确切的说明,而且它能够为被许多人视为科学方法之关键特征的东西提供一个理论依据。豪森和乌尔巴赫用历史个案研究装饰了他们的体系。

5. 对主观贝叶斯主义的批评

正如我们业已看到的那样,主观贝叶斯主义,亦即把概率一贯理解为科学家实际持有的信念的程度的观点,具有这样一种优势:它能够避免许多问题,而这些问题困扰着寻求某种客观概率的其他贝叶斯学派的说明。对于许多人来说,接受主观概率无异于为了能够赋予理论以概率而付出高昂的代价,这样做过于奢侈。一旦我们像例如豪森和乌尔巴赫力劝我们去做的那样,把概率看成信念的主观程度,那么,一系列不幸的结果将会随之而来。

　　　贝叶斯演算被描述为一种客观的推理方式,可用来根据所给
174 出的证据把先验概率转换为后验概率。一旦我们以这种方式看
待问题,就会得出这样的结论:科学中相互竞争的研究纲领、范
式或诸如此类的东西的倡导者之间的分歧,是通过科学家的(后
验)信念反映出来的,这些分歧的根源必然在于科学家所支持的
先验概率,因为证据被看成是已知的,而推理被认为是客观的。
但是先验概率本身完全是主观的,而且没有经过批判分析。它们
仅仅反映了每一个科学家碰巧所拥有的信念的不同程度。结果
是,对于我们当中的有些人来说,由于他们所提出的质疑涉及相
互竞争的理论的相对价值是什么,以及在什么意义上可以说科学
是进步的,因而他们将无法从主观贝叶斯主义者那里得到有关我
们这些问题的答案,除非我们满足于这样一种回答,这种回答将
诉诸科学家个人一开始碰巧就持有的信念。

　　　如果主观贝叶斯主义是理解科学及其历史的钥匙,那么,为
获得这种理解我们必须得到的最重要的信息源之一,就是科学
家实际或曾经持有的信念的程度。(下面将要讨论,另一个信息
源是证据。)因此,例如,对光的波动说优于光的粒子说的理解,
就需要比如有关引起菲涅耳和泊松在19世纪30年代初叶之争
的信念程度的知识。这里有两个问题。一个问题是,要获得一
种有关这些私人的信念程度的知识。(请读者回忆一下,豪森和
乌尔巴赫对私人信念与行动进行了区分,而且他们强调,他们的
理论处理的是私人信念,因此我们不能从科学家们所做之事甚
或所写的著作中来推断他们的信念。)第二个问题是,这种观念
是令人难以置信的,即为了把握譬如说在什么意义上光的波动

说是其以前理论的改进,我们必须了解这些私人信念。当我们集中关注现代科学的复杂性以及它在多大程度上涉及合作研究时,这个问题就变得更为尖锐了。(请读者回忆一下我在本书第八章中与建造大教堂的工人所做的比较。)彼得·加里森(1997)关于现代基本粒子物理学研究的本质的说明,提供了一个极端而生动的例子,这一领域运用了非常深奥的数学理论,以便通过实验研究对世界产生影响,而实验研究涉及复杂的计算机技术以及一些仪器设备,这些设备的操作需要最先进的工程学知识。在这种情况下,任何单独的一个人都不可能掌握这种复杂工作的所有方面。理论物理学家、计算机程序设计师、机械工程师和实验物理学家都有他们各自的技能,可用来为一项合作的事业服务。如果这项事业的进步性被理解为集中体现在信念的程度上,那么,我们应该选择谁的信念程度,而且为什么这样选择呢?

在豪森和乌尔巴赫的分析中,信念依赖于先验概率的程度是问题的另一个来源。看起来似乎是,假如一个科学家一开始就非常强烈地相信他或她的理论(而且在主观贝叶斯主义中,没有什么妨碍人们的信念达到如其所愿的那种强烈程度),那么,这种信念不可能被任何与之对立的证据所动摇,无论这个证据可能多么强有力、应用范围多么广泛。普劳特研究事实上已经说明了这一点,而豪森和乌尔巴赫正是利用这一研究来支持他们的观点的。回想一下,在那个研究中我们假设,对于他们的理论即原子量是氢原子量的倍数,普劳特学派开始时赋予了0.9的先验概率,对于原子量的测量相当准确地反映了原子的实际重量这一假设,

175

他们赋予了0.6的先验概率。根据氯原子的原子量为35.83这个值计算出的结果，普劳特理论的后验概率为0.878，实验可靠之假设的后验概率为0.073。因此，普劳特学派坚持他们的理论而拒绝这个证据，这么做是正确的。我在这里要指出，导致普劳特假说的原始诱因是，除了氯的原子量之外，许多原子的原子量都接近于整数，对这些原子量的测量所使用的技术，最终却被普劳特学派认为是如此不可靠，以致他们觉得有理由认为该技术的可靠性的概率仅为0.073！这难道不说明，如果科学家们一开始就非常教条，他们可能会抵制任何相反的证据？就此而言，主观贝叶斯学派无法以任何方式辨别出这种活动是有害的科学实践。对于先验概率无法加以判断。必须把它们理解为就是既定的。正像豪森和乌尔巴赫（1989，第418页）所评论的那样，"如何确定先验分布根本就不是一个［在他们的］理论范围之内的问题"。

176　　就贝叶斯学派把概率等同于科学家事实上碰巧持有的信念的程度而言，他们似乎反驳了波普尔的所有理论的概率必然为零的主张。然而，贝叶斯学派的立场并非那么简单。因为贝叶斯学派必须赋值的概率是**反事实的**，因而不可能简单地把它们看成是与实际持有的信念的程度等同的。我们以过去的证据怎样才能对一个理论有价值为例。假设对水星轨道的观测结果先于爱因斯坦的广义相对论几十年，那么，这些观测结果怎样才能被看成是对该理论的确证？要根据这个证据来计算爱因斯坦理论的概率，除了其他方面之外，主观贝叶斯主义者还必须提供这样一种概率的测量结果，即一个爱因斯坦的支持者在**没有爱因斯坦理论知识**的情况下，可能赋予水星轨道进动的概率。这个概率不是对一个科学家实际持有的信念的程度的测量，而是对如果他们不知道他们事实上知道的知识时他们可能持有的信念的程度的测量。这些信念的程度的地位，以及人们如何评价这些程度的问题，说得婉转些，又提出了一些重要的问题。

现在，我们转向主观贝叶斯主义所讨论的"证据"的本质。我们曾经把证据当作已知的，可以把它输入贝叶斯定理，从而使先验概率转变为后验概率。然而，正如本书最初几章业已阐明的那样，科学中的证据远非是直接获得的。豪森和乌尔巴赫（1993，第406—407页）所持的态度是很明确的，而且是与他们总的方法完全一致的。

> 我们所提出的贝叶斯理论是一种从数据资料进行推理的理论；对于接受这种数据资料是否正确，以致你对这种观察事实的信奉是否是绝对的，我们没有什么可说的。也许接受这种数据资料是不正确的，或者你对它的信奉不是绝对的，而且，你信赖你实际信任的这种数据资料也可能是愚蠢的。贝叶斯的证明理论是这样一种理论，它说明，实际接受某种证据命题为真会对你关于某个假说的信念产生怎样的影响。从这种理论来看，你最终如何接受该证据为真或者你接受该证据为真是否正确，完全是无关的问题。

177

从那些旨在撰写一部有关**科学推理**的著作的人的观点来看，这无疑是完全不可接受的。难道我们不寻求对可算作是科学的适当证据的东西进行说明吗？当然，一个科学家会对某种可作为证据的主张做出反应,但这种反应不应是询问提出这一主张的科学家有多大的说服力能令他或她相信,而应是寻求这样一些相关信息,如产生这一证据的实验的本质、应该采取什么预防措施以及如何估计错误等等。一个完备的科学方法理论,无疑必须对在什么环境下可以认为证据是适当的做出说明,而且能够明确指出科学的经验研究**应当**达到的一些标准。的确,实验科学家有许多拒绝劣质产品的方法,但他们不是通过诉诸主观的信念的程度来拒绝。

尤其在对批评进行回应时,豪森和乌尔巴赫强调了先验概率和需要输入贝叶斯定理中的证据这二者在什么范围可以看成是主观的信念的程度,而对于这一点,主观贝叶斯主义什么也没说。可是,在什么程度上可以把他们观点的其余部分称之为一种关于科学方法的理论？所剩下的部分就是一个关于概率演算的定理。假设我们向豪森和乌尔巴赫让一步,承认这个定理像他们解释的那样的确是一个有着与演绎逻辑类似地位的定理。那么,这种大方的让步就会显示出他们的观点的局限性。他们的科学方法理论所告诉我们的科学是与这一观察相一致的,即科学是受演绎逻辑的规则支配的。至少,绝大多数科学哲学家会毫无疑问地承认,科学家把演绎逻辑看成是理所当然的,但他们可能希望获知更多的东西。

6. 延伸读物

多林的文章（1979）是一篇非常有影响的论文,它对主观贝叶斯主义的现代趋势进行了论述,豪森和乌尔巴赫的著作

（1989）就是这种趋势的一个坚持不懈的和明显的例子。P. 霍里奇（P. Horwich）的著作（1982）是根据主观概率理解科学的另一个尝试。R. D. 罗森克兰茨（R. D. Rosenkrantz）的著作（1977）试图发展贝叶斯学派对涉及客观概率的科学的说明。J. 埃尔曼（J. Earman）的著作（1992）为贝叶斯学派的纲领进行了批评性的但很专业的辩护。梅奥的著作（1996）对贝叶斯学派进行了持续的批评。

第十三章　新实验主义

1. 引言

纵使我们认为贝叶斯主义关于科学推理的说明是失败的,我们依然未能提供更多的说明以表征科学知识究竟有何不同之处。波普尔强调观察依赖理论,而且理论总是在一定程度上超越证据的,因而绝不可能是从证据中推导出来的,藉此,他就为实证主义和归纳主义提出了一些难题。波普尔的科学观是以这种观念为基础的:最好的理论能够经受住最严格的检验而保留下来。然而,对于在什么时候应当认为一个理论而非背景知识的某个要素必须为失败的检验负责,他的说明无法提供明晰的指导,而且也不能对恰好经受住检验的理论提供充分肯定的说明。我们所讨论的后来的尝试,都比波普尔**更进一步**强调了对理论的依赖的观念。拉卡托斯引入了研究纲领概念,并且认为保留或拒绝研究纲领都是根据一些常规决策,这些决策包括,例如,因显见的否证而对辅助性假设而不是那些作为硬核的原则予以责备。不过,他无法为这些决策提供理由,而且在任何情况下这些决策都非常缺乏说服力,以至于无法详细说明应在什么时候放弃一个研究纲领转而支持另一个纲领。库恩引入的是范式概念而非研究纲领,因而也就引入了科学中依赖范式程度的观念,这种观念比波普尔的依赖理论的观念走得更远,以致在明确回答从什么意义上可以说一个范式是对它所取代的范式的改进这个问题时,他甚至表现得比拉卡托斯更糟糕。可以认为,费耶阿本德把依赖理论的思想趋向推向了极端,基于这种观念,他把科学中特有的方法和标准一同放弃了,并且和库恩一起把相互竞争的理论描述成不可公度的。 180也可以把贝叶斯主义者看成是我称之为依赖理论的传统的一部分。因为对他们来说,为判断科学理论的价值而提供信息的背景理论假设,是通过先验概率引入的。

在一个哲学家群体看来,困扰当代科学哲学的一系列问题,从其根源上说是开始转向极端的依赖理论的观念时所无法避免的。尽管他们不希望返回到实证主义的这一思想,即感官总能为科学提供一个没有疑问的基础,但他们确实寻求从实验而非从观察中为科学寻找一个相对可靠的基础。我将按照罗伯特·阿克曼(1989)的观点,把最近的这种趋势称之为“新实验主义”。用伊恩·哈金的话说(1983, p. vii),按照其倡导者的观点,实验可能具有一种独立于大范围理论的“它自己的生命”。按照论证,实验家们对证实实验效应的实在性有许多实际的策略,而无须求助于大范围的理论。此外,如果科学进步被看成是牢固地建立在实验知识的基石之上的,那么,科学进步是累积式的思想就可以保留下来,而不会受到这样一些主张的威胁,这些主张的大意是,存在着涉及大范围的理论变迁的科学革命。

2. 有自己生命的实验

我们的这一节从一段历史叙述开始,这段叙述在很大程度上以D. 古丁(D. Gooding)的著作(1990)为依据。1820年夏末有关H. C. 奥斯特(H. C. Oersted)发现的报告传到了英国,奥斯特发现,载流导线中的磁效应会以某种方式在导线中循环。法拉第进行了实验,对这种主张的意义作了澄清,并且进一步发展了这种思想。在几个月的时间中,他事实上建造出了一台原始的电动机。一个圆柱形的玻璃管的顶部和底部都被软木塞塞住。一根电线从顶部的软木塞的中央穿过,进入玻璃管中,导线的末端有一个钩,在这里垂直悬挂着第二根导线。一个软铁棒经过底部的软木塞伸入玻璃管的下方,那第二根导线的下端可以自由地围绕软铁棒的顶端旋转。通过底部软木塞上的汞池,使可摇摆的电线的下端与铁心保持着电接触。若想启动这台"电动机",就需要把一根磁棒的一极置于从底部软木塞伸进来的铁心的末端附近,通过一个电池使一根导线把铁心与从顶部软木塞伸进来的电线相连。随之而出现的电流会导致那根可摇摆的电线的下端围绕磁化的铁心旋转,同时会维持与汞的接触。法拉第很快给他在欧洲各地的竞争者们送去了这种装置的样品,并且配备了如何使它运转的说明书。他向他们指出,他们可以改变与电池的连接方向或者把磁铁颠倒过来,使旋转的方向改变。

倘若认为法拉第的这一成就是依赖理论的并且是可错的,这是否有益或适当呢?仅可以从一种很不充分的意义上说它是依赖理论的。法拉第在欧洲大陆的竞争者们如果不知道磁铁、汞和电池为何物,他们可能无法理解他的说明。但这只能算作是对极端经验主义者的以下观念的反驳,即事实必须是被进入头脑中的感觉资料直接证实的,若没有这些感觉资料,人们便一无所知。无论谁都无须否认这样的主张:一个无法说出一块磁铁与一根胡萝卜之间区别的人,不能对什么可算是电磁学中已被证实的事实做出评价。在"胡萝卜不是磁铁"成了一种理论这样一种一般的意义上使用"理论"这个术语,肯定是不恰当的。此外,把所有论述都解释为是"依赖理论的"无助于把握诸如法拉第和A. M. 安培(A. M. Ampere)之间的真正差异。众所周知,在法拉第看来,从带电物体和磁铁发会出力线,这些力线充满它们周围的空间,他寻求根据力线来理解电磁现象;而欧洲大陆的理论家则认为,电流栖息于绝缘体中并且通过导体流动,电流中的要素彼此都是超距作用的。这些理论都有一定的风险,而对法拉第电动机效应的评价,从这种评价取决于是否接受或者熟悉某一种竞争理论的意义上说,不是"依赖理论的"。在当时的电磁学中,法拉第电动机引起了一种得到实验证实的理论中立的效应,对此,所有电磁学理论都不得不予以考虑。

认为法拉第的电动机效应是可错的也没有什么助益。确实,有时候由于磁体的磁场太弱,或者,由于电线在汞夜中浸没的部分过多以至于汞的阻力太大使得它无法旋转,抑或其他什么原因,法拉第的电动机无法运转。因此,"符合法拉第描述的实验安排的所有导线都能够旋转"这个命题是错误的。但这只不过是表明,试图用这种类型的全称命题来把握法拉第发现的本质是不适当的。法拉第发现了一种新的实验效应，通过建造他的一种确实能够运转的装置证明了它，并且为他的竞争对手提供了说明书，使他们能够造出也能运转的这种装置。偶尔的失败既不值得惊讶，也没有什么重要意义。今天人们会接受的有关法拉第电动机的理论解释，在一些重要方面与法拉第和安培所提出的解释有所不同。但情况仍然是，法拉第电动机通常是能运转的。很难理解未来的理论发展如何导致这样的结论，即电动机不能运转（尽管未来发现的另一种实验效应也许会使它们被淘汰）。以这种方式看，能够在某种受控方式下产生的实验效应不是可错的，这些效应在这里是永久存在的。此外，如果我们根据这些效应的积累来理解科学进步，那么，我们就有了一种不依赖理论的对科学发展的理解。

第二个例子对这种看待问题的方式提供了进一步的支持。杰德·布赫瓦尔德（Jed Buchwald）对海因里希·赫兹的实验生涯的详细研究（1989），展示了赫兹在什么程度上试图引发新的实验效应。他提出的某些主张与一般公认的观点并不一致。很容易说明为什么会如此。赫兹通过H. 冯·亥姆霍兹（H. van Helmholtz）学习到了电磁学理论，并且依据亥姆霍兹的理论框架来看问题，这种理论框架是当时探讨电磁学的几种理论方法之一［它们的重要替代者是W. 韦伯（W. Weber）的理论和麦克斯韦的理论］。若要对赫兹的实验发现所引起的新效应做出正确评价和辩护，必须以赫兹对其实验的理论解释的具体细节得到了正确评价和辩护为前提。这些结果是高度依赖理论的，一个新实验主义者也许会充分地论证说，这一点恰恰是它们没有被普遍认为是引起了新的效应的原因。如果赫兹自己导致了电波的产生，情况就会有天壤之别。对这种波的存在的证明，可以不依赖一般理论获得承认的方式。赫兹可以用一种受控的方式展示这种新的效应。他准备了驻波，并且说明，小火花计数器显示，在波腹处发出的火花最大，而在波节处则没有火花发出。正如布赫瓦尔德在试验时所发现的那样，完成这一实验绝不是件容易的事，而且这些结果也难以重复。不过，我并非主张实验是很容易的。我只是主张，对于实验证明了一种用实验产生的新现象的存在这一事实，可以在无须求助于一种或另一种相互竞争的电磁学理论的情况下做出正确的评价，这个主张从赫兹电波迅速获得了所有阵营的承认这一现象中得到了证明。

可见，人们在独立于高层次理论的情况下获得受控实验的效应并对之进行评价。同样地，新实验主义者也可以表明，实验者可用来证实他们的主张的策略是很多的，而这些策略无须诉诸高层次理论。例如，我们来考虑一下，一个实验家也许会证明，通过一种仪器所获得某个特定的观察结果，所呈现的是某种真实的现象而非假象。伊恩·哈金（1983，第186—209页）关于利用显微镜的故事充分说明了这一点。在一块玻璃上蚀刻网格，配有一些带标号的方块，然后通过照相术将网格缩小到看不见的程度。通过显微镜可以看到缩小的网格，显微镜可以显示网格以及所配有的带标号的方块。这已经令人信服地显示，显微镜有放大能力，而且其放大能力是可以信赖的——顺便说一句，这个论据不依赖于有关显微镜工作原理的理论。我们现在来思考一下，一个生物学家如何使用电子显微镜观察放在我们的网格上的红色的血小

板。（在这里，哈金报告了一个科学家告诉他的一些事情的真实
184 结果。）可以在细胞中观察到一些稠密的物质。科学家想知道，
这些物质是血液中存在的还是仪器的假象。（他猜测是后者。）
他注意到，网格上带标号的方块中有这些稠密的物质。接下来他
通过一台荧光显微镜来观察他的样本。同样的物质再次出现在
网格的相同位置。所观察到的东西呈现的是血液中的物质而不
是假象，对此能有什么怀疑吗？若使这种论点具有说服力，所需
要的全部信息就是，有关这两种显微镜按照完全不同的物理学原
理工作的知识，因为如果它们是按照不同的物理学原理工作，那
么就可以认为，它们二者产生相同的假象的机会是微乎其微的。
这种论点并不需要关于其中任何一种仪器如何工作的详细的理
论知识。

3. 黛博拉·梅奥论严格的实验检验

黛博拉·梅奥是一个科学哲学家，她（1996）曾试图以一种
严格的哲学方法来把握新实验主义的含义。梅奥把注意力集中
在实验以什么样的具体方式来验证那些主张，并且关注对这些问
题的确定：到底是哪些主张被证明了以及它们是如何被证明的。
作为其探讨之基础的一个关键思想是，对于一个主张，只有在该
主张可能错误的各种情况得到了研究并且被排除了之后，才能说
它得到了实验支持。只有当一个主张经受住严格的实验检验之
后，才能说它被实验证明了，而按照梅奥颇有助益的说明，对某一
主张的严格检验必须是该主张若为错误便不可能通过的检验。

可以用一些简单的例子来说明她的思想。假设对斯涅耳（W.
van R. Snell）关于光的折射定律进行了一些非常粗略的检验，以
致把很大限度的误差都视之为对入射角和折射角的测量结果，并
且假设，在这些错误的限度范围内，所获结果被证明是与该定律
相符合的。这个定律是否得到了那些严格检验它的实验的支持？
从梅奥的观点来看，答案是"否"，这是因为，由于测量很粗略，即
使折射定律错误而某个与斯涅耳定律没有太大区别的定律正确，
它也很有可能通过这个检验。我在日常教学中进行的一个测验
可以用来说明这一点。我的学生们进行了一个不太仔细的检验
斯涅耳定律的实验。然后我向他们介绍了一些古代和中世纪就
已经提出来的其他的折射定律，这些定理都早于斯涅耳定律的发
现，我请学生们把他们用来检验斯涅耳定律的测量，用于对这些
定律的检验。由于他们把很大限度的误差都视之为他们测量的
结果，所有这些替代的定律都通过了检验。这很明确地显示，上
述这些检验并没有构成对斯涅耳定律的严格检验。即使该定律
错误而历史上的某个其他定律正确，它也能通过检验。

　　第二个例子进一步说明了梅奥的观点的理论依据。今天早
晨我喝了两杯咖啡，下午我感到头疼。"我早晨喝的咖啡导致了
我的头疼"这一主张是否因此而得到确证了呢？梅奥的观点抓住
了为什么答案是"否"的理由。在可以说这个主张经过了严格的
检验并因此得到了确证之前，我们必须排除各种该主张可能是错
误的情况。也许，我的头疼是因为我昨天晚上喝了非常浓烈的越
南啤酒，或者是由于这样的事实：我起得太早了，我发现这一节
非常难写，等等。如果要证实喝咖啡与头疼之间的因果联系，那

就必须进行受控实验,该实验将用来排除其他可能的原因。我们必须证实有这样一些结果：除非咖啡确实引起了头疼,否则它们根本不可能出现。只有排除了错误的可能来源,并且除非一个主张正确否则便不可能通过检验,这样,一个实验才能构成对该主张的支持。这种简明的思想可以被用来以一种适当的方式把握关于实验推理的通常直觉,而且梅奥把这种思想扩展了,以便提供一些新的洞见。

我们来考虑一下我用一个例子所说明的所谓"附加悖论"。我们设想,通过对一颗彗星的运动细心的观察,并且仔细排除了由于来自附近行星的引力以及来自地球大气层的折射等等导致的错误的根源,使牛顿理论T得到了确证。假设我们通过把一个诸如"翡翠是绿色的"这样的命题附加在牛顿理论上而构造出理论T′。T′是否会被对彗星的观察确证呢？如果我们持有这样的观点：倘若一个预见p是一个理论的必然结果并且得到了实验证明,它将确证该理论,那么,T′（以及许多以类似方式构造的理论）将得到上述的观察的确证,这与我们的直觉是相反的。因此,出现了"附加悖论"。然而,从梅奥的观点看,T′并没有得到确证,因此"悖论"被消除了。有了我们关于排除可能的错误源的假设,我们就可以说,除非牛顿理论正确,否则彗星的轨道不可能确证牛顿的预见。但对于T′却不能这样说,因为即使翡翠是蓝色的因而T′是假的,而彗星确证牛顿预见的可能性也许仍然完全不变。T′之所以没有被上述实验确证,是因为那个实验没有查明"翡翠是绿色的"可能为假的各种情况。对彗星的观测结果可以严格地检验T但不能检验T′。

梅奥把这种推理方法扩展到一些不同寻常的事例。她热衷于验证这样一些理论结论,它们的获得远超出了实验证据力所能及的范围,而她则试图通过这样的验证来确保对理论沉思的核查。她分析了爱丁顿对爱因斯坦的光在引力场中会发生弯曲这一预言的检验,她的分析说明了这一点。

爱丁顿利用一次日食来观察一些恒星的相对位置,这些恒星处在这样的位置上,它们的光在传播到地球的途中会接近太阳。他把这些相对位置,与这一年后来所观察到的那些恒星不再与太阳近乎排成一行时的位置进行了比较。可测量的差异被发现了。通过考察日食实验的细节,梅奥可以证明,爱因斯坦的引力定律,作为其广义相对论的一个推论,被这些实验确证了,但广义相对论本身没有被确证。我们来看看为什么她这样认为。

如果把日食实验的结果看成是对广义相对论的确证,那么必须有可能证明,如果广义相对论有错误,那些结果是最不可能出现的。我们必须能够排除广义相对论与这些结果之间的错误的关联。但在上述个案中,这是无法做到的,因为事实上,在整个时空理论这个类中,爱因斯坦理论是其中唯一的一个理论,而整个时空理论类预见了爱因斯坦的引力定律,因而也预见了日食实验的结果。如果这个理论类中有一个非爱因斯坦的理论是正确的,并且爱因斯坦的理论是错误的,可以预期会有完全相同的日食实验的结果。因此,这些实验并未构成一种对爱因斯坦的广义相对论的严格检验。不能用这些实验把爱因斯坦的广义相对论与已知的替代理论区分开。主张日食实验支持了爱因斯坦的广义相对论,远远超出了实验证据力所能及的范围。

　　当我们考虑日食实验确证了爱因斯坦的引力定律这一限制更多的主张时,情况就不同了。观察结果当然是与该定律一致的,但是在可以合理地把这一点当作支持该定律的证据之前,我们必须排除这种一致的其他可能的原因。只有那时我们才能说,除非爱因斯坦定律正确,否则所观察到的位移就不会出现。梅奥比较详细地说明了,如何考虑爱因斯坦定律的替代者以及如何排除它们,其中包括一些牛顿式的替代理论,由于太阳与假设具有质量的光子之间存在着一种引力的平方反比律,就出现了这些替代理论。爱因斯坦的引力定律得到了日食实验的严格检验,而广义相对论却没有以此方式得到严格检验。

　　新实验主义者普遍关心的是,把握某个能被可靠地证实是独立于高层次理论的实验知识领域。梅奥的观点与这种志向紧密配合。按照她的看法,根据上面所讨论的方法,通过对实验定律的严格检验就可以确证这些定律。科学知识的发展被理解为这些定律的积累和扩展。

4. 从错误中学习与触发革命

　　当实验结果被证明没有错误,并且倘若一种主张有错误这些结果就不可能出现时,它们就可以确证这一主张。不过,关于实验错误的重要性,梅奥的思考并不仅仅于此。她还关心很完备地完成的实验如何能使我们从错误中学习。从这种观点来看,一个用来发现以前某个公认的断言中的错误的实验,既有肯定的功能又有否定的功能。也就是说,它不仅可以用来作为一个断言的否

188

证,而且还可以肯定地验证某种以前未知的效应。通过对库恩的常规科学概念的重新阐述,梅奥对发现错误在科学中的这种肯定作用作了充分的说明。

我们来回忆一下,波普尔和库恩对占星术没有资格成为一门科学这一问题提出了相互抵触的回答,我们在本书第八章中就此做了说明。按照波普尔的观点,占星术之所以不是科学,因为它是不可否证的。库恩指出,这种看法是不适当的,因为占星术曾经(而且仍然)是可否证的。在16和17世纪,当占星术"颇受尊敬"时,占星学家们确实做出了一些可检验的预见,其中许多被证明是错误的。科学理论也会做出一些后来被证明是错误的预见。按照库恩的观点,它们的区别在于,科学能够建设性地从"否证"中学习,而占星术则不能。在库恩看来,在常规科学中存在着解难题的传统,而占星术没有这样的传统。对于科学来说,并非仅有对理论的否证,还存在着建设性地克服否证的方法。从这种观点来看具有讽刺意味的是,当波普尔用"我们从错误中学习"这一口号来表征他自己的方法时,他却失败了,而这恰恰是因为他的否定的和否证主义的说明,无法对科学如何从错误(否证)中学习提供一种适当的和肯定的说明。

在这一问题上,梅奥站在库恩一边,把常规科学等同于实验活动。我们来关注一些发现错误所起到的肯定作用的例子。有关天王星轨道令人疑惑的特征的观察,对牛顿理论以及当时的背景知识提出了问题。而这个问题的肯定的方面是,可以追溯到的这种疑惑之来源的范围,以我们已经描述过的方式导致了海王星的发现。我们前面提到的另一个有趣的事情是赫兹有关阴极射

189 线的实验，这个实验导致他得出结论说，它们没有在某个电场的作用下发生偏转。J. J. 汤姆孙能够说明赫兹错了，部分原因在于他对射线使放电管中的残余气体电离程度的估计，这种电离导致了电极上带电离子的增加和电场的形成。通过使自己的真空管中的气压降到更低的程度并且使电极的设置更为恰当，汤姆孙发现了赫兹没有发现的电场对阴极射线的影响。不过，他也学到了一些有关电离和空间电荷增多等新效应的知识。在偏转实验的背景下，这些效应构成了一些障碍，应予破除。不过，它们也凭借自身使其所具有的重要性得到了证明。带电粒子穿过气体时会导致气体的电离，这对于研究云室中的带电粒子来说是十分重要的。实验家们对这些效应如何在一个仪器中起作用的详细知识，使得他或她能够从错误中学习。

梅奥并非仅仅是把库恩的常规科学概念转变为实验实践概念。她指出，可以证明，实验所具有的发现和排解错误的能力，足以触发一场科学革命或为此做出贡献，这是一个明确无疑的非库恩论题。梅奥最出色的例子，就是20世纪第一个10年期即将结束的时候，让·佩林（Jean Perrin）所做的有关布朗粒子运动的实验。佩林对布朗粒子的运动详细、富有独创性和切合实际的观察，超越了理性的怀疑，证实它们的运动是随机的。这一观察，连同对粒子分布的密度随着高度而变化的诸项观察一起，使得佩林能像人们可能希望的那样确凿地证明，粒子的运动既违背热力学第二定律又与分子运动论的详细预见相一致。再也无法给出比这更具革命性的证明了。还可以讲一个类似的事例，例如，对黑体辐射、放射衰变以及光电效应等的实验研究，迫使人们放弃了经典物理学,并且在20世纪最初的几十年中构造了新的量子理论的重要元素。

　　新实验主义方法所隐含的意义是,否认实验结果是始终如一地依赖"理论"或范式的,以至于无法诉诸这些结果在理论之间做出裁决。这种含义的合理性来源于对实验实践的关注,包括如何使用仪器,如何排除错误,如何设计多方查证,如何处理样本等。实验生活可以某种独立于思辨理论的方式得以维持,其独立达到了如此的程度,以至于这种生活的产品能够对理论产生重要的约束作用。从科学革命是实验结果强加给我们的来说,这种革命可能是"合理的"。极端的理论支配或范式支配的科学观认识不到而且也无法理解科学的最与众不同的部分——实验活动。

5. 新实验主义展望

　　新实验主义者已经说明了如何能够证实实验结果,以及如何以一种能够而且是典型地独立于高层次理论的方式,通过实施包括实践干预、交叉查证以及错误控制和排除等一系列策略,产生实验效应。作为这种说明的结果,他们能够提供一种科学进步观,这种进步观把科学的进步解释为实验知识的积累。新实验主义者接受了这一观念,即最好的理论就是那些经受住严格检验的理论,并且把对某一主张的严格的实验检验理解为,如果该主张有错误它可能就经受不住检验,这样,他们就可以说明实验如何可能对截然不同的理论的比较产生影响,以及实验如何可能会触发科学革命。对实验的细节和这些实验究竟证实了什么的仔细关注，可以用来约束理论说明，并且有助于对什么已被实验证实和什么仍是推测进行区分。

毫无疑问，新实验主义已经以一种非常有益的方式使科学哲学变得脚踏实地了，而且它是对过分强调理论支配的方法的一种有效的矫正。不过，我要指出，如果把它看成是对我们关于科学的特征问题的圆满回答，那就错了。实验并没有达到本章前几节可能暗示的那种不依赖理论的程度。对实验生活的健康的和有助于知识增进的集中研究，不应当使我们对这个事实视若无睹：理论也是有某种重要生命的。

新实验主义者在这一点上是正确的，即他们坚持认为，把每一次实验都当作回答理论所提出的问题的尝试是错误的，因为这低估了这一点，即实验可以具有自己的生命。伽利略在把他的望远镜对着天空时，他并没有一个需要检验的有关木星卫星的理论，从那时到现在，新仪器或新技术为新现象的发现提供了机会，许多新现象都是人们利用这些机会所发现的。另一方面，这种情况依然如故：理论常常为实验工作提供指导，并且指明了通往新现象的发现之路。毕竟，正是爱因斯坦的广义相对论的一个预见激励了爱丁顿的日食远征考察，而且，正是气体分子运动论内含的意义导致佩林以他的方式去研究布朗运动。类似地，正是有关电介质的极化的变化率是否具有类似于传导电流那样的磁效应这样的基础理论问题，使得赫兹从事实验并且最终导致了无线电波的产生，而阿拉戈发现一个盘子背光面的中央有光斑，则是对菲涅耳的光的波动说的直接检验的结果。

无论理论是否能够在某个时候对实验家提供正确的指导,新实验主义者们都热衷于去把握:可用某种独立于高层次理论的方式证明实验知识究竟具有何等意义。当然,黛博拉·梅奥已经详细和令人信服地说明了,如何通过使用一系列错误排除法和误差统计学可靠地证实实验结果。然而,一旦需要赋予实验结果以重要意义,而这种重要意义又超出了这些结果由之产生的实验环境,就必须以理论作参照。

梅奥想尽力说明,怎么能把误差统计学应用于严密的受控实验,以便得出这样的结论,即那类实验具有(非常)高度的可以产生特定结果的概率。所记录的实验结果被当作一个样本,它是那种类型的实验也许会获得的所有可能结果中的一个,以这个样本为基础,就可以把误差统计学应用于对群体概率的估算。在这里,一个基本的问题是存在这样的质疑:什么可算作是这同一类型的实验? 所有实验都会在某些方面彼此有所差异,这是因为,例如,它们可能是在不同时间、在不同实验室、用不同的仪器等等完成的。对于这种质疑的一般回答是,这些实验必须在某些相关的方面是相似的。然而,对于什么可算作是相关,必须利用现有的知识做出判断,因而对相关性的判断也会随着知识的改进而变化。譬如,设想伽利略做了一系列实验,从实验的结果中他得出了这样的结论:因引力而产生的加速度是一个常量(如果与事实相反,我们允许伽利略使用现代的误差统计学,并且想象,他可以认为未来某个实验给出反驳他的证据的概率是很低的)。依据现代的观点,人们可以明白,如果在未来的某个时候,当伽利略在海平面以上进行研究时,他对其关于加速度的评价的信赖为什么

192

会使他失望。假设下落的趋势是重物的固有属性，而它们具有这种属性的原因在于它们是物质客体，那么，在这样的环境中从事研究，就像伽利略那样，海拔高度的相关并不是很明显的，因而，伽利略的样本不具有典型性这一点也并非是明显的。对于什么可算作是某个相似类型的实验，需要在一定的理论背景下才能做出判断。

　　姑且先把那种问题搁置起来，一旦实验结果所具有的某种重要意义被看成是超出了它们由之产生的特殊环境，这时，理论因素就变得很关键。在例如黛博拉·梅奥本人论证日食实验确证了爱因斯坦的引力定律时所使用的方法中，这一点表现得非常明显。正如梅奥所解释的那样，这一实验包括展示了一些结果，它们与牛顿对引力现象最出色的估计是不一致的，并且与其他可能想象到的不同方法，例如奥利弗·洛奇（Oliver Lodge）对某种以太作用过程的诉诸，也是不一致的。这些替代理论一个接着一个被发现都不合乎需要。梅奥（1996，第291页）引证并赞成戴森（Dyson）和克罗姆林（Crommelin）发表在《自然》（*Nature*）上的一篇文章中的一段话：“因此，详尽无遗的论述似乎迫使我们不得不承认爱因斯坦定律是唯一令人满意的解释。”我不想怀疑，这说明在当时根据这些情况接受爱因斯坦的引力定律是合理的。不过，这种论证的一个关键证据依据的是这一假设，即事实上没有其他可接受的理论。梅奥不能排除这样的可能性：存在着某种还没有想到的对牛顿理论或某种以太理论的改进，它能解释日食实验的结果。这就是为什么她明智地不尝试赋予假说以概率的原因。因此，她关于科学定律和科学理论的论证可以归结为这样的主张,它们比任何可能的竞争对手都更好地经受住了严格的检验。梅奥与波普尔学派的唯一差别就在于,她有关什么可算是严格的检验的观点更有价值。理论因素扮演着一个关键的角色。

新实验主义者坚持认为,实验者掌握了有效的技术,可以通过一种健全和可信赖并且能够相对独立于高精理论的方式证实实验知识。在能够确保这些主张可靠的范围内,这种观点似乎可以抑制否证主义的泛滥,并且可以为一种科学进步的积累观进行辩护,这种观点把科学的进步理解为可靠的实验知识的增长。然而,一旦承认我在本节中讨论的理论因素扮演着关键的角色,那么,就必须承认某种相应程度的否证主义。

新实验主义并没有说明,如何能把理论、有时是高层的理论从科学中排除出去。就此而言,注意到这一点是很有意义的:确定牛顿力学在太空飞行范围内的可靠性的一个重要因素就是,在已知预期速度的情况下,与该理论的偏差在多大程度上**根据相对论**是可以忽略的。毫无疑问,这就是科学具有某种重要的"理论生命"的问题。例如,被用来完善电子显微镜的量子力学原理,或者在整个科学中普遍应用的能量守恒原理,都并非仅仅是特殊的实验概括的结果。它们在科学中有着什么样的生命,这种生命与实验有着怎样的联系?

有些新实验主义者似乎希望,在得到充分证实的实验知识与高层次理论之间划一条分界线。(黛博拉·梅奥在把广义相对论与得到了爱丁顿实验支持的某种限制更严的引力理论加以区分时,似乎就成了这种趋势的一个带头人。)另一些人把这种观点推向了极端,在他们看来,只有实验知识提出了关于世界的活动方式的可检验的主张。高层次理论被看成是起着某种组织或启发的作用,而不是提出关于世界的活动方式的主张。这些因素给我们指出了本书最后两章将要讨论的问题的方向。

6. 附录: 理论与实验巧妙的吻合

许多人同意,一个理论的价值是由它在什么程度上能够通过严格的检验来证明的。然而,在科学中有大量确证的事例,除非在对严格检验加以表征时非常谨慎,否则难以符合上述观点。我想到一些涉及理论与观察在某些环境中并非偶然地一致的事例,在这些环境中,缺乏一致性并不能说明理论不成立。最好还是用一些实例来展示这种思想。

在科学中常常会见到这样一种情况,即有人根据某一理论以及某些复杂的而且也许是不确定的辅助性假设就做出新的预见。当那个预见被确证时,可以合理地认为,该理论获得了重要支持。不过,如果预见没有得到确证,那么问题既可能在于那些辅助性假说,也可能在于该理论。因此,对预见的检验似乎并未构成对理论的严格检验。然而,当预见被证实时理论仍然会得到重要的支持。尼尔·托马森[Neil Thomason(1994和1998)]更为详细地阐述了这种观点。以下是一个很好的例子。哥白尼理论预见,**倘若假定金星是不透明的**,金星会以某种特殊的方式像月球一样展显出与它的表观尺寸的变化相对应的相位。从某种历史的观点来看,正如哥白尼和伽利略明确地陈述的那样,我标成黑体的那种主张仍然在相当程

度上是一个未决的问题。当伽利略使用他的望远镜观察金星的相
位时,地球、太阳和金星的相对位置以及金星的表观尺寸的变化,恰
好符合哥白尼理论并辅以金星是不透明的这一假设所预见的方式,
这可以非常合理地看成是对该理论(以及这个辅助性假设)提供了
强有力支持的证据。如果相位没有被观察到,既可以责备该理论也
可以责备该辅助性假设,因而,从某种意义上说,这一观察活动并没
有构成对哥白尼体系的特别严格的检验。

　　一个相关的更为普通的情况是,在那些观测结果的意义远
非清楚的凌乱的环境中,却对某一理论进行了探讨。在这种情
况下,理论预见与观察的逐一吻合,既可以用来确证该理论也可
以用来确证对观察的解释,而未能达到一致只不过说明,还有许
多工作需要做。有一个例子是用电子显微镜观察水晶中的位错。
这些位错现象,即晶体中原本排列规则的原子的不理想排列,是
在20世纪30年代中叶以理论为根据预见的,以说明晶体的强
度、延展性和可塑性。如果晶体结构是完全有规则的,那么,晶
格之间的作用力也许非常强,以致使晶体无法达到已知的强度
和延展性。在20世纪50年代初期,尽管电子/样品相互作用理
论尚未得到发展,从而可以以这样或那样的方式做出确定的预
见,但电子显微镜已经发展到能使人们相信可以用它们来观察
晶格和位错的阶段。1956年,吉姆·门特[Jim Menter(1956)]
以及彼得·希尔施(Peter Hirsch)等人(1956)制作出了他们
认为是展示了位错的电子显微镜图像。他们用来证明这种对复
杂图像的解释的某些方法,与新实验主义者所强调的技术是非
常一致的。例如,所观察到的诸如使晶体弯曲这样的实际干涉

效应，是与这些图像的确是晶格这一假设相一致的；而不同的物理过程，如X射线和电子衍射等，则被证明产生了相互支持的结果。不过，我在这里想指出的更关键的一点是，理论与观察的一致程度可用来对这二者进行确证。例如，门特运用了E. 阿贝（E. Abbe）的显微镜理论来说明晶体所形成的电子图像，并且把他的预见与所观察到的图案显著的一致，当作既确证了他的理论、也确证了那种把这些图像当成是晶格图像的解释。希尔施观察到位错正是按照以前的位错理论所预见的那样变动的，他把这看成是既确证了这个理论、也确证了他的图像呈现的是位错现象这一事实。在这些事例中，理论与观察的巧妙的一致构成了对理论的重要支持。另一方面，非常凌乱和被误解的实验环境，使得对于失败可能有大量的解释，而不是归因于接受检验的位错理论。我认为，可以预期，我在这里所描述的这种情况会常常出现在实验科学之中。

　　黛博拉·梅奥对严格性的表征可以适用于这些例子。[①] 她将会问，如果理论有错误，确证是否还可能出现？在我关于哥白尼的例子中以及有关位错的例子中，回答都是，如果这样，根本不可能会有确证。因此，在每一个个案中，相关的理论都是从业已观察到的理论预见与观察的一致中获得了重要的支持。梅奥有关严格性的观念是与科学实践相符合的。

---

①　我原来也认为，我的这些事例是黛博拉·梅奥观点的反例，但在私人通信中她使我相信，情况并非如此。

7. 延伸读物

哈金的著作（1983）是新实验主义的开创性著作。这类的其他著作还有：富兰克林的著作（1986,1990）、加里森的著作（1987,1997）以及古丁的著作（1990）。阿克曼（1989）对这种观点进行了总结。梅奥的著作（1996）是对这种观点最精致的哲学辩护。

第十四章 为什么世界应当遵循规律?

1. 引言

在以前诸章中,我们关注了**认识论**的问题,亦即关于怎样诉诸证据为科学知识进行辩护的问题,以及这种证据的本质的问题。在本章和下一章中我们将回到**本体论的**问题,亦即关于这个世界的存在物之种类的问题。现代科学假设或证明这个世界存在哪类实体? 到目前为止,对这个问题的部分回答在本书中一直被认为是当然的。被认为是当然的有,存在着诸如规律之类的事物,它们制约着世界的活动,而且科学所从事的事业就是去发现这些规律。本章所关注的是: 这些规律属于哪类具体实在。

这种观念是很平常的,即世界是受规律制约的,而科学的事业就是发现这类规律。不过,这种观念意味着什么绝不是毫无疑问的。有一个基本问题,罗伯特·玻意耳在17世纪就强调过了。规律的概念产生于社会领域,在这里它有明确的含义。能够理解社会规律以及违背它们的后果的个人会遵守或者不遵守这些规律。但是,一旦以这种自然的方式来理解规律,如何才能说自然界中的物质系统遵循规律呢? 因为很难说它们能够理解它们必须遵循的规律，而且，无论如何，当一个基本规律被应用于科学之中时，它被假设是无例外的，因此与个人违背某个社会规律并且自食其果毫无关联。使物质与规律相符的是什么呢？这看起来是一个既合理又明确的问题，但回答起来并不容易。我认为，玻意耳的回答，即上帝使物质按照他规定的规律运动，从某种现代物理学的观点来看，留下了许多人们所期望的东西。我们不妨来看看，我们是否能够做得更好。

2. 规律即规则

对于"什么使物质按照规律运动？"这个问题，一个常见的回答是否认它的合理性。这里所涉及的推理方法，曾得到哲学家大卫·休谟令人信服的表述，而且自那时起非常有影响。从休谟的观点看，任何事物都会导致有规律的活动这一假设是错误的。的确，这给整个自然界的因果概念都提出了问题。推理过程如下。例如，当两个台球相撞时，我们可以直接在相撞之前并且直接在相撞之后观察它们的运动，而且，我们也许能够辨别出撞击之后的速度以某种规则的方式与撞击之前的速度相联系，但是我们根本不清楚，除此之外是否还可以把别的什么看成是一个球与另一个球相撞的因果效应。从这种观点看，因果效应不是别的，就是规则的关联，而规律的形式就是"B类事件总是伴随着A类事件或者在A事件之后发生"。例如，伽利略的落体定律会采取这样的形式："当在地球表面附近放开一重物时，它会以匀加速的方式落向地面"。这就是所谓的规律的规则观。没有什么使得物质按照规律运动,因为规律只不过是事件之间的实际规则。

一组很有权威而且有效的反对规律的规则观的主张认为,这种观点没有区分偶然的规则和有规律的规则。波普尔以"没有一只恐鸟的寿命超过50年"为例。情况很可能是这样:没有一只现已灭绝的恐鸟的寿命超过了50年,但是,如果环境条件更适宜的话,有些恐鸟的寿命也许会超过50年,基于这一理由,我们倾向于不完全相信这样的通则是一种自然规律。但由于它是一种没有例外的规则,因而,它有资格成为一种规律。再举一个例子。很有可能存在这样的情况,即当曼彻斯特的工作日结束时工厂的汽笛就会响起,而这时伦敦的工人会放下工具,但即使这种通则没有例外,它也几乎不可能有资格成为一种自然规律。这类的例子是很多的,它们暗示,除了有规则外,自然规律还有某种其他的特性。规则观遇到的另一个困难是,它无法确定因果依赖的方向。吸烟与肺癌的实例之间存在着一种有规则的联系,但这是由于吸烟导致了肺癌,而不是相反。这就是我们能够希望通过戒烟减少肺癌的发病率的原因,但我们不能希望通过发现一种治疗肺癌的方法来与吸烟作斗争。事件所展示出的规则并不是该规则构成一种规律的充分条件,因为有规律的活动并不仅仅表现为有规则。

撇开规则是规律的充分条件这一观念所遇到的困难,对科学中所出现的规律的直接思考很有说服力地表明,规则也不是一个必要条件。如果认真考虑这一观念,即规律描述了事件之间毫无例外的规则联系,那么,在被典型地看成是科学规律的主张中,恐怕没有一个符合这种要求。上面提到的伽利略的落体定律就是一个恰当的例子。秋天的树叶很少以匀加速的方式落向地面。按照一种绝对规则观来看，这就会使这一定律成为错误的。类似地，阿基米德原理在某种程度上主张，比水密度高的物体在水中会下沉，这一点受到了漂浮的针的反驳。如果把规律理解为是毫无例外的规则，那么，由于缺少这类特定的规则性，就很难找到一个规律的真正的候选者。更为重要的是，在科学中被当作规律的那些通则，即使不是全部也是绝大部分，都不符合这种要求。

从科学实践的观点以及关于这个问题的常识观点看，对于这些考察结果有一个现成的回答。毕竟，人们已经充分理解了为什么秋天的树叶没有以一种规则的方式落到地面。因为树叶受到了气流和空气阻力的影响，它们的作用是一种干扰性的影响，就像针的下沉被表面张力阻止了一样。正是由于物理过程受到了干扰性影响的阻碍，就需要在一些人为排除或控制了这类阻碍的实验环境中，对表征那些过程的物理学定律进行检验。与科学相关的规则，以及那些显示有规律的活动的情况，都很典型地是复杂的实验活动来之不易的结果。请思考一下，例如，亨利·卡文迪什（Henry Cavendish）在用相互吸引的球体来展示平方反比律方面所达到的程度，以及 J. J. 汤姆孙最终成功而赫兹却未能展示运动的电子在电场中有规则的偏转。

规律的规则观的捍卫者，能够对这些考察结果提出的明白回答是，以条件句的形式重申这一观点。也就是说，可以用这种方式来阐述规律："假如干扰性因素没有出现，B 类事件总是在 A 事件之后或者伴随着 A 类事件发生"。这样，伽利略的落体定律就变成了："假如重物下落时没有遇到某种可变的阻力，或者不会因风或其他干扰因素而发生偏斜,它们会以匀加速的方式落向地面。""其他干扰因素"这个短语预示着这样一个普遍的问题:对于一个有关某一规律适用时必须满足的条件的精确命题,如何才能予以阐明?但是,我想把这个困难搁置起来,因为我认为,在这里,规则观还面临着一个更为根本性的问题。如果我们承认这一表征,即规律是用条件句的形式陈述的规则,那么我们必须承认,这些规律只有在这些条件得到满足时才适用。既然适当的条件的满足通常只有在特殊的实验设置中才能实现,我们就不得不得出这样的结论:科学定律通常只在实验环境内适用,在这些环境以外不适用。这样,有人就会认为,只有当重物在消除了空气阻力之类的因素的环境中下落时,伽利略的落体定律才能适用。因而,按照这种修正后的规则观,秋天的树叶不符合伽利略的落体定律。这难道不是与我们的直觉相冲突吗?难道我们不愿意说,秋天的树叶是受落体定律制约的,但也受支配空气阻力和空气动力学的规律制约,因而所产生的下落是不同定律共同作用的复合结果,对是不对?由于这种以条件句形式出现的规则观,把规律的适用性限制在那些满足适当条件的实验环境之中,因此,它对那些条件以外发生的事情是无能为力的。按照这种观点,科学无法说明秋天的树叶为什么通常会落在地上!

如果把新实验主义理解为对什么可算作是科学知识进行了详尽的阐述,那么就会出现一个问题,而这里的这些困难就是这个问题的回响。因为正如我们在前一章看到的那样,尽管情况很可能是这样:对于把科学进步理解为实验知识的不断积累,新实验主义能够把握其充分意义,但它就此为止,而没有为我们说明：怎么能把在实验环境以内获得的知识输送到那些环境以外并应用于其他地方。我们应如何解释工程师对物理学的运用、历史地质学中放射性鉴年法的使用或者牛顿理论在彗星运动方面的应用？如果把科学规律设想为既在实验环境以内、也在实验环境以外适用，那么，就不能把这些规律等同于可在实验环境以内获得的规则。规律的规则观将不再起作用。

3. 规律是对能动力量或倾向的表征

有一种简单明了的方法，摆脱了我们在这里一直讨论的那种关于规律的观念所遇到的问题。这种方法是，认真领会许多常识以及科学中所隐含的意义，亦即物质世界是能动的。世界中的事情是自动发生的，这些事情之所以发生，是因为世界中的实体有能力或有能动力量、有倾向或有趋势使得它们按照自己的方式行动或活动。皮球弹起是因为它们有弹性。一些关于容器的警告称，其中所盛的东西是有毒的，或者是易燃的抑或是易爆的，这就告诉我们，容器中的东西有活动能力，或者告诉我们，它们有怎样活动的趋向。对一个电子的质量和电荷的详细说明，预示了它将如何对电场或磁场做出反应。决定某物是什么的一个重要因素就是，它能够做什么或能够发生什么变化。正如亚里士多德正确观察到的那样，我们需要根据事物的可能存在和实际存在来表征它们。能成长为一棵橡树是作为一个橡子的重要特性的一部分，与此相同，异性电荷相吸、同性电荷相斥的能力，以及在加速时会发生辐射的能力也是作为一个电子的重要特性的一部分。我们

202

对系统进行实验,以图发现它们趋向于怎样运动。

一旦我们允许在我们对物质系统的表征中使用诸如倾向、趋势、能动力量和能力这样的概念,那么,就可以把自然规律理解为是对那些倾向、趋势、能动力量或能力的表征。伽利略的落体定律描述的是重物所具有的以匀加速的方式落向地面的倾向,而牛顿的万有引力定律则描述的是有质量的物体之间的引力作用。一旦我们以这种方式解释规律,我们就不必再期望规律去描述世界中所发生的事情的结果,因为所发生的那些事情典型地都是一些倾向、趋势、能动力量或能力以某种复杂的方式共同作用的结果。树叶按照伽利略定律下落的趋势被风的影响破坏了这个事实本身,没有理由让人怀疑这种趋势会按照该定律继续对树叶施加作用。从这种观点出发,我们就可以很容易地理解,为什么对于为验证某一定律而收集相关的信息来说,实验是必不可少的。必须把那些同正在研究的规律相对应的趋势与其他趋势区分开,而这种区分需要适当的实践干预方能实现。已知洋床的不规则性以及太阳的引力、行星的引力和月球的引力,我们不能指望从牛顿理论以及初始条件中得到关于潮汐的明确说明。不过,引力是潮汐的主要原因,而且有些适当的实验可以验证引力理论。

从我所倡导的观点来看,原因与规律是密切联系在一起的。事件是由一些特定物的作用引起的,这些特定物具有可作为原因发挥作用的力量。月球的引力是潮汐的主要原因,带电粒子是造成电离并在云室中留下径迹的原因,振荡电荷是从发射机发出的无线电波的原因。在这些构成了自然规律的事例中,包含了对能动力量的作用方式的描述。引力的平方反比律定量地描述了有质量的物体所具有的产生引力的力量,经典电磁学理论尤其描述了带电物体所具有的吸引和放射的能力。正是这种在自然界中发挥作用的能动的力量,使得那些规律正确时为真。因此我们对玻意耳的问题有一个现成的回答。正是特定物所具有的并且在特定物相互作用时发挥效力的能动力量和能力,迫使那些特定物按照规律活动。有规律的活动是由有效的因果作用引起的。面对在处理规律时所遇到的问题,玻意耳不得不求助于上帝,这恰恰是因为他拒绝承认物质具有倾向属性。

　　大部分哲学家似乎不愿意接受这样一种本体论,它把倾向或能动力量作为基本的属性。我不理解他们的不情愿。也许,其原因在一定程度上是历史性的。在文艺复兴时期,由于能动力量被以神秘的和模糊的方式应用于巫术传统之中而声名狼藉,而且据称,亚里士多德学派曾假借形式的名义,以满不在乎的方式滥用过它们。玻意耳在他的机械论哲学中对能动的属性的拒绝,可以看成是对那些传统的泛滥的一种反应或许是一种过度反应,也可以看成是受神学忧虑推动的。然而,没有必要对借助能动力量和趋势等概念进行神秘的或认识论方面的猜想。可以像对任何其他主张一样,对有关它们的主张进行严格的检验。此外,无论有多少哲学家可能反对倾向属性,科学家们都会系统化地诉诸它们,而且离开了这些属性,他们的工作可能就无法进行。在这方面,注意到这一点是很有意义的,即玻意耳在其实验科学中与在其机械论哲学中正相反,他无拘束地利用了诸如酸性和空气的原动力之类的表示倾向的属性。对17世纪的机械论哲学家来说,不同形式的弹性是令人困惑的。T. 霍布斯（T. Hobbes）抱怨说,玻意耳把弹性归因于空气就等于承认空气可以自己运动。玻意耳和其他17世纪的科学家继续使用弹性概念，但从未成功地参照非倾向属性把它解释清楚。从那时以来，也没有任何人在这方面取得成功。我不理解哲学家们有什么理由对借助倾向属性的做法提出质疑，或者有什么理由觉得需要把它解释清楚，科学家们借助倾向属性是一种很常见而且的确也很普遍的做法。

204　　　　认为规律表征的是事物的倾向、能动力量、能力或趋势的观点，具有这样一个优点，即它从一开始就承认所有科学实践所隐含的意义，即自然是能动的。它阐明了什么使得系统按照规律活动，而且它以一种自然的方式把规律与因果作用联系在一起。它还对前一节所遇到的问题，即把实验环境中所获得的知识输送到那些环境以外的可能性，提出了一个便捷的回答。一旦假定世界中的实体因它们所具有的能动力量和能力而成为其现实存在，而且我认为这种假定是隐含在科学实践以及日常生活中的，那么就可以假设，描述那些能动力量和能力并且在实验环境中得到了验证的规律，在那些环境以外也适用。然而，我无法问心无愧地就把问题放在这里不管了，因为有一些重要的科学规律难以符合这种图式。

4. 热力学定律和守恒定律

我们来注意一下我在前一段所概述并为之辩护的观点，这种观点亦即规律的因果观，它把规律理解为是对因果作用的表征。在物理学中，有些重要的规律并不完全符合这一图式。热力学第一和第二定律,以及基本粒子物理学中的一系列守恒定律,都不符合这一图式。热力学第一定律断言,一个封闭系统中的能量是恒定不变的。热力学第二定律断言,在一个封闭系统中熵不可能减少,这一定律得出了这样一些推论,如确保热能从热的物体向冷的物体流动而不会逆向流动,并且排除了从海水中提取热能并付诸实施的可能性(为这种工作所付出的唯一一代价就是海水温度的降低)。能够实现这种可能性的机器就是第二类永动机,它有别于第一类永动机,第一类永动机是能量的净增加的产物。热力学第一定律排除了第一类永动机,热力学第二定律排除了第二类永动机。这些非常普遍的定律得出了一些关于物理系统活动的推论,而且这些定律可用来预见这些系统的活动,这些活动是不受那些起作用的因果过程的各个部分约束的。这就是不可能把这些定律解释为因果定律的原因。

　　我举一个例子来说明我的观点。如果冰受到的压力比通常大气层中的压力更高,它的熔点就会降低。这就是一根悬挂着重物的金属线穿过一块冰的原因。从分子层次对这一点的解释远非是简单明了的,也许无法得到一个明晰而详细的说明。既然压力有使分子靠得更紧密的趋势,有人也许会料想,在这种环境下它们之间的引力会增加从而引起热能的增加,这样必然会把它们拉开,因此又导致熔点升高。这的确是在接近熔点的典型固体中发生的情况。但冰不是一种典型固体。在冰中,水分子是非常松散地结合在一起的,甚至比液态时还要松散,这就是冰的密度比水低的原因。(幸好是这样,否则,湖水和河水就会从下向上结冰,而且在漫长的冰点以下的时期,湖水和河水会完全冻成

205

冰,从而也就会使鱼和从鱼中进化而成的任何可生存的生命形式死亡。)如果使冰中的分子比通常靠得更紧密,它们之间的引力就会减小,这样减少的热能必然会使它们分开,从而使熔点降低。力对分子位置的这种依赖的确切方式是错综复杂的,有赖于精密的量子力学的既涉及交换又涉及库仑力的详细说明,对这种方式尚无精确的认识。

鉴于存在上述这样的复杂的情况,人们也许会感到惊讶:詹姆斯·汤姆逊(James Thomson)竟然能够在1849年预见水的冷凝点会随着压力的增加而降低,从而预示了这种现象的经验发现。对于他的推论来说,他所需要的就是热力学定律以及水的密度比冰高这个已知的经验事实。汤姆逊左思右想设计了一种循环过程,即从0℃的水中提取热量,并把它变成0℃的冰。看起来似乎是,如果这种装置提供一种方法,可以从水中提取热量并把它都转换成伴随的膨胀所做的功,这样就构成了热力学第二定律所排除的第二类永动机。汤姆逊认识到,冷凝点会随着压力的增加而降低这一假设,可能会成为这个难以接受的结论的障碍。

我想突出的这个事例的特点就是,汤姆逊做出这个预见时,对分子层次上的因果过程的详细情况一无所知。热力学的一个特有特征和主要力量就在于,无论基本的因果过程的具体细节如何,它在宏观层次都适用。正是热力学定律的这一特性使得它们不能被解释为是因果规律。

因果观的困难还不止于此。通过详细说明一个机械系统中力在每一组成部分上的作用,并运用牛顿定律探索该系统的演化,就可以理解该系统的活动,并对活动做出预见。在这种探讨中,可以很容易地把牛顿定律解释为这样的因果规律:它们描述了物体施加特定的力或对特定的力做出反应的倾向。不过这并非是处理机械系统的唯一方式。也可以把力学定律写成这样一种形式,它以能量而不是力作为出发点。在力学的哈密顿方程和拉格朗日方程中就采用了这种方法,这些方程要求的是这样一些表达式,它们把一个系统的势能和动能表述为某类坐标的一个函数,从而必然会对这些能量做出确定。因而,通过把这些表达式输入哈密顿运动方程或拉格朗日运动方程中,就可以对一个系统的演变进行全面的详细说明。做到这一点并不需要有关起作用的因果过程的详细知识。

詹姆斯·克拉克·麦克斯韦(1965,第2卷,第783—784页)试图用拉格朗日的形式来描述他的电磁学理论,他用一种非常生动的方式说明了这一点。我们想象有一个钟楼,钟楼中有一个复杂的机械装置被一些拉绳驱动,拉绳垂落到下面敲钟人的屋子里。我们假定绳子的数量等于该系统自由度的数值。作为拉绳的位置和速度的一个函数,这个系统的势能和动能可以通过对拉绳的实验来确定。一旦我们掌握了这些函数,我们就可以写出该系统的拉格朗日方程。这样就有可能当已知拉绳在任意时刻的位置和速度时,推导出它们在任何其他时刻的位置和速度。我们不需要知道正在钟楼中发生的事情的因果情况的细节就可以做到这一点。拉格朗日方程陈述的并不是因果规律。

也许有人会反驳说,对拉格朗日力学方程的这些考察,并没有构成规律的因果观的一个真正反例。例如,有人也许会指出,尽管用拉格朗日方式对钟楼的机械装置的处理,可能既有效又无须知道钟楼机械装置的详细的因果情况，但是，一旦获得了适当的了解钟楼的经验方法，就可以按照牛顿的因而也是因果的方式用公式来表述这类情况。最终也许可以看到，可以从牛顿方程中导出拉格朗日方程。

这种主张（即使曾经正确）已经不再正确了。在现代物理学中，人们已经用一种方式对拉格朗日方程进行了解释，而且相对于那些方程可从牛顿定律中推导出来的说法，这种方式更具普遍性。在这里，对相关的能量是以一种普遍的方式解释的，即解释所有的能量，而不仅仅是从有质量之物体在力的影响下的运动中产生的能量。例如，拉格朗日方程能够适用于电磁能，这种适用不仅包括依赖速度的势能，而且使得诸如场的电磁动量之类的事物成为必要因素，而电磁动量不同于质量乘以速度的那类动量。当把拉格朗日方程限定在现代物理学之中时，这些（以及相关的哈密顿的）方程就不再是作为它们基础的因果说明可以取而代之的了。举例而言，各种守恒原理，例如与拉格朗日能量函数中的对称关系密切相关的电荷守恒和宇称守恒，已经不能再借助某些基本过程来解释了。

所有这一切的结果可以总结如下。物理学中的许多规律都可以理解为是因果规律。在这种理解可能成立的情况下，对于玻意耳的问题，即是什么迫使物理系统按照规律活动，有一个现成的答案。正是这些规律所表征的有因果影响的能动力量或能力的作用，使得这些系统遵循这些规律。然而，我们业已看到，在物理学中有一些基本规律是不能被解释为因果规律的。在这些事例中，对玻意耳的问题没有现成的答案。是什么使得系统按照能量守恒定律活动？我不知道。它们就是这样。面对这种局面，我并不感到非常舒服，但我看不出如何能避免这种局面。

5. 延伸读物

D. M. 阿姆斯特朗（D. M. Armstrong）在其著作（1983）中，阐述了一种与这里的表征有所不同的规律观，并且对规则观进行了详细的批判。R. 巴斯卡［R. Bhaskar（1978）］说明了实验以什么方式趋向于规律的因果观。卡特赖特在其著作（1983）中，对可能存在着真实的关于世界的基本规律这一观念提出了怀疑，但在她1989年版的著作中，她修改了自己的观点，并且为某种很像是因果观的观点进行了辩护。M. 克里斯蒂［M. Christie（1994）］用一些非常有趣的例子，描述了许多哲学家所表征的规律是如何与科学家所使用的规律概念相冲突的。本章的材料大部分来自于查尔默斯的论文（1999），在该文中有更为详细一些的论述。B. C. 范弗拉森（B.C. van Fraassen）的著作（1989）是近年来讨论规律本质的另一部著作。普西洛斯在其著作（Psillos，2002，第122—168页）中对这一问题进行了高水准的全面概述。

第十五章　实在论与反实在论

1. 引言

关于科学知识，要做出的一个自然的假设是，它告诉我们的许多关于世界本质的信息，完全超出了世界表面上所呈现出的情况的范围。它使我们知道了电子和DNA分子以及光线在引力场中的弯曲，甚至告诉我们早在有人类进行观察以前世界普遍存在的情况。科学不仅以给我们提供这类知识为目的，而且大体上，它在这方面做得都很成功。科学不但描述了可观察的世界，而且还描述了隐藏在现象背后的世界。这就是**实在论**有关科学的一个粗略说明。

为什么有人想否认实在论呢？确实，有许多当代科学哲学家是这样做的。对实在论怀疑的来源之一是这个问题：关于不可观察的世界的各种主张，不属于以观察为基础而得到确定证实的事物，就此而言，它们必然是假设性的，那么，这种假设的程度有多大？从其主张超出了能够合理辩护的范围来看，科学实在论似乎过于草率了。对历史的反思会加重这些怀疑。许多过去的理论提出了有关不可观察的实体的主张，它们的确因遭到否决而被证明在这方面是过于草率了。牛顿的光的微粒说和热质说以及麦克斯韦的电磁学理论（就其假设电场和磁场是物质以太的一种状态而言），都是很好的例子。尽管这些学说的理论部分已经被拒绝了，但反实在论者注意到，它们的那些以观察为基础的部分却被保留下来了。牛顿对象差和干涉的观察以及对热量测定的观察、库仑的带电物体相互吸引和排斥的定律以及法拉第的电磁感应定律，都已经被结合到现代科学之中了。科学中持久的部分，是以观察和实验为基础的部分。理论只不过是脚手架，一旦超过了其有用期，没有它们可能也行。这是典型的反实在论立场。

210

如此看来，实在论立场反映了大多数科学家和非科学家考虑不周的态度，而且实在论者会问："借助诸如电子和引力场这样的不可观察的实体的科学理论，如果并未至少近似地对这类不可观察的领域做出正确的描述，它们如何能像实际那样取得成功呢？"反实在论者在回答时强调，科学的理论部分的证据是非决定性的，并且指出，正如过去的理论尽管事实上并非是对实在的正确描述，但仍被证明是成功的一样，对当代的理论提出同样的假设也是合理的。这就是我们在本章中所要讨论的争论。

2. 全面反实在论：语言、真理和实在

我认为，在当代的文献中，实在论与反实在论之争常常采取的一种形式并不是有益的，无论如何，这种形式的争论有别于我和其他人想要强调的另外一种争论。对这种讨论的一般而抽象的术语不感兴趣的读者，可以跳过这一节而不会有什么损失。我

所谓的全面反实在论（global anti-realism）提出了这样的问题：包括科学语言在内的任何种类的语言如何能与世界衔接或结合在一起？它的辩护者说，我们无法借助直觉或任何其他方式最终与实在面对面，从而直接理解有关它的事实。我们只能从我们人为的视角观察世界，并且用我们的理论语言来描述它。我们永远都受语言的限制，而且无法突破语言以一种独立于我们的理论的方式"直接地"描述实在。全面反实在论认为，不仅在科学中，实际上在任何领域，我们都不能以任何方式接近实在。

我怀疑，是否有任何严肃的当代哲学家坚持认为，我们最终可以与实在面对面并直接理解有关它的事实。我想提醒读者，我们在本书中从大约第二章起就把任何这样的思想撇在一边了。因此，从这种意义上说，我们都是全面反实在论者，但这并不能说明什么，因为这个论题缺乏说服力。当把这种没有直接接近实在的方法的情况理解为，其结果证明了一种有关科学和一般而论的知识的怀疑论态度，这时，这个论题就会变得较为有说服力。这种观念似乎认为，任何知识作为对世界的一种表征都不具有特权地位，因为我们没有接近世界的方法可用来证明这一点。这种论述未被证明是有根据的。尽管确实，我们不使用某种概念框架就无法描述世界，但我们仍然可以通过与世界的相互作用来检验那些描述的适当性。我们不仅仅是通过对世界的观察和描述，而且是通过与它的相互作用发现世界的。正如我们在本书第一章中讨论的那样，解释有关世界的主张是一回事，这种解释必然要用语言来阐述。而这些主张的真或假则是另外一回事。真之概念往往被看成是对有关实在论的争论有重要影响的，因此，需要对这一概念加以讨论。

对于实在论者的需要来说，最有帮助的有关真理的理论，就是所谓的真理符合论。这种普遍的观点简明易懂，足以根据常识以一种使之看起来几乎是通俗的方式来解释。按照真理符合论，一个语句为真，当且仅当它与事实相符合。当猫在垫子上时，语句"猫在垫子上"为真，而当它不在上面时，该语句为假。如果一个语句所说的事情是实际情况，该语句为真，否则，该语句为假。

这种真理观的一个困难是，它可以很容易地导致悖论。所谓的说谎者悖论就是一个例子。假如我说"我从不说真话"，那么，如果我说的是真话，我所说的就是假的！以下还有另外一个例子。我们想象有一张卡片，它的一面写着"这张卡片另一面写的句子是真的"，另一面写着"这张卡片另一面写的句子是假的"。略微想一下就可以揭示，这是一个悖论，即每一面写的句子既是真的又是假的。

逻辑学家艾尔弗雷德·塔尔斯基（Alfred Tarski）证明了，对于一个相当简单的语言系统来说，怎样才能避免悖论。他所坚持的一个关键步骤是，当一个人用某种语言谈论语句的真或假时，他必须区分：什么是正在被谈论的语言系统中的语句亦即"对象语言"，什么是用来谈论对象语言的语言系统中的语句亦即"元语言"。谈到有关卡片的悖论，如果我们采用塔尔斯基的建议，我们必须确定卡片上的每一个语句是属于被谈论的语言，还是属于用来谈论的语言。如果遵循这个规则，那么，每一个语句必然要么属于对象语言，要么属于元语言，不能两者皆是，这样，就不会有一个语句既指称另一个语句又被另一个语句所指，从而，也就不会产生悖论了。

　　因此，塔尔斯基的真理符合论的一个关键思想是，如果我们谈论某个特定语言中的语句的真，那么，我们需要一种更一般的语言即元语言，运用这样的语言，我们就既可以指称对象语言的语句，又可以指称人们意在使对象语言的语句与之相符的事实。塔尔斯基必须能够说明，怎样能以一种避免悖论的方式，系统地阐述适合所有对象语言中的语句的真理符合概念。这是一个存在着技术困难的任务，因为对于任何一种被关注的语言来说，都存在着无数的语句。塔尔斯基只对涉及有限数量的单谓词的语言完成了他的任务，所谓单谓词即指诸如"是白的"或"是一张桌子"这样的谓词。他的方法包括，把一个对象满足一个谓词意味着什么当成是已知的。日常语言中的例子听起来是很通俗的。例如，x满足谓词"是白的"，当且仅当x是白的。在某一语言中，当对所有谓词来说"满足"这个概念意指什么是已知时，塔尔斯基说明了如何能从这个出发点开始构造一个适合该语言的所有语句的真之概念。（用专业的术语说，把原始满足概念当作已知，塔尔斯基以递归方式定义了真。）

　　对数理逻辑来说，塔尔斯基的结果当然具有专业的重要性。它对模型论产生了根本性的影响，并且导致了证明论的一些分支。不过，这些都是远远超出了本书范围的问题。塔尔斯基还说明了当用自然语言讨论真之问题时那些矛盾是怎么产生的，并且说明了怎么才能避免这些矛盾。但我并不认为他还有比这更多的贡献，塔尔斯基本人似乎也没这样想过。对于我们的论题来说，我认为塔尔斯基的真理符合论可以概述为一种通俗但给人印象深刻的描述,仅此而已,这种描述即:"雪是白的"为真,当且仅当雪是白的。也就是说,塔尔斯基已经说明,悖论被认为对真理的常识观是有威胁的,但可以通过一种避免这些悖论的方式来利用这种观念。从这种观点来看,一个关于世界的科学理论,如果世界就是该理论所说的那样,它就为真,否则它就为假。就我们有关涉及真之概念的实在论的讨论而言,这就是我将使用的真之概念。

那些热心地为全面反实在论辩护的人坚持认为,真理符合论并没有按照对它的要求那样,避免用语言描述语句与世界的关系。如果有人问我,诸如"猫在垫子上"这样的命题与什么相符时,那么,除非我拒绝答复,否则,我必须用一个命题来回答。我将回答说,"猫在垫子上"与猫在这张垫子上相符。对此,我所想到的那些支持这种异议的人会回应说,我在回答时并没有表征一个命题与世界的关系,而是表征了一个命题与另一个命题的关系。这是一个被误导的异议,通过一个类比就可以显示出这一点。如果我有一张澳大利亚的地图,并且有人问我这个地图所指的是什么,那么我的回答是:"澳大利亚"。在给出这个回答时,我并不是在说这个地图是指"澳大利亚"这个词。如果有人问我这张地图所指的是什么,我没有别的选择,只能用言语给出回答。这张地图是**被称之为**澳大利亚的大陆的面积图。无论是在猫那个个案中还是在地图这个个案中,说用言语做出的回答使我在第一个个案中断言"猫在垫子上"这个语句,在第二个个案中断言地图是指某种言语的东西,都是不合情理的。〔在我看来,例如史蒂夫·伍尔加(Steve Woolgar, 1988)关于科学的全面反实在论,就包含了我在这里试图澄清的这种混乱。] 至少对我来说，认为"猫在垫子上"是指世界事物的一种状态，如果猫在这张垫子上，这个语句就是真的，如果不在它就是假的，这样的主张是完全可理解的，而且是明显正确的。

214　　　实在论者的典型要求是，科学要以关于可观察和不可观察的世界理论为目的，且这些理论必须为真，在这里，真被解释为是这样一种常识概念，即与事实相符。如果世界确如一个理论所说的那样，该理论便为真，否则便为假。在"猫在垫子上"的个案中，可以相当简明地确立命题的真值。但在科学理论的个案中，情况远非如此。我要重申一下，我想探讨的实在论的分支不含有这样的主张：我们最终可以与实在面对面，并可以直接理解哪些事实为真、哪些事实为假。

实在论者与反实在论者关于科学的传统争论涉及这样的问题：是否应当在某种无限制的意义上把科学理论理解为真理的候选者，或者，是否应当把它们仅仅理解为提出了有关可观察世界的主张？这样，双方都在某种意义上（我将把它解释为上面所讨论的那种符合的意义）把科学看作以真理为目的。因此，任何争论的一方都不支持全面反实在论。这样，我们姑且把全面反实在论放在一旁，认真考虑真正的实质性问题。

3. 反实在论

反实在论者坚持认为，科学理论所包含的不是别的，仅仅是一组可被观察和实验证实的主张。从强调实用的意义上，许多反实在论者可能被称作、而且常常被称作**工具论**者。对于他们来说，理论只不过是一些有用的工具，有助于我们把观察和实验的结果联系在一起并对这些结果做出预见。把理论解释为真或假是不适当的。当亨利·彭加勒［Henri Poincaré（1952，第211页）］把理论与图书馆的目录加以比较时，他就例证了这种观点。可以根据目录的有用性来评价目录，但是，如果认为它们为真或为假那就是判断失误了。对于工具论者来说，理论也是如此。工具论者将会要求理论应当是普遍的（从而使一系列众多的观察受到它们的保护）和简单的，而且作为一个重要条件，要求它们与观察和实验相一致。巴斯·范弗拉森（1980）是一位当代的反实在论者，但就他认为理论的确有真假之分而论，他不是一个工具论者。然而，他认为，就科学而言，理论的真或假是无关的。对于他来说，一个理论的价值，是根据它的普遍性、简单性以及它在什么程度上被观察证实并且在什么程度上导致新的观察等来判断的。范弗拉森把他的观点称之为"建构经验论"（constructive empiricism）。对于一个只根据可控的科学成就来看待科学发展的新实验主义的倡导者，我们可以把他描述为我这里所讨论的意义上的反实在论者。

构成反实在论基础的动机似乎是这样一种愿望，即把科学限制于那些可以被科学方法证明的主张，从而避免不合理的推测。反实在论者可以说明，科学史能够证实他们的这一主张：不可把科学的理论部分看成是被可靠地证实的。不仅许多过去的理论已被当作假的而遭到了拒绝，而且它们所假定的许多实体也不再被认为存在了。牛顿的光的微粒说被认可为物理学的一部分长达100余年。现在,不仅该理论被认为是假的,而且,牛顿光学所意指的诸如微粒这样的东西事实上也并不存在。毫无疑问地包含在19世纪波动光学和电磁学理论中的以太,也类似地被抛弃了,而麦克斯韦理论的一个关键思想,即电荷只不过是以太张力的一种不连续状态,现在也被认为是明显错误的。不过,反实在论者将坚持认为,尽管这些理论被证明是非真的,但无可否认,它们在帮助处理可观察现象方面,而且的确,在帮助发现可观察现象方面,发挥了积极的作用。毕竟,正是麦克斯韦关于电磁现象呈现了以太的状态的推测,导致他创立了一种光的电磁学理论,并且最终导致了无线电波的发现。就此来看,只根据理论处理和预见可观察现象的能力来评价理论似乎是合理的。这样,当理论超过了它们的有用期时,它们就可能被抛弃,而它们所导致的观察发现和实验发现却有可能保留下来。正如过去的理论和它们所利用的不可观察的实体已经被抛弃了一样,我们可以预料,我们现在的理论和它们所利用的不可观察的实体将来也会如此。

216 它们只不过是帮助建设观察知识和实验知识大厦的脚手架,一旦它们的使命完成了,就可以把它们丢弃。

4. 一些权威的异议和反实在论者的回答

反实在论者假设,可观察层次的知识与理论知识有区别。可观察层次的知识被认为是可以得到可靠证实的;而理论知识是不可能得到可靠证实的,它最多可以被看成是一种有启发作用的助手。在本书以前诸章关于观察和实验依赖理论以及观察和实验的可错性的讨论,至少在表面上给这种观点提出了一些问题。如果从观察命题和实验结果可以经受住检验的角度,认为它们是可接受的,但在未来仍有可能根据新的和更敏锐的检验把它们替换,那么,这就为实在论者提供了机会,使得他们可以用完全相同的方式处理各种理论,并且否认观察知识与理论知识有根本性的或明显的差别,而这种差别正是反实在论者以之作为他或她的观点的基础的。

我们来从实验层次而不仅仅是从观察层次讨论一下这个问题。在这里,反实在论者不一定否认理论在发现新的实验效应方面的作用。不过,他或她可能会像我在论述新实验主义的那一章中那样强调,可以用一种独立于理论的方式对新的实验效应进行评价和操作,而且当理论发生剧烈变革时,这种实验知识不会丧失。我曾以法拉第发现电动机和赫兹制造出无线电波作为例子。这些个案可以用来证明反实在论者的立场。无论如何,对于科学中所出现的所有实验的结果是否都能解释为以这种方式依赖理论,人们仍有争论。我再次借用我有关用电子显微镜研究晶体中的位错的事例,来具体说明这个问题。早期的某些工作可能对反实在论者有所帮助。对位错之观察的正确性是通过各种操作和多方查证来证实的,而这些操作和多方查证,不依赖于诉诸有关电子显微镜和有关电子束与晶体相互作用的复杂理论。不过,随着研究变得更为复杂,唯有微小的细节与理论预见的一致才能为可观察的现象提供解释并对这种解释提供支持。无可否认,有关位错的知识对于理解物质的强度以及固体的许多其他属性具有重要的实践意义。一个反实在论者必须能够做到这一点,即说

217

明:怎么能用一种独立于理论的方式对知识中在实验上有用的那一部分进行阐述和证实。有关这个问题更详细的讨论,请参见拙著(Chalmers,2003)。

另一种权威的对反实在论的异议涉及理论预见的成功。这种异议指出,如果理论不是至少近似地为真,它们怎么能在预见上取得成功呢?在那些一个理论导致了一种新现象的发现的个案中,这种论点似乎非常有力。既然爱因斯坦的广义相对论成功地预见了太阳会使光线弯曲,怎么能仅仅把它看成是一种计算手段呢?当现在可以通过电子显微镜"直接"亲眼看见有机分子的结构时,怎么还能较真地坚持说归因于那些分子的结构只不过是工具呢?

反实在论者可能会作如下回答。他们当然会同意,理论有可能导致新现象的发现。的确,这是他们自己对一个完善的理论提出的必要条件之一。(请记住,科学中没有理论的位置并不是反实在论者的观点的一部分。有争议的是理论的地位。)然而,理论在这方面具有创造性这个事实未必就预示着它是真的。这一点从以下事实来看是显而易见的:过去的理论在这方面已证明是很成功的,尽管从某种现代的观点看,并不能认为它们是真的。菲涅耳把光看成是有弹性的以太波的理论,成功地预见了阿拉戈发现的光斑,而麦克斯韦对以太位移的推测导致了对无线电波的预见。实在论者认为,根据爱因斯坦的理论和量子力学来看,牛顿理论是假的。但牛顿理论在最终受到反驳之前,已经在两个多世纪的时间内进行了值得赞扬的成功的预见。因此,历史难道不是在迫使实在论者承认成功的预见并不是真理的必要标志吗?

科学史中有一段重要的插曲已被人们用来尝试质疑反实在论了。这段插曲涉及的是哥白尼革命。正如我们业已看到的那样，哥白尼及其信徒们面临着一些要为他们关于地球在运动的主张辩护的问题。有一种对这些问题的回答对该理论采取了一种反实在论的立场，它否认应该按照字面意义把该理论理解为是在描述真正的运动，而仅仅是要求该理论与天文学的观测结果相一致。奥西安德尔在为哥白尼的主要著作《天球运行论》所写的序言中明晰地表述了这种观点。他写道：

> ……一个天文学家的责任是，通过仔细的和娴熟的观察来撰写天体运动的历史。然后，当转向这些运动的原因或有关它们的假说时，由于他无法以任何方式获知真实的原因，他必须构想和设计这样一些假说，按照设想，这些假说能够使人们根据几何学原理正确地计算出过去和未来的运动。本书的作者［哥白尼］非常出色地完成了这两方面的工作。假说不一定是真的，甚至不一定是可证明的；它们若能提供与观察相一致的计算，这就足够了。［E.罗森（E. Rosen），1962，第125页］

采取了这种立场，奥西安德尔以及具有相似意向的天文学家们，也就不必再正视对哥白尼理论所引起的那些麻烦了，尤其是那些从地球在运动的主张中产生的麻烦。然而，像哥白尼和伽利略这样的实在论者不得不正视这些麻烦，并且必须尝试着去消除这些麻烦。在伽利略的个案中，这一点导致了力学中的一些重大发展。实在论者希望从这个例子中获取这样的信念,即反实在论是无所作为的,因为反实在论者把那些需要从实在论视角去解决的难题掩盖起来了。

反实在论者可能会回应说,这个例子是对反实在论者立场的一种丑化。反实在论者在对理论所提出的要求中坚持认为,理论是具有普遍性和统一性的——亦即它们所包含的现象的范围是非常广泛的。从这种观点来看,反实在论者必须寻求把天文学和力学包含在同一个理论框架之中,这样,他们在处理与哥白尼理论相关的力学问题时才能像实在论者那样积极主动。在这方面,具有讽刺意味的是,一位著名的反实在论者皮埃尔·迪昂在他的著作《拯救现象》(*To Save the Phenomena*, 1969)中选择了哥白尼革命来支持他的论据!

5. 科学实在论与猜想实在论

我先从说明一种强硬的实在论入手,有人把这种实在论赋予了"科学实在论"(scientific realism)之名。按照科学实在论的观点,科学的目的就是,在所有层次而非仅仅在观察层次上,提供有关世界中存在什么和世界是如何活动的真命题。此外,就科学已经获得了至少近似真实的理论并且至少做出了一些关于世界存在什么的发现而言,可以说,它在朝着这个目标前进。因此,例如,科学已经发现了诸如电子和黑洞这样的事物,而且,尽管以前有关此类实体的理论已经被修改了,那些以前的理论还是近似真实的,这一点可以通过追溯它们与现代理论的近似方面来证明。我们不可能知道我们现在的理论是真的,但与以前的理论相比,它们更真实,而当它们在未来被某种更精确的理论取代时,它们至少仍然还是近似的真理。科学实在论者认为,这些主张可与科学本身的主张相媲美。据称,科学实在论是对科学成功的最佳解释,而且可以完全像参照世界对科学理论进行检验那样,参照科学史和当代科学对它进行检验。正是这种关于实在论具有以科学史为参照的可检验性的主张,被看成是为把实在论的这一分支命名为"科学的"提供了保证。理查德·博伊德[Richard Boyd(1984)]对我在这里概述的这种科学实在论进行了清晰的阐述。

这种强硬的实在论的一个关键问题来源于科学史,以及在什么程度上科学史揭示科学是可错的和可修改的。光学的历史提供了最有说服力的例子。光学在从牛顿的微粒说到现代的发展过程中,经历了根本性的变革。按照牛顿的理论,光是由一束束物质微粒构成的。取代了它的菲涅耳理论,把光解释为是一种无所不在的有弹性的以太之中的横波。麦克斯韦关于光的电磁理论又重新把这些波解释为涨落的电场和磁场,不过,保留了那些场是某种以太的状态的观念。在20世纪初叶,以太被排除了,而那些场本身作为实体被保留了下来。过了没多久,光子的引入又使得在光的波动特性上补充某种粒子方面的特性成为必要的了。我认为,实在论者和反实在论者同样都认为,这一系列理论从开始到结束是不断进步的。但是,这种进步怎样才能与科学实在论者的限制相一致呢?当证据有着剧烈的波动时,怎样才能把这一系列理论解释为朝着对世界中存在的事物愈来愈近似的表征前进呢？最初，人们是用粒子来表征光的，随后又把它表征为一种弹性介质中的波，然后又把它表征为场本身的涨落，最后又把它表征为光子。

诚然，还有其他一些例子似乎更符合实在论的图景。电子的历史就是一个恰当的事例。当接近19世纪末叶电子第一次以阴极射线的形式被发现时，人们把它解释为只不过是一种具有很小质量并带有一个电荷的非常微小的粒子。玻尔必须按照他早期的原子的量子理论来描述这种情景，在这种理论中，电子像人们会预料的循环运动的带电粒子那样，在围绕着以原子核为中心的轨道上运动，原子核带正电但没有辐射。现在，电子被认为是具有半整数自旋的量子力学实体，它们能够在适当的环境中像波一样活动，并且遵循费米–狄拉克（Fermi-Dirac）统计法而不遵循经典统计法。这样的推想是合理的，即在整个这段历史过程中，人们所指的和对之进行实验的是同样的电子，不过，我们已经不断改进和修正了我们关于它们的知识，因而也就可以合理地把这一系列关于电子的理论看成是逼近真理的。伊恩·哈金（1983）已经指出了一种从这种观点出发可以加强实在论立场的方法。他论证说，反实在论者不适当地过分强调了什么能够被观察和什么不能够被观察，但对在科学中实际可被操作的是什么却没有足够的关注。他论证说，一旦通过某种受控的方式可以对科学中的实体进行实际操作，并且用它们在其他物质环境中导致一些效应，就可以证明这些实体的真实存在。我们可以制造出正电子束，还可以把它们对准一些靶子从而以受控的方式导致某些效应，因此，尽管事实上无法直接观察到它们，它们怎么可能不是真实存在的呢？伊恩·哈金说,如果你能喷射它们,那么,它们就是真实存在的(第23页)。如果采用了这种判定何为真实存在的标准,那么,我有关光粒子和以太的例子也许不一定不利于实在论了,因为从未有人通过在实际中对那些实体的操作来证实它们的真实存在。

有些实在论者认为科学实在论太强硬了,并且试图用不同方法弱化它。波普尔及其信徒们倡导的实在论的分支就属于这一种,可以把它称之为猜想实在论(conjectural realism)。猜想实在论者强调我们的知识的可错性,并且充分认识到,过去的理论以及它们有关世界中所存在的各种实体的主张,已经被更胜一筹的以截然不同的方式解释世界的理论否证和取代了。我们并不知道,我们现在的哪些理论会经历类似的命运。因此,猜想实在论者将不会主张我们现在的理论已被证明是近似真实的,他们也不会明确地认定世界中存在哪些种类的事物。猜想实在论者也不想排除电子会经历与以太相同的命运的可能性。不过,它仍然坚持认为,科学的**目的**就是发现关于实际存在物的真理,而对于理论,也要根据可以确定的它们实现了这一目的的程度来做出评价。猜想实在论者将会说,我们可以宣布过去的理论是错误的这一事实,预示着我们有一种清晰的关于理想的观念,而这是过去的理论所缺乏的。

尽管猜想实在论者将坚持认为,他们的立场是科学中所采取的最富有成效的立场,但他们会骤然而止,不把他们的立场描述为科学的。科学实在论者主张,对他们的观点可以参照科学史进行检验,而且,他们的观点可以解释科学的成功。猜想实在论

222 者认为这种雄心未免过大了。在科学中,在一个理论被承认是对一系列现象的一种解释之前,要求关于该理论应有一些独立的证据。这种要求是合理的,这里的"独立的"是指不依赖于被解释的现象。正如约翰·沃勒尔(1989b,第102页)已经指出的那样,科学实在论不可能达到这一要求,因为不可能存在这样一些证据,它们是独立于科学实在论所要解释的科学史的。概而言之,难以明白,对于这些在科学自身之中提出的有关什么可算作有意义的确证的严格要求,一旦予以严肃对待,科学实在论怎么能被历史证据确证? 猜想实在论者把猜想实在论看成是一种哲学的而非科学的立场,对于这种实在论,可以根据它所能解决的哲学问题为它进行辩护。

猜想实在论存在的一个重要问题是,它的主张软弱无力。它并不断言,人们可以认识到现在的理论是真实的或近似真实的,它也不断言,科学已经令人信服地发现了某些在世界中存在的事物。它只是声称,科学的目标是要获知这类事物,当科学未能实现这一目标时,有一些辨认这一点的方法。猜想实在论者不得不承认,在科学中,即使获得了有关世界存在的真实理论和真实表征,也没有办法知道这一点。也许真应该问一下:在谈到对现代或过去的科学的某种理解和评价时,这种观点与最精湛的反实在论的观点究竟有何区别?

6. 理想化

对实在论的一种权威的异议,例如,迪昂(1962,第175页)

所提出的异议,认为不能把理论理解为是对实在的如实描述,因为理论描述被理想化了,而世界并非像这种理想化的方式所描述的那样。我们都会回想起,我们在学校时所学的科学包含这样一些东西,如没有摩擦力的平面、点质量和不可伸长的绳子等,而且我们都知道在世界中并不存在与这些描述相对应的事物。不应该认为,这种简化的方法只在基础性的课本中采用,而在后来更高级的科学中,所采用的是表征事物实际状态的更为复杂的描述。例如,牛顿科学把行星当作点质量或同质的球体之类的东西,它必然会获得一些天文学的近似值。当量子力学被用来推导氢原子的属性例如它特有的光谱时,人们把氢原子与它周围的环境分开来考虑,把它看成是一个带负电的电子在一个带正电的质子附近运动。真正的氢原子从来没有与它周围的环境相分离。卡诺循环和理想气体则是另外一些理想化的事例,它们在科学中起着关键的作用,但在现实世界中并没有与它们对应的事物存在。最后,我们注意到,从一种实在论的观点看,当精确的数学方程处理那些表征世界的不同系统的参量,例如一颗行星的位置和速度或者电子的电荷等,这时,这些参量的准确性总是被当作不确定的,而实验测量的结果总是伴随着某种范围的误差,所以,所测得的量将会被记为$x \pm dx$,在这里,dx代表误差的范围。因此,概而言之,理论描述是各种理想化的结果,它们不可能与现实世界中的情况相对应。

　　我自己的观点是,科学中的理想化结果并没有给实在论引起人们通常所认为的那些麻烦。就所有实验测量结果确实具有不准确性而论,由此并不能必然地推论出所测量的量不具有精确值。我愿意证明，例如，在物理学中，尽管对每个电子的电荷的测量是不精确的，但我们有强有力的证据可以支持每个电子的电荷是绝对相等的这一主张。许多用显微镜可以观察的特性，例如金属的传导性以及气体的光谱，都取决于电子遵循费米–狄拉克统计法而不是经典的玻尔兹曼统计法的方式，因为电子是相同的这种判断非常具有说服力。这个例子可能不会对认为电子是一种理论虚构的反实在论者有什么影响，不过，像哈金一样，在我看来，现在已经很平常的在实验中对电子的操作，使得反实在论者对电子的态度令人非常难以置信。

按照前一章关于规律本质的讨论，可以把理想化看成是一224 种具有启发性的方法。在前一章已经指出，有一类常见的规律所描述的是，特定物具有以一些确定的方式活动或发挥作用的能动力量和倾向等。该章强调，不应当期待对这些能动力量和倾向的有序作用，会有一些可观察的随之发生的事件对它们做出反应，因为它们在其中发挥作用的系统是典型的复杂系统，这些系统同时还包含也在发挥作用的其他能动力量和倾向。因而，例如，无论我们试图使一个旨在测量放电管中阴极射线之偏转的实验做得多么精确，我们永远也无法完全排除附近的物质对电子产生的万有引力效应、地球磁场的效应以及诸如此类的其他效应。人们承认，有关规律的因果说明能够理解科学规律的意义，而规律的规则观不成立，那么，就此而言，这就要求我们把规律看成是对在现象背后起因果作用的力量的描述，这些力量与其他力量结合一起，导致了作为结果而出现的可观察的事件或系列事件。也就是说，对规律的因果说明是一种实在论的说明。反实在论者似乎不得不用某种形式的规则观来理解规律在科学中的作用。我们在前一章已经讨论了他们所遇到的困难。

7. 非表象实在论或结构实在论

如果我们以最精致的实在论和反实在论为例，那么，这两种观点的每一种似乎都有某个重要的论点受人青睐。实在论者可以把注意力放在科学理论预见的成功上，并且可以问：如果理论仅仅是计算手段，那么，怎么能解释这种成功呢？作为反驳，反实在论者可以指出，尽管实在论者不得不把过去的科学理论表征为错误的，但它们在预见方面取得过成功。理论中的这种戏剧性的转换，是有利于反实在论者的关键一点。是否有一种立场设法把握双方最有价值的部分？过去，我曾尝试用一种我称之为非表象实在论（unrepresentative realism）的立场这样做。这种观点与约翰·沃勒尔（1989b）所提出的被他称之为结构实在论（structural realism）的立场有一些相似之处。我的这个用语没有流行起来。沃勒尔也许会更幸运一些。

从实在论者的观点看，光学的历史为我们提供了最令人困惑的例子，因为我们在那里看到，一些毫无疑问成功的理论，伴随着对光是什么的理解的变化而被推翻了。这样，我们不妨把注意力集中在这个问题的个案上，来看看在什么程度上可以拯救实在论的观点。波普尔派的实在论者热衷于反对实证主义或归纳主义对科学的理解，他们把注意力放在以前被合理地确证的理论的否证上，以此来支持他们的这一论点：无论有多少对科学知识有利的肯定性证据，科学知识仍然是可错的。依据这种精神，他们会坚持认为，譬如，菲涅耳的光的波动说已经被证明是错误的。（不存在有弹性的以太，并且波动说无法处理诸如光电效应这类现象，而且光展现出具有类似粒子的性质。）但是，这是否有助于把菲涅耳理论作为完全错误的而抛弃，或者说把它作为完全错误的而抛弃是否正确？毕竟，存在着许多这样的情况，在这些情况下光的活动确实像波一样。菲涅耳理论不仅仅在预见方面取得了成功。它还在许多情况下，成功地获得了有关光的某种正确认识，而正是在那些情况下，光展现出了其类似波的结构。恰恰是因为菲涅耳理论成功地把握了那种结构，它才能在预见上取得成功，它导致了一些令人瞩目的成功预见，例如对著名的白斑的预见。沃勒尔把注意力集中在菲涅耳理论的**数学**结构上，以此强调了这一点，并且指出，在菲涅耳对光的讨论中出现的许多方程，例如有关在透明物表面的反射和折射的详细情况的方程，仍然保留在现代理论之中。换句话说，从当代理解物质的观点来看，虽然事实上，菲涅耳对作为其方程基础的实在的某些解释已经被放弃了，但他的方程提供的对大量光学现象的描述却是真实的而不是虚假的。

　　科学试图表征实在的结构，并且就科学以日益精确的程度在表征方面取得的成功而言，它在稳步进步，从这种意义上讲，科学是实在论的。过去的科学理论，从其至少近似地把握了实在的结构而论，在预见上是成功的（因而它们在预见上的成功并非是不可解释的奇迹），这样，就避免了反实在论的一个重要问题。另一方面，从归于实在的结构不断得到完善来说，科学在稳步前进，而与此同时,伴随那些结构的表现物(有弹性的以太,作为承载物体但又与物体无关之容器的空间)却常常被替换。表现物总在转换,而数学结构在稳步地完善。因此"非表象实在论"和"结构实在论"这两个术语都有它们各自的用处。

物理学发展的一个重要特征是,一个理论能够解释被它取代的理论所具有的成功的程度,而这种解释已经超出了仅仅能够再现其预见成功的范围。菲涅耳的光学理论是成功的,因为在许多情况下,光确实具有波一般的特性,当代理论充实而不是否定了这一事实。类似地,在许多这样的情况下,即当所涉及的是一些并非过于巨大的、以远未接近光速之速度运动的物质时,那么,从相对论的观点便可以理解,为什么把空间当作是与时间无关并且与它所承载的物体无关的容器,是一种会使我们离错误不远的假设。任何关于物理学进步的说明,必须能够适应这些普遍特性。至于人们把能够满足这一点的观点称之为什么,并没有多大关系。

8. 延伸读物

这里的讨论在很大程度上依赖于约翰·沃勒尔(1982和1989b)的论文。关于科学实在论的论文集有J. 莱普林(J. Leplin)的著作(1984)。波普尔在1969年版的著作(第3章)和1983年版的著作中针对工具主义为实在论进行了辩护。迪昂1962年版的著作和1969年版的著作以及彭加勒(1952)的著作都是为反实在论辩护的经典,范弗拉森(1980)的著作则是这类辩护的现代版。近年来，普西洛斯在其著作（1999）中为科学实在论进行了辩护，拉迪曼（Ladyman）和罗斯（Ross）在他们的著作（2007）中为结构实在论进行了辩护，斯坦福（Stanford）在其著作（2006）中为反实在论进行了辩护。

第十六章　第三版结语

在结论部分,我将对以前诸章已经讨论过的问题进行一些反思。我将提出三个相互关联的疑问或问题,在我撰写本书时它们就令我担忧,而且现在仍令我担忧。

1. 我是否回答了构成本书标题的问题:科学究竟是什么?

2. 本书所提供的历史事例与所辩护的哲学论题之间的关系是什么? 这些例子是否构成了我的论点的证据,抑或它们仅仅是一些说明?

3. 怎样把本书第十二章和第十三章所讨论的贝叶斯学派和新实验主义者关于科学的普遍主张,与第十一章论述的反对方法的论点联系起来? 如果不存在关于科学的普遍说明,那么所有对问题的进一步讨论难道不是多余的吗?

我的回答如下:我重申,不存在这样一种关于科学和科学方法的普遍主张,它可以适用于科学发展的所有历史阶段的所有科学。当然,哲学没有办法提供这样一种说明。从某种意义上说,构成本书标题的问题被误导了。不过,对不同阶段的不同科学进行表征仍是一项既有意义又重要的工作。在本书中,我试图对从17世纪科学革命时代到现代的物理学进行这样的表征(尽管我避开了对这样的问题的探讨,即在什么程度上诸如量子力学和量

228　子场论这样的现代创新涉及了一些全新的特性）。这项任务要
　　求,主要通过适当的历史事例展示物理学的特性。因此,这些历
　　史事例就构成了论点的一个重要组成部分,而不仅仅是关于它的
　　说明。

　　　　尽管看起来,对于物理学的说明远未能提出一个具有普遍意
　　义的有关科学的定义,但是,当涉及有关什么可算作是科学或不
　　是科学的争论,正像例如有关"创世科学"的地位的争论所例证的
　　那样,这时,上述说明并非是毫无用处的。我推测,那些以科学的
　　名义为创世科学辩护的人的主要目的,就是要显示它所具有的特
　　征与公认的科学例如物理学的特征相似。本书所辩护的立场可
　　以对这种主张做出评价。通过展示物理学中所探索的是什么类
　　型的知识主张,可以获得什么类型的方法证实这些主张,以及已
　　经取得了什么类型的成功,我们就有了与创世科学相比较所需要
　　的基础。一旦展示出这些学科之间的相似性和差异性,我们也就
　　有了对它们做出明智的评价所需要的一切,对于把创世科学称之
　　为科学是否能合理地予以某种解释,我们就能做出评价。关于科
　　学的具有普遍意义的说明并非是必不可少的。

　　　　我在上一段之前的那段论述中暗示,对于我对物理学的描
　　述,可参照"适当的历史事例"为之辩护。在这里需要作一些详细
　　的说明。所谓适当的事例是与物理学诸学科作为**知识**而发挥作
　　用的方式相关的。它们涉及物理学诸学科中所提出的有关世界
　　的各种主张,以及这些主张被用来影响世界的各种方式和以世界
　　为参照检验这些主张的各种方式。它们涉及了哲学家所说的科
　　学**认识论**。科学哲学的研究是通过一系列展示和阐明科学的认

识论功能的历史事例而展开的。所涉及的那种科学史,是一种有选择的历史,当然,并非只有这种科学史是可能的或重要的。科学知识的生产总是在一定的社会环境中进行,在这一环境中,科学生产的目的是与具有不同目的的其他实践相互关联的,例如,科学家的个人目的或专业目的,提供基金的机构的经济目的,各种宗教或政治团体的意识形态利益,等等。探索这些联系的史学研究既是合理的也是重要的,不过我要声明,就本书的计划而言,这种探讨偏离了主题。现在流行着各种各样的"科学的社会研究",这暗示着,如果对科学所具有的社会性的一系列意义没有适当的关注,我在本书中所从事的这种认识论研究是无法完成的。在本书中,我并没有正面应对这些思想学派提出的挑战。我甘愿证明,他们所说的无法完成的事的确可以简单地通过付诸行动来完成。我在我的《科学及其编造》(1990)一书中尝试着使说明与当代关于科学的社会研究相一致,我相信我在该书中讲得很清楚,我认为对科学的社会方面和政治方面的研究有着巨大的重要意义。而现在的争论点是,这种研究在认识论方面的相关性。

现在,我要根据我对普遍方法的否定,转过来讨论贝叶斯主义和新实验主义的地位的问题。贝叶斯主义看起来像是对一般意义的科学推理进行说明的一种尝试,这一点在豪森和乌尔巴赫1989年版的著作的标题中清楚地表明了。然而,这种印象经不住分析。即使我们毫不怀疑地接受贝叶斯方法,这种方法给我们提供的,也只不过是一种根据新的证据调整赋予信念的概率的一般方式。它并没有把科学推理单独挑出来,并把科学推理与其他领域进行区别。的确,贝叶斯主义最有效的应用是在博弈而不是科学之中。因此，如果贝叶斯主义想要告诉我们有关特定科学的某种与众不同的情况，就必须通过关于各种信念的说明以及关于在科学中出现的对这些信念有影响的证据的说明，使它得以扩充。我认为，只有仔细观察科学诸学科本身才能做到这一点。此外，我还认为，在这样做时，在不同的科学中会出现一些差异，甚至在单一科学中也会出现方法的量的变化。也就是说，纵然贝叶斯方法是正确的，它仍然不能对普遍方法的否定构成威胁，而且依然需要我所提倡的科学认识论史。

230   新实验主义确实揭示了物理学和生物科学中实验的某些重要特性以及实验成就。然而，由此而产生的对科学的说明，并不能被看成是**那种**对科学的普遍说明。通过举例，新实验主义者已经证明了自然科学实验在过去300年间的效力和成就，并且黛博拉·梅奥通过诉诸误差理论和误差统计学为许多实验推理提供了某种形式的基础。但这算不上是对科学的普遍说明，理由有两个。第一，新实验主义中对实验操作的强调，使得这种说明在很大程度与对某些学科的理解无关了，因为在这些学科尤其是在社会科学和史学中，实验操作是不可能或不适当的。可以想象，把科学等同于实验科学便能避免这个结论，但这样一来，就很难满足那些希望把自己称之为例如政治科学家或基督教科学家的人的愿望。第二，正如本书第十三章已经证明的那样，就其未能对理论在科学中所起到的各种关键作用做出适当的说明而论，新实验主义的说明是不全面的。我认为，这个问题在彼得·加里森1997年版的著作中非常明显，在该书中，他把注意力集中在粒子探测器和粒子计数器以及它们的性能和发展方面，对20世纪微观粒子物理学的发展进行了内容丰富的说明。但该书并没有阐明粒子的实验发现与包括对称性原理和守恒原理在内的高层次理论的关系，而正是根据这些理论，人们才可以理解粒子并对之进行分类。在撰写这篇结语时，我认为，在自然科学哲学中，一个显著的和紧迫的问题是，用经过详细的个案研究证实的、相当新的关于理论在实验科学中之作用或不同作用的说明，去扩展新实验主义的洞察能力。

　　随后出现的历史反思，说明了从新实验主义者的研究中引申出有关科学的普遍表征或描述是很困难的，而且也说明了我计划从事的澄清理论与实验之关系的本质的研究所具有的意义。在 231 科学革命的时代，认为人应该通过实验操纵世界来理解世界的思想，绝不是什么新东西。炼金术被广泛地理解为是现代化学的先驱，它致力于有目的的物质转变，而不仅仅是狭义地把金属转变成黄金；它的历史可以追溯到古代，在中世纪达到了鼎盛时期。这种实践并不是特别成功的。这种缺乏成功的现象不能简单地归因于没有理论指导。因为众多原子论和其他的物质理论为炼金术士的工作提供了知识。如果有人倾向于忽略理论而只关注实验实践，那么，在16和17世纪的冶金家和制药者的工艺传统中，也能发现重大的进步。不过，可以看出，这里所涉及的知识与化学是有本质的区别的。化学产生于17世纪末和18世纪，这时的化学的确包含了"理论"，但却是与原子论相距甚远的水平非常低的理论。在18世纪初叶，人们所需要并且得到的是一种关于物质的化合和重组的概念，其中包含着这样的思想：当物质化合时，它会在作为结果的化合物中继续存在，并且可以通过适当的操作重新把它提取出来。物质被分为酸性的和碱性的，通过使一类物质与另一类物质的中和，就可以产生盐，这些提供了一种有序研究的方法，可以在不需要某种原子论或其他物质理论的情况下，使进步成为可能。在进入19世纪时，把这类思考与实验联系在一起的时机仍未成熟。因此，即使我们把讨论限制在化学领域，有关实验在科学中的作用以及它与理论的关系的问题，仍是一个复杂的与历史相关的问题。

　　作为结语，我想评论一下本书所探讨的有关科学的观点与科学家的工作之间的关系。由于我否认存在着一种哲学家可以获得且可以为鉴定科学提供标准的关于科学的普遍说明，而且我业已证明，对不同科学的说明只能通过密切关注科学本身而获得，也许有人会得出结论说，科学哲学家的观点是多余的，唯有那些科学家自己的观点才是重要的。也许可以认为，就我已经成功地阐明了我的主张而言，我已经完成了我的工作。因而，上述这种结论（对我来说幸亏）是没有根据的。尽管确实，科学家本人是最有能力从事科学的实践者，而且不需要哲学家的建议，但是，科学家并非特别善于脱离他们的工作而对那种工作进行描述和表征。在推动科学进步方面，科学家们通常是很拿手的，但在阐明那种进步由什么构成方面，他们并不是特别擅长。这就是科学家并不是特别适于进行有关科学的本质和地位的争论的原因，也是在涉及有关科学的本质和地位的争论时，例如在评价创世科学的争论中所体现的那样，他们通常不能很好地完成任务的原因。本书不打算对科学有所贡献，甚至也没打算对我集中讨论的物理学有所贡献。相反，在很大程度上，我试图通过历史事例来澄清物理学是什么或者曾经是什么。

延伸读物

　　有关中世纪的炼金术以及所涉及的各种原子理论,请参见 W. R. 纽曼(W. R. Newman)的著作(1994)。在纽曼和L. M. 普林西佩(L. M. Principe)合作的论文(1998)中,可以找到有关把炼金术解释为化学而不是对其进行狭义的解释的主张,以及对16世纪末17世纪初时所发明的有关"炼金术"的狭义解释的说明。关于化合观的引入能够使新的化学科学在18世纪得以持续的观点,相关的说明请参见U. 克莱因1995年和1996年的论文。

第十七章　增补篇

1. 引言

正如拙著的标题所暗示的那样，我的《科学家的原子与哲人石：为何科学成功地认识了原子而哲学却失败了》试图区分关于原子的科学知识与哲学反思。我的目的旨在确切地说明，20世纪初业已出现的有关原子的知识的那些特性，为它被称之为科学但又不同于以前的各种原子论提供了保障。通过评价18世纪末、19世纪初原子论在物理学中的地位与在诸如德谟克利特这类学者或17世纪机械论哲学家的著述中所出现的原子论的差异，我们对科学究竟是什么有了一种比较确切的理解。

我对科学的原子主张与哲学的原子主张所做的说明，概括而言就是，前者通过经验得到了确证，而后者却没有。这种思想，亦即科学的独特之处就在于它在一定程度上诉诸经验得到了确证，几乎没有什么新颖可言。正是这种常识性的观念，构成了《科学究竟是什么？》的出发点，并在以后的诸章中成了批判性考察的对象。在本书的《导言》中我曾评论说："对于这一思想，即科学知识与众不同的特征就在于它是从经验事实中推导出来的，纵使认同,也只能以一种非常谨慎和高度限制的方式认同。"(第xx页)步入老年,我变得不那么谨小慎微了,不过也许更保守了。我相信,一旦我们有了适当的关于确证和经验证据的概念便可以看出,科学与众不同的特性恰恰在于它从经验中得到了支持。

科学知识因获得经验证据的确证而具有独特性这种观念,有赖于某种有适当要求的有关确证的概念以及什么可算作是证据的概念。有关科学的主张如果经受住了证据的检验,而不仅仅是与证据相适应,且相关的证据是典型地从严格的实验介入中产生的,那么,在这种意义上可以说,这些主张得到了证明。关于我对实验结果的本质和地位的讨论,见于本书前面诸章尤其是第十三章,对此,我没有太多要补充的。不过,我确实希望详细说明和加强有关确证的讨论。

贯穿《科学究竟是什么?》的一个主题,而且一般而言,贯穿当代科学哲学的一个主题,就是科学知识的可错性。科学中所提出的一般主张是可错的,因为它们以之为基础的证据的范围是有限的,而且证据本身也具有可错性。还存在着这样的历史时刻:当理论被认为得到了令人满意的确证时,它们却已被发现是有欠缺和需要替换的了。在这种可错性观念与科学因获得了令人满意的确证而具有特殊性的观念之间,存在着某种矛盾。对这一难题的部分回答是,坚持要有某种适当的令人信服的确证形式。亚里士多德的四元素说的的确确已经被抛弃了,而它那时从未在适当的令人信服的意义上得到确证。另一方面,例如,牛顿力学却在一种相当令人信服的意义上得到了确证,但这并没有阻止它在处理异常巨大或运动速度极快的物质团块时失效。从某种意义

234

上说,牛顿理论已经被否证了,但未达到被丢弃的程度。它是相对论的一种极限情况并且仍被用来预测宇宙飞船和人造卫星的轨道。科学的一个特征是,那些得到令人满意确证的理论会作为它们的继任者的极限情况继续存在。理论无论得到了多么令人满意的确证,它们在某种意义上都是可错的,不过,这是一种应高度限制的意义。

有这样一种观念认为,科学理论因得到了令人满意的确证才成其为科学理论,但它们依然有可能被替换。这种观念导致了实在论者与反实在论者之间的争论。如果认为实在论者是在论证,科学在向着越来越精确的关于世界最终是什么样的描述前进,那么这种观点,即无论理论得到了多么令人满意的确证,它们在某种程度上都有可能被具有截然不同的描述的理论取代,就提出了一个相当棘手的难题。例如,如果我们考虑物理世界最终是连续的还是不连续的这个问题,那就很难把物理科学理解为,它在推动我们越来越接近这个问题的答案。在20世纪初,有关物质的原子结构的论点是相当有说服力的,但是没过多久,物质粒子又被描述为具有可无限延伸的连续的波的作用。此外,连续的电磁场也像原子一样成了物理学最基本的概念,这二者既展现出了像波一样的特性又展现出了像粒子一样的特性。谁知道,根据下一代粒子加速器可能揭示的情况,人们会赋予电磁场或电子什么样的深层结构？这些反思向强硬派科学实在论提出了问题。另一方面,电子存在的证据有如此强大的说服力,因此,想象未来的科学将表明它们不存在是愚蠢的,尽管有可能,科学会揭示出一些有关它们的令人惊讶的事实。在这章《增补篇》的后面部分,我将再次提及我在本书第十五章讨论过的实在论与反实在论的争论,并且尝试更加完善地说明:在何种意义上科学证明实在论的解释是有根据的。

2. 依据巧合的论据所做的确证

无论科学的主张得到了多么令人满意的确证,当要求它们达到新的精确度时,或者当把它们应用于它们以前从未在其中经受过检验的领域时,就容易发现它们的缺陷。否则,还可能是什么情况呢? 但是,科学是可错的这种意义并不会改变这样的事实:对定律和理论的确证可以达到如此高的程度,以至于它们不可能是完全错误的。如果一些主张真的得到了一系列独立证据的确证,除非它们是真理的令人满意的近似值,否则这种现象可能只是一种无法解释的巧合。

来自巧合的论据只能在这样的范围内才有效,即在此范围内它们在充分令人信服的意义上得到了证据的证明。关于它们的说服力存在着一系列相关的因素。

第一,观察证据和实验证据本身必须经得住本书第二、第三和第十三章讨论过的一系列严格而客观的检验。

第二,如果科学的主张将得到证据的证明,那么,必须使它们真正经受该证据的检验而不仅仅是与它相适应。如果为了确保与那些观测结果相一致而能够无限地增加本轮,那么托勒密天文学可能与有关行星位置的观测结果相符就绝不是一种巧合。

第三个因素包含在这里的讨论中。它产生于这样的事实:

在使定律和理论能够经受检验之前,有必要用附加的假设［简称辅助假设(auxiliaries)］使之增强。必须警惕的一个危险是,检验的成功或者失败,可能是因为辅助假设而非被检验的主张有不当之处。如果假设,当光的微粒从某种光疏介质进入到光密介质时会受到吸引,而且作为结果它们会在后者中以更大的速度运动,那么牛顿的光的微粒说就会衍生出折射定理。但这两种假设都是错的,而且它们支持的是虚幻的理论。反过来,否证的情况也可能被弄错了。考虑到哥白尼理论提出时通常对恒星距离的估计,这一理论与恒星视差观测不到这个事实是相冲突的。不过,这里出错的正是有关恒星距离的假设,而并非这一理论。解决这些问题的办法就是坚持,无论在哪里需要辅助假设,它们都应接受这样一些检验,而这些检验必须独立于被论证的理论。做出这样的论证,即天王星的轨道偏离牛顿天文学所预见的情况必定是因为某个尚未得到确认的天体的引力所致,这只不过是使理论与证据相适应。然而,一旦海王星被观测到并且它的轨道被近似地确定后,情况就有所不同了。当把天王星与海王星之间的引力考虑进去时,所观测到的天王星的轨道与牛顿理论的预见总是一致的,这一事实构成了对该理论的真正的确证而非否证。

第四个因素隐含在本书第十三章的讨论中了,但还强调得不够充分。这一因素涉及黛博拉·梅奥(1996)所谓的理论的分割237 (partitioning of theories)。如果理论所概括的东西超出了证据所能证明的范围,它们就不会被该证据确证。牛顿理论包含绝对空间假设,它曾得到了大范围的对众多地球现象和天文现象的预见的证明。但是,如果丢弃绝对空间假设,也能得出同样的那些预见。牛顿理论的预见所需要的无非是有关物体相对于其他物体的运动的说明。把牛顿定律与绝对空间假设分割开是有可能的。一旦这样做了，就可以意识到绝对空间假设是多余的，因此也不必使它经受证据的检验。包含绝对空间假设的牛顿理论能够预见到一系列广泛的证据，这并非巧合，因为理论所说明的证据不包括绝对空间。理论可被分割的方式未必是显而易见的。现在已经有可能通过在爱因斯坦时代尚无法充分理解的方式，在广义相对论中把空间弯曲的假设与一些更强势的有关弯曲度和弯曲的原因的假设区分开。做到了这一点就可以理解，广义相对论的某些关键的预见只需要弯曲时空的假设，而不需要更多的例如在爱因斯坦自己的理论中所包含的特别假设。通过实验可发现的红移就是一个例子。基于我所接受的梅奥的观点，我强烈主张爱因斯坦版的广义相对论并没有被红移所确证，尽管它预见到了这种现象！

　　第五个因素关系到一个理论的一系列不同的证据。之前几段的讨论已经概述了，以与结构体系相符的方式对理论提供确证的一系列现象，其范围越广，对理论整体的确证程度就越有说服力。如果一个理论并未显示出与真相接近，它经历了一系列性质不同的真正的检验却依然能幸存下来，那的确可能是一种巧合。牛顿理论说明了行星轨道的细节，使之达到了日益精确的程度，它还说明了岁差、潮汐、台球的撞击、地心引力随着高度的增加而减小以及哈雷彗星的回归等等。每一个确证的例子都与上面概述的标准相符。如果牛顿理论是错的，它如何能完成以上任务？确实，在一种意义上我们现在知道它错了。它在相对论效应和量子效应的事例中就失效了。然而，就它在相当高的近似程度上正确地描述了一系列广泛的现象而言，它并不是完全错误的。此外，它能够做到这一点这个事实，在很大程度上可以得到已经取代它的相对论和量子力学理论的解释。

证据的范围越广对理论的确证就越有说服力这种观点，使确证的说服力成了一个程度问题。当一个理论是假的时，使该理论得以确证的现象的范围越广，所涉及的巧合就越大。托勒密天文学理论确实在某种程度上被确证了。引入本轮就是为了说明逆行。一旦这样做了之后，这个理论就会预见说，当行星逆行时它们看上去最为明亮，因为这时它们最靠近地球。对这一预见的确证构成了支持托勒密理论的真正的证据，因为对于该理论中所包含的本轮存在着独立的证据。然而，托勒密理论是假的。此时此刻，我并不是在暗示，确证的程度可以被量化，不过，我希望我的例子能够澄清这一点，即相对于用逆行与亮度的相互关系对托勒密理论的确证而言，我在上一段落的讨论中所列举的证据对牛顿理论的确证更有说服力。

人们常常用以下的理论来强调科学的可错性，例如亚里士多德的四元素说、牛顿的光的微粒说以及热质说和诸如此类业已被拒绝的理论。这里隐含的意义在于，正如以往的理论遭到了拒绝那样（尽管存在着支持它们的证据），我们现在的理论在未来也将会遭到拒绝。我认为，这是夸大其词了。当我们有了相当高的有关什么可算作确证的标准以后，可以看出，许多以往被拒绝的理论并没有得到证据的确证或者仅仅获得了极为无力的确证。在理论得到了令人满意的确证的那些实例中，理论并没有被完全拒绝,而是作为它们的继任者的近似情况或极限情况而存在。

我在拙著(Chalmers,2009)中关于原子论的新近研究,包含了相当详细的有关起源于古希腊的哲学原子论与已经成为物理科学一部分的科学原子论的比较。我论证说,这二者之间的差异恰恰在于这一事实:科学原子论在经验上得到了确证,而哲学原子论却没有得到确证。在以下三节中,我将利用这一研究进一步说明和阐释我在前面概述过的关于确证的观点。

3. 关于原子的哲学认识与科学认识

在出现于古希腊的原子论与业已成为当代科学基础的原子论之间,存在着两个关键性的差异。哲学原子论寻求对物理实在的终极说明,而当代科学却不这么做。与此相关的是这一点,即当代科学得到了经验证据的确证,而哲学原子论至多不过是与证据相适应。

前苏格拉底的哲学家们,亦即那些公元前6世纪和5世纪在苏格拉底时代以前首创了极为抽象和理性的有关世界之本质的思维模式的人们,把变化看成是需要回答的一个问题。这个问题实际上是巴门尼德(Parmenides)提出来的,他论证了这样一个极端的和令人吃惊的论题:变化是不可能的,因而它必然是一种假象。他从任何事物不能从无中生成这一看似合理的假设开始。然而,任何变化都会涉及某种以前并不存在的事物的生成。也就是说,它涉及了某种无中生有的东西。巴门尼德还认为,虚空亦即真空是不可能存在的,因为虚空就是"无",而"无"不可能存在。

他得出结论说，与看起来相反，宇宙是一个同质的无变化的天球。原子论是公元前5世纪由留基伯（Leucippus）和德谟克利特提出来的，以之作为对巴门尼德的一种回应。他们的原子是微小的存在物的微粒，具有某种不变的形状和规模，微粒彼此之间被虚空隔开。按照他们的理解，虚空是存在的，尽管事实上，虚空在某种意义上是"无"，因为据认为，在它之中没有存在物，亦即没有原子。对于原子论者使变化成为可能来说，这种有关世界的终极结构的描述已经足够了。原子自身之中虽无变化，但通过它们的运动和重新排列，变化就出现了。

240   我怀疑古代的原子论者会注意到这样的暗示，即理应从经验上对他们的理论进行较为彻底的辩护。原子论是作为对普遍意义上的变化的终极说明而提出来的。若使变化可以理解，就必须有某种事物是持续存在的，从而我们可以说，无论发生什么样的变化，在它已经发生的变化的范围内，它保持着自身的同一性。我们希望能这么说：绿色的叶子变成了褐色并且被褐色的叶子取代了。当我们使我们对变化的说明达到足够的深度，我们就会达到终极说明，这种说明必然会涉及在整个变化过程中持续存在的终极实在，而这种终极实在是所有变化的根基。对变化的观察将无法揭示隐藏在变化背后的实在。感官所能感受到的现象，永远也无法导致有关隐藏在现象背后的实在的知识。

        像德谟克利特这样的原子论者们，确实在一种不那么令人信服的意义上为他们的论题提供了经验证明。他们的确试图提供一种看似合理的描述，以说明就我们认识的宇宙而言它是如何与这一观念兼容的：宇宙只是由虚空中无变化的原子而非任何其他东西构成的。因此,他们提供了一种解释以说明,例如,地球是如何作为原子偶然碰撞的结果而生成的,重力是如何由原子的碰撞导致的,知觉是如何通过从知觉对象散发出的原子到达我们的感官并与它们相互作用而产生的,等等。令人怀疑的是,所提出的这些作用过程是否确实能够说明借助它们所要说明的现象?无论如何,并不存在任何独立的证据可以证明这些作用过程的存在和特征。古代原子论至多是与经验证据相适应,而并没有被经验证据确证。

有些像德谟克利特原子论这样的学说,在17世纪被机械论哲学家们复兴了。这些哲学家与古人的重要差异在于,他们把原子论限定在物质世界,而排除了精神、灵魂、天使和上帝的非物质世界,这点是古人们没有做的。一种典型的观点认为,用机械论世界观取代亚里士多德的世界观是17世纪科学革命不可或缺的组成部分。我在自己的新著中则证明,这是一种误导。我把机械论哲学与新科学进行了区分:前者包括原子论版的机械论哲学,例如罗伯特·玻意耳和艾萨克·牛顿就曾为之进行过辩护;后者包括玻意耳气体力学和牛顿力学。我的区分的根据是,前者仅仅是与现象相适应,而后者在经验上得到了确证。在这方面,我愿意简略讨论一下玻意耳和牛顿。 241

玻意耳本人已接近于我所诉诸的对那种以他的机械论哲学为代表的哲学与实验科学的区分。他把理解实验的中介原因和说明与终极的原子说明进行了区分。他在其气体力学中主张,一系列现象,诸如气压计和注射器所表现出的现象,都可以诉诸气体的重量和弹性来说明。他用大量实验来支持他的主张,其中许多实验涉及了他为此目的设计的气泵。为了消除批评者的异议，他对实验作了重新设计。当他做了这一切之后，他有充分的理由可以称他的气体力学被证明是"事实问题"。谈到他的机械论哲学，情况就迥然不同了。他主张，物质世界是由不变的宇宙物质微粒构成的，这些微粒只具有不可更改的形状和规模以及某种程度的运动或静止。为这种观点辩护，他提出了一些可能的机制，他希望借此能够再现一些常见的现象。例如，他诉诸微粒交叠的外形来说明各种化学现象，诉诸微粒的运动来说明热现象。他的说明是否曾获得成功则令人怀疑。至于重力和弹力，他则公开承认，他本人无法设计出似乎合理的说明机制。即使在那些可以设计出适当的机制的实例中，他也没有独立的检验可以证明它们的存在。与他在气体力学中的情况不同，玻意耳最多也只能使他的原子论与证据相适应。他的原子论并没有得到证据的确证。

牛顿恰恰是以其在《原理》中所包含的力学而闻名的。他能够参照一系列经验证据为他的理论辩护，其方式与我在本章第二节中所概括的有关理论确证的严格说明相符合，而且代表了这种说明的一个令人印象最深刻的例子。这也就是我解释牛顿的主张的方式，按照他的主张，他的力学是"从现象中衍生的"。牛顿把他的力学的这个方面与笛卡尔《哲学原理》（*Principles of Philosophy*）中提出的机械论世界观进行了对比。用我的话来说就是，牛顿证明，笛卡尔只不过是使他的机械论世界观与现象相适应，而他本人则参照可观察的证据确证了他的力学。不过，除了发明他的力学以外，牛顿还是一位原子论者。就他为原子论的辩护而论，他只能论证，在何种程度上他能使其原子论与现象相适应。

德谟克利特、玻意耳和牛顿的原子论,是作为对一般物质世界的终极本质的说明而提出来的,并且,就可观察现象能够与这类原子论相适应而言,这类原子论得到了支持。在19世纪末进入科学的那种原子论在两个方面不同于这种原子论:第一,它涉及的是不同种类的主张;第二,它所涉及的支持它的证据的种类也不同。气体分子运动论把气体理解为是由运动的分子构成的,化学中的原子论把化学反应理解为是通过原子和分子的化合而发生的,这两种理论都不是关于一般世界的理论,而是涉及气体的活动和化合作用等特殊现象的理论。原子理论的适当性并不依赖于那些被当作终极解释而提出来的说明。没过多久人们便觉得,有必要认为原子具有某种内部结构。最终,人们在20世纪初所能诉诸的支持原子论的实验证据,与我在《增补篇》的第二节所概述的有关确证的严格要求吻合了。

有关这种微粒的物质结构令人信服的证据,是由J. J. 汤姆孙于1897年所做的有关阴极射线的实验提供的。在实验时,阴极射线要通过真空玻璃管,这些真空管被施加了很高的电压。在汤姆孙开始他的研究40年以前,人们已经知道了阴极射线。利用改进了的真空技术,汤姆孙能够使阴极射线在电场和磁场中发生偏转。运用均得到了大量独立证据支持的电磁定律和牛顿运动定律,汤姆孙证明,这些偏转所提供的证据表明,阴极射线是由快速运动的带电粒子组成的。他还能够测量出电荷与粒子质量的比例。其他实验使得对粒子的电荷可以分别进行估算,从而可以计算出这些粒子的质量。这些测量揭示,这些粒子的质量是极为

243

微小的,比基于气体分子运动论而认定的原子的质量小2000倍。其他研究者对不同于阴极射线的其他现象的研究也得出了类似的结论,这一事实使本身已经相当有说服力的汤姆孙的论据又获得了额外的力量。彼得·塞曼(Pieter Zeeman)通过对磁场导致的光谱线分裂的研究得出结论说,原子包含微小的带负电的粒子,而他所测量到的这些粒子亦即现在所知的电子的质量和电荷的值,与汤姆孙测量的结果是一致的。

电子的出现,不是对一般的物质结构沉思的结果,而应归因于对一些现象理解的尝试,其中包括对之进行实验的阴极射线和光谱线。具有某一特定质量和负电荷的电子不是实验者为了与现象相适应而设计出来的,而是现象迫使实验者接受的。电子微小的规模以及它们只带负电荷这个事实,无论对于塞曼还是汤姆孙而言,均为出乎意料的意外发现。认定那些粒子具有一定的电荷和质量这一需要,也是作为电磁场对它们的影响的结果而产生的。电荷这个概念是在19世纪电磁学理论的发展过程中出现的。它难以与机械论世界观相融合,而且许多物理学家,包括詹姆斯·克拉克·麦克斯韦在内,都曾试图根据力学中的以太或诸如此类的东西的压力和张力,对电荷做出机械论的说明。汤姆孙和塞曼则把电子的电荷及其质量当作尚未解释的最基本的东西。这种做法是对电磁现象的实验研究的自然结果,它不依赖机械论哲学或任何其他哲学中所涉及的那种思辨,相反,却是与它们背道而驰的。当人们发现有必要认为电子具有半整数自旋(这是一种量子力学概念,经典力学中没有与之对应的概念),并且认识到电子所遵循的是量子统计学而不是古典统计学,这时,这种趋势就延续了下来。

原子物理学和亚原子物理学是19世纪末发展起来的,它们 244
所包含的主张和论证模式,不同于机械论哲学家所激励的哲学原
子论中所包含的那些主张和论证模式。不仅如此。前者的出现
也没有什么可归功于后者。阴极射线首先是由尤利乌斯·普吕
克(Julius Plücker)在1859年利用某些技术创新制造出来的。他
能使他的放电管中的空气排出,其排空的程度是以前的一位技师
约翰·盖斯勒(Johann Geissler)利用自己的实验室所设计的汞
气扩散泵所达不到的,他还能运用海因里希·伦可夫(Heinrich
Rühmkorff)设计的感应线圈产生高电压。没过多久,阴极射线
就被发现在磁体的作用下会发生偏转。而对电场使它们发生偏
转的证明就不是这么简单了。赫兹直到1884年才进行这方面的
尝试,但他失败了。而汤姆孙在1897年取得了成功,这在很大程
度上应归功于改进了的真空技术,这种技术的出现,是为增加电
灯泡的使用寿命所进行的尝试的结果。在这里,我只对需要讲述
的一段详细的历史提供了一个梗概。但是这一梗概足以表明,导
致汤姆孙成功的方法与哲学原子论的表达和辩护中所涉及的诸
种因素之间,并没有什么相似之处。

4. 独立证据与"观察对理论的依赖":佩林关于布朗运动的实验

通过仔细考察让·佩林自1908年开始进行的有关布朗运动
的实验,并且仔细考察借助这些实验佩林能逐渐增加的有关原子

的论据的本质，我一直竭力主张的科学的经验确证的许多观点都可以得到充分的说明。对细节的关注会说明，佩林对气体分子构造的确立在什么程度上依靠的是来自巧合的有力论据：他的观察，从不会引发任何难题的意义上说，是不依赖于理论的，然而，他为之辩护的分子运动论在某些方面却是假的。

1827年，英国博物学家罗伯特·布朗（Robert Brown）首次通过显微镜观察到悬浮在一种液体上的微小粒子的混乱运动。到了19世纪末，物理学家们怀疑，在已知的布朗运动与分子运动论所假设的属于液体分子的运动之间有着某种联系。这种运动明显的无序性、它没有任何明显原因的持续性，以及它很容易与由外部原因例如振动和局部增温等导致的协调运动的区别，都支持这种观念。按照我在下面的分析，佩林的实验使人们无从怀疑：布朗粒子运动的确是悬浮在液体中的分子的碰撞导致的。

为了把握佩林的论证逻辑，我将以一种事实上比佩林更系统的方式对以下这两个方面加以区分，一方面是他的实验和他能辨别出的与那些实验相关的布朗运动的特性，另一方面是他可能运用他的结果去证明分子运动论的方式。

佩林能够利用1903年发明的超显微镜仔细观察布朗粒子。[①]借助许多独立的方法，佩林就可以证明，这些运动确实是随机的。有一个事实需要解释，即尽管事实上构成布朗粒子的树脂的密度大于它们在其中悬浮的液体的密度，但这些粒子会持续无限期地

———————————————

　　① 　在使用时，观察者是通过察看超显微镜内与被观察样本成直角的方向散射的光来观察样本的。在佩林的实验中，悬浮液分子在那个方向上散射的光与布朗粒子散射的射光相比，微不足道，因此，来自前者的炫光也就可以排除了。

处于悬浮状态,而不会沉到容器的底部。有一种当时提出的解释基于这样的认识,即每单位体积中所悬浮的布朗粒子的数量会随着高度而减少。如果是这样,粒子的随机运动就会导致向上的压力的增加,因为对于悬浮液的一个水平层,从下面撞击它的粒子的数量会略多于从上面撞击它的粒子。当向上作用的压力的效应与向下作用的粒子的重力相等时,就会获得平衡。佩林能够从实验上证明,一旦在三个小时左右之后达到了热平衡,粒子分布的密度的确会无限期地保持不变。

质量为m的n个粒子所施加的压力会以平均速度v撞击一个平面,按照牛顿力学,这种压力是一种直接作用。对于粒子撞击某一平面所导致的单位时间内的动量的变化,佩林可以运用统计方法计算出来,这时距詹姆斯·克拉克·麦克斯韦把这些方法引入气体分子运动论领域已有近半个世纪,而且这种方法已经很常用了。假设由于这种压力而产生的向上的力等于粒子向下作用的重力,就可以得出以下方程:

$$W.\log(n_0/n) = 2\pi r^3 \Delta.g.h 。$$

在这里,n_0/n表示在相距某一距离h的两个高度上单位体积的粒子的数量比,Δ 表示布朗粒子的物质密度超出它们悬浮于其中的液体的密度的量,r是它们的半径,g是由于万有引力而产生的加速度,W是粒子动能的平均值,亦即是 $(1/2)mv^2$ 的平均值。

这个方程表明n的变化是随着高度按指数增长的。佩林能够从实验上证明,情况确实是如此。此外,由于运用下面所讨论的方法,佩林能够测量出上述方程中除W以外的所有其他的量,因而他能计算出W的量值。也就是说,佩林能够确定布朗粒子动能的平均值。通过改变粒子的大小和质料以及悬浮液的性质,一系列实验揭示:粒子的平均动能是不依赖于所有这些因子的,而只依赖于绝对温度T,实验就是在这个温度下进行的。

上述讨论所涉及的仅仅是,佩林对表现牛顿力学特性的布朗运动所做的观察,以及他以此为基础所证明的东西。这里并没有诉诸气体分子运动论。不过,一旦假设,当粒子与悬浮液的分子像分子运动论所假定的那样发生碰撞时,这些粒子所经历的冲撞中的统计性涨落就会导致布朗运动,那么就会看到,关于佩林的发现有一个现成的说明。这种运动的许多特性本身都需要说明。这里有一点必须认识到,即布朗粒子彼此很少相互碰撞。那么,它们频繁改变运动方向的原因是什么呢？粒子与悬浮液中随机运动的分子的相撞为此提供了一个答案。分子运动论的一个基本假设是,一个系统的温度是其基础的分子运动的平均动能的一个量度。处于热接触中的不同系统会达到相同的温度,按照分子运动论的观点,这一事实意味着,它们的分子的平均动能趋于一致了。把这一假设应用于布朗运动,当达到热平衡时,布朗粒子的平均动能就将与它们所碰撞的分子的平均动能相等。亦即,当温度稳定不变时,粒子的动能也将稳定不变。这样我们对佩林的实验发现就有了一个直接的说明:他所测量到的平均动能不依赖于粒子的大小和质料以及悬浮液的性质。一旦我们诉诸分子运动论,对佩林所确定的布朗运动的许多定量特性就能立即做出简明易懂的说明，若非如此，它们则是不可思议的。

　　这里所涉及的"来自巧合的论据"，绝没有排除佩林通过实验所能提供的支持分子及其运动的论据。我们已经看到，他能够测量布朗粒子在某个绝对温度T时的平均动能。对于分子运动论来说非常重要的是，在温度T时构成任何系统的粒子的平均动能将具有相同的平均值。通过测量布朗粒子的平均动能，佩林不仅测量到了导致这些粒子运动的分子运动的平均动能，而且测量到了任何系统在温度T时的分子运动的平均动能。尤其是，他事实上测量到了一种气体在温度T时的分子的平均动能。这种知识使得人们有可能以一种简单明了的方式（关于这种方式，我在这里就不详述了）计算出著名的阿伏伽德罗常数，阿伏伽德罗常数即任何气体的每一摩尔中所含的分子数。以此方法计算出的数值与用不同方法得出的阿伏伽德罗常数的数值完全一致，这一事实使佩林的"来自巧合的论据"更有说服力了。

　　还有更多的成果。分子运动是布朗运动的原因这一假设，还暗示了粒子随着时间的演替的平均位移和平均自旋，就像爱因斯坦在1905年指出的那样。分子运动论暗示，这两个量都应是与消逝的时间的平方根成比例的。佩林能够从实验上证明，情况的确是如此。此外，对粒子的平均位移和平均自旋的测量，使得佩林又多了两种测量粒子的平均动能的方法，因而也就多了两种测量某一气体在一既定温度时的分子的方法。而这，反过来又使他多了两种计算阿伏伽德罗常数的方法。而所得出的结果与以前的结果十分相符。

　　到目前为止，我在讨论中只是假定，佩林能够测量诸如布朗粒子的半径这样的量并且能把每单位体积在不同高度的分子数加以比较。仔细地考察佩林测量的具体细节，就会使我们得出有关观察依赖理论的观念的重要洞见，并揭示独立检验的重要性。为了说明，我举一个例子，即佩林确定布朗粒子的半径（在上述方程中用r表示）的程序。

提及那些粒子的**这种**半径暗示着，它们都具有相同的半径。这又使得佩林花了三个月的时间准备含有其大小近似相等的粒子的乳状液。他使用了当时最先进的离心机来做这项工作。测量粒子的大小并不是一件轻而易举的事情。它们太小了，以致很难用便携式显微镜测量它们。在其第一部著作中佩林描述了他是如何做的：他测量了一团粒子在已知其黏度的液体中下落的速度，并运用斯托克斯定律计算了它们的半径，该定律关系到一个在黏性液体中运动的球体的速度所遇到的阻力，通过这些他估算出了粒子的大小。佩林受到了批评者的责难，他们指出，斯托克斯定律尚未在实验上确证适用于像布朗粒子那样小的粒子，而该定律的理论推论假设，球体表面的黏性力是持续变化的——从分子运动论的观点看，这个假设不可能是没有疑问的！作为对批评的回答，佩林又设计了另外两种测量半径的方法。布朗粒子越接近容器壁时，它们就越倾向于凝结成团。佩林在它们之中寻找那些排成一条线的粒子。通过测量例如5个排成一条线的粒子的长度——这一点用便携式显微镜是可以做到的，佩林就可以估算出每个粒子的半径。对其他排成一线的粒子进行的重复测量得出了相似的半径值，这一事实为佩林提供了直接的证据，即这些粒子的确具有相同的规模。通过称量某一体积中所包含的可数粒子的重量,并利用粒子质料的密度计算它们的半径,佩林也估算出了粒子的规模,他也可以用几种独立的方法对之进行测量。这些测量,除了那些诉诸了斯托克斯定律的测量外,没有任何一次可以从实用的意义上说是依赖理论的。此外,佩林只接受从几个独立的测量彼此一致的结果中所获得的值。以类似的方式(对此我在这里就不再提供文献证明了),佩林为他对构成布朗粒子的质料的密度的测量、对每单位体积在不同高度的相对粒子数的测量以及对粒子的平均位移和平均自旋的测量提供了依据。

从令人信服和要求合理的意义上,佩林的测量得到了确证。而佩林所检验的那些主张之推论的一些特点,对于理解他有关分子运动论的论据的本质,也具有相当的重要意义。我们业已讨论过了,为一个理论增加一些辅助假设何以会引发这一可能性:这些辅助假设中的缺陷有可能导致有关该理论的优势或劣势的错误结论。佩林论证的一个显著特征是,它只需要分子运动论的基本假设而无须辅助假设。对于分子运动论而言,基本的假设包括,分子运动的属性是随机性的,能量是均匀分布的。通过以多种方式证明,布朗粒子的运动的确是随机的,佩林为第一个假设提供了新的证据。至于能量的均匀分布,还需要作些讨论。

分子运动论的一个基本假设涉及一个系统中温度与分子的平均动能的密切关系。所有系统的分子在相同温度下必然具有相同的平均动能。因而,例如,倘若氢气与氧气处在热平衡之中,各自气体的分子必然具有相同的平均动能。由于氧分子比氢分子重,因此,平均而言,它们大都比氢分子运动得慢一些。因为从分子运动论的观点来看，分子同与它们相撞的布朗粒子的唯一区别就在于规模，所以，动能的均匀分布也必定适用于这些粒子。这是一个假设，而且是只涉及分子运动论的假设，我们已经讨论过佩林对布朗粒子的密度分布之具体细节的说明，而这个假设就包含在这一说明之中。

分子运动论还在一种更普遍的意义上关系到能量的均匀分布。当分子碰撞时，它们会失去或者获取动能，这不仅表现为它们会在彼此之间传递或者获得动能，而且还表现为它们会得到或者丧失转动能或振动能。然而，如果温度保持稳定，那么，通过这些能量交换而得到的平均动能也必定保持不变。平均而言，在某些碰撞中振动能或转动能所失去的动能，必定会与从其他方面获得的动能相等。结果就是，在平动能、转动能和振动能之间出现能量的均匀分布。只有基于这样的假设才能说，从分子运动论的观点看一个系统具有确定的温度。在佩林关于布朗粒子的平均自旋的研究中，已经涉及了平均平动能与转动能相等的问题。

佩林的观察被令人信服地确证的程度，以及这一事实，即他对分子运动论的检验只需该理论的一般假设而不需潜在有问题的辅助假设，这两方面合在一起可以说明他的论证的力量。我用戏剧化的方式来描述一下佩林根据粒子的分布密度计算阿伏伽德罗常数这一个案中的情况。鉴于佩林只承认那些得到了许多独立方法证明的观察结果，那么，从一种很有说服力的意义上可以说，佩林不可能是选择了他需要的数字输入他的方程。这些数字是由世界而不是由他决定的。布朗粒子在垂直方向应当是按指数分布的，而且阿伏伽德罗常数能够从这种分布中被计算出来——这一事实可从对分子运动论而言基本的动能均匀分布的假设中推导出来,而且不需要其他假设。当佩林测量在大约十分之一毫米的高度上布朗粒子密度分布的变化时,使测量结果得以出现的正是大自然。可以想象,其结果可能就是,在如此短的一段距离中觉察不到密度的变化。如果出现了这样的结果,佩林也许会计算出阿伏伽德罗常数的数值为零。或许,如果有足够的时间,布朗粒子都会沉到容器的底部。倘若出现这样的结果,佩林也许会推论说阿伏伽德罗常数的数值为无穷大。可能性的范围也就是如此,不可能再大了。我们可以想象,为什么佩林(1990,第104页)会"以最强烈的情感"同意这一事实:他的测量使他实际得出的数值大约是7×10^{23},这与以前用不涉及布朗运动的方法所获得的对阿伏伽德罗常数的预测结果非常接近。而这只是佩林所能提供的支持分子运动论的"来自巧合的论据"的一部分。

有关分子运动论的佩林个案的说服力可能已经强到不能再强了,而根据这一个案,人们倾向于得出这样的结论,即当代科学哲学中很常见的对科学知识可错性的坚持以及本书对这种坚持予以的适当信任是不合时宜的。然而,这恐怕是错的。事实上,佩林所支持的分子运动论是假的,而且这已经为人所知了。对这一理论而言基础性的能量的均匀分布假设,有一些关于气体的特定温度的直接推论,它们与观察结果相冲突。正如佩林本人已经意识到的那样,均匀分布假设对于振动模式是不成立的,而且在足够低的温度下对于转动模式也是不成立的。这个问题得由量子力学来处理。在佩林的实验以后,对于物质的分子构成以及认定分子运动是布朗运动的原因,可能几乎没有什么疑问了。但从

251

某种普遍的意义上说，这还没有达到对分子运动论确证的地步。

5. 理论的分割：19世纪化学中的原子论

实验对理论的支持并不总像佩林所做的有关分子运动论的实验那样令人信服，而且正如我们已经注意到的那样，即使出现佩林那样的情况，我们也必须谨慎考虑：已被确证的究竟是什么？佩林确证了分子运动论的某些方面而不是全部。这里有两个问题，参考约翰·道尔顿把原子论引入化学的过程，对它们都可以有效地予以说明。第一个问题涉及的是，承认来自巧合的论据的影响力是一个程度问题。第二个问题是，必须在可能的情况下对理论进行分割，以便帮助我们准确地确定它们的哪些部分得到了特定的实验论据的确证。

道尔顿于1808年出版了他论述"新的化学哲学体系"的著作。在这一著作中，他提出，每一种化学元素都是由原子构成的，化合物则是由"复合原子"构成的，这些复合原子是由构成元素的那些原子组成的。某一元素的原子与某一化合物的复合原子都是一样的。注意到道尔顿的理论已被它所包含的三条比例定律证实，对于理解该理论来说可能是最有利的。首先是定比定律，它告诉我们，元素在它们的化合物中相关的重量比总是相同的（例如，在水中氧与氢的重量比总是8比1）。其次是倍比定律，该定律说，如果两种元素化合形成不止一个化合物，那么在每个化合物中，一种元素的重量与另一种元素的固定重量彼此之间的比将是一个简单的整数（例如，在一氧化二氮、一氧化氮和二氧化氮中,氮与每单位重量的氧的比为4：2：1）。第三是互比定律,它认为,如果两种元素A和B各自与C化合形成数种化合物,而且A和B按照x：y的比率化合形成一种化合物,那么,当与某一固定重量的C化合时A和B的相对重量将是nx：my,这里n和m都是小的整数（例如,氢和氧按1：8的重量比化合生成水,它们分别与氮化合生成氨和一氧化氮。在后两种化合物中,氢的重量和氧的重量与固定的氮的重量相比是3：16,按照这一定律即为3×1：2×8）。不难理解,为什么可以把这些定律看成是直接从道尔顿的假设中推导出来的,按照他的假设,化合物的最小部分是由元素的原子构成的,而这些原子所具有的重量是确定的和不变的。

　　在道尔顿提出其原子论时,该理论遭到的反对多于获得的支持。情况为什么会是如此？有许多理由。一个理由在于这一事实：在道尔顿时代,而且确实,在道尔顿时代数十年之后,即使有可利用的数据,有关化合物确切的原子构成依然无法获知。例如,在水中氧相对于氢的重量为8,这个在实验上被确定的事实与用H_2O表示水和相对于氢每个氧原子的原子量为16是相容的,与用HO表示水和氧原子的相对重量为8以及许多复杂的可能情况也是相容的。一个更为重要的理由是,在道尔顿时代,他的原子论的真理或其他方面还不能影响化学。大致说来,化学家们那时感兴趣的是什么东西能与什么东西化合,在什么程度上化合,而道尔顿的原子论与此毫不相干。还应该注意到,我对道尔顿理论的说明是一种梳理式的说明,它把诸比例定律所证明的关键的化学观念从道尔顿自己的更详细的论述中抽象了出来。例如,道尔顿

253

假设,他的原子被球状的热质云团包围着,他认为这对气体的比
热会有一些影响;他假设,某一特定气体的原子彼此相互排斥,
斥力的大小与它们的距离成反比;他还假设,原子量与气体在液
体中的可溶性之间存在着一种简单的关系。这些假设没有取得
什么进展。有一种来自巧合的论据,就其能说明比例三定律而言,
它从某种程度上对道尔顿的原子论提供了支持。然而,由于伴随
着原子论超出比例定律而出现的经验困难,以及这个理论不具有
影响化学的能力,这一事实的影响力被抵消了。通过分子式引入
化学并应用于有机化学,这种状况才得以转变。

　　我在前一个段落使用的水的分子式并非是道尔顿本人的
用法。他不是用分子式而是用小球排列的示意图来表示原子
的组合。分子式是由瑞典化学家雅各布·贝采利乌斯(Jacob
Berzelius)于1813年首先引入化学的。对于我关于理论的确证
的叙述来说,重要的是要认识到,分子式的使用与对原子论的信
奉不是一回事。贝采利乌斯引入了分子式,以作为一种理解他
所认为的道尔顿创新(亦即对比例定律的认识)的重要意义的方
法,这是一个历史事实,**但这不包含对原子论的信奉**,在他看来,
原子论是一个令人感兴趣但存在疑问的假设。化学分子式中的
符号,表示水的H_2O,**可以**被解释为是指原子,这也是现在人们不
假思索假设的。鉴于这种解释,水的分子式以及对化合量的测量
合在一起就意味着,一个氧原子的重量是一个氢原子的重量的
16倍。但是,对分子式中的符号还有另一种解释,它与19世纪化
学家在实验室中所获得的结果更一致。虽然可以把一个氢原子
看作计算相对原子量的单位,但也不是非这样不可。也可以把任

何份额的氢用来作为参考重量。如果这样做,氧的对应份额的重量将是氢样本的重量的16倍。从而就可以把化学分子式中的符号解释为是指份额而不是指原子,而这也足以理解19世纪化学家们已经掌握并且用比例定律概括出的化合量的所有细节。贝采利乌斯的分子式在它们被引入之后的几十年中并没有得到多少应用,一旦认识到,可以把它们解释为是概括有关化合比例的事实的一种方法,而这些事实也可以用其他方法来表述,这种情况就不难理解了。道尔顿反对使用它们也许是由于他认识到这样一个事实,这些分子式提供了一种表述他有关化合比例的真知灼见的方式,但却避开了对他所赞成的原子的信奉。

当19世纪20年代末化学分子式被用来使有机化学更加规则有序时,它们的状况得到了改变。它们在有机化学领域的成功应用源自于这个事实:它们已被用来表述超出比例定律以外的化合事实了。在成功之前,在相互竞争的化学分子式之间进行选择,可以被合理地解释为一种约定俗成。按照这种观点,只要你选择氧的相对原子量为8,你就可以选择用HO来表示水。没有相关事实证明,这种对分子式的选择是错的,而选择H_2O就是对的。有机化学中的发展会逐渐削弱约定论的立场。1860年左右,有机化学家已经得出了他们能够证明是正确的分子式。详细的叙述是丰富多彩和复杂的。我只用一个例子来说明。假若化合量可以测量,并且可以使用现代的量值来表示相关的原子量,那么,乙酸最简单的分子式就是CH_2O。这个分子式不能用来反映这一事实,即在实验室中,可以用四种不同的方式把乙酸中的氢用相同份额的氯来替换,其中三种方式会产生与乙酸类似的酸,第四种方式会产生一种盐。对这种情况可以这样来处理，把分子式中的原子数加倍，在倍增后把其中的一个氢与其他三个氢分离，从而得出$C_2H_3O_2H$。这样就可以把三种酸看成是用氯取代氢组合中的一个、两个或全部三个氢的结果，把那种盐看成是用氯取代那个单独的氢的结果，现在可以确定，正是这个单独的氢使乙酸具有了酸性。1860年左右，对我业已说明的这种分子式所提出的要求，产生了唯一能够胜任的分子组合。化学家们寻找的是正确的分子式，而并非仅仅是有用的分子式，因此，约定论的立场逐渐被削弱了。

对我关于理论确证的讨论而言，重要的是要认识到，当有机化学中的这些步骤引起有关这些分子式是否是约定的争论时，并没有解决正确的分子式中的符号所代表的是原子还是份额这个问题。我们可以挑出19世纪末的化学，并且把它加以分割，从而使有关原子的假设与剩余部分分离，正如我们看到的那样，这样做不需要把分子式从剩余部分中撤出。如果我主张，19世纪化学家们所能提出的有关他们理论的所有证据，可以由那些理论在与原子分开的情况下进行处理，并且我的主张是对的，那么，就不能说原子论得到了确证。

我认为，19世纪化学中的原子论并没有得到令人满意的确证而且原则上是多余的，我的这一主张引起了争议。大多数当代科学家和哲学家都不赞同这一主张。19世纪化学家自己的态度更为复杂。有一种观点与我的较为相似，这一观点是皮埃尔·迪昂（2002）在19世纪与20世纪交替时论证的，但他的观点并不是一种共识。在那些岁月里，他往往被当作一个被误导的实证主义者而遭到拒绝,但就那时的化学而言,这种做法是错的。由于19世纪的化学家赞同原子论,因此,他们对把原子等同于机械论哲学中或分子运动论中假设的那些原子保持着警惕。对于把那些足以说明原子在化学中的作用的属性赋予原子,他们认为是有疑问的,而且认为这是一个必须通过研究而不是哲学裁决来解决的问题。例如,大约在1860年以后,有一点变得清晰明朗了,即原子必定具有化合价,这一属性并不是从当时的机械论和物理学中推断出来的,但却给它们提出了问题。

尽管我和迪昂对19世纪的化学中的原子论的状况存有疑惑,原子化学当然最终还是在实验上被确证了,辨认化学和物理学所假设的原子和分子也变得可能和必不可少了。我们在前一节已经描述过,佩林有关布朗运动的那些实验为何足以消除关于分子存在的严重怀疑;我们还描述了,借助分子运动论均可计算出的原子量和分子量与化学家所获得的结果一致,这一事实不过是日益增加的化学原子论在20世纪被确证的方式之一。然而值得注意的是,过了没多久,把量子力学属性赋予原子就变得不可避免了,而这种属性与19世纪的化学家或物理学家们所预期的任何属性均不相同。

我已经讨论了19世纪化学原子论的地位,主要是为了说明,当有可能为了确定理论的哪些部分可以说被特定的实验确证时,必须进行理论分割的重要性。不过,关于科学的本质和地位还有另外一种普遍的观点,在这里提一下可能也是很有用的。在当代科学中,有人理所当然地认为,物质世界的深层结构与日常经验的世界是大相径庭的,而且,它的特性也是与我们许多的普通直

觉相冲突的。亚原子粒子所具有的一些属性,例如粲数和宇称性,
257 在我们经验的宏观世界中都没有对应的性质,当相对论诉诸多维
空间并拒绝绝对同时性时,这些属性在基本粒子物理学中是不可
或缺的。我们在日常生活中与世界打交道时会有一些充分为我
们所用的假设,而它们与世界的深层结构之间总会有冲突,其程
度还需要进一步了解。17世纪的机械论哲学家们明确地在他们
的物质理论中融入了这一假设:微观世界在一些关键方面与宏
观世界是相似的,因此有关后者的知识也可以用于前者。它们的
原子的外形及其活动都类似于台球。我们现在知道他们错在哪
儿了。就有关物质世界的知识而言,科学与传统上由哲学家所从
事的形而上学有天渊之别,而且也没有什么可归功于它。在这方
面,19世纪和20世纪的实证主义者的直觉是正确的,尽管他们对
这些直觉的表述确实很糟糕。

6. 再论实在论与反实在论

在实在论者与反实在论者有关科学之争的哲学文献中已经
有了一些发展,它们促使我重新审视这个问题。其中的一种进展
是,例如,拉迪曼和罗斯(2007)对约翰·沃勒尔(1989b)所说的
“结构实在论”的进一步的阐述。结构实在论中所涉及的对实在
论的修改,是作为对最强烈的反实在论论据的回应而提出来的,
这种论据诉诸了有历史记载的以前成功的理论被推翻的事例。
支持实在论的一个关键论据则援用了一些科学理论成功的事例,
这些成功的理论涉及了诸如原子和电子这样的难以观察的实体。

如果这些理论所诉诸的实体如电子和原子等并不存在，或者并不具有理论赋予它们的那些属性，那么，这些理论能够成功地说明一系列现象并导致新现象的发现这一事实，或许可以算得上是一个奇迹或非同寻常的巧合。反实在论者的回应则指向了这样一些过去的理论，它们的成功包括对现象的新的解释，但这些理论假设了按照现代科学观点看并不存在的实体。热质说以及那种把光看作某种物质以太波的理论的成功，都是这类情况最有说服力的实例。结构实在论承认这一论据确实有力，并且勉强同意，不应把科学理解为是提供或趋向于这样一种描述，它能展示有关构成世界的不可观察的实体及其属性。相反，应当把科学理论看成是对构成可观察现象之基础的实在结构的确认。按照这种观点，菲涅耳的光学理论中所包含的波动方程是令人满意的对光的结构近似真实的描述，尽管并不存在可以利用的以太波。这种观点得到了这一事实的支持：菲涅耳方程是作为光的电磁学理论的极限情况而出现的。菲涅耳理论的成功是因为他认为光具有一种波的结构，就此而言，他是对的；但他暗示存在着某种物质以太，就此而论，他是错的。

　　由于我在下面将要说明的原因，我不认为结构实在论是对反实在论论点的正确的回应。对于反实在论者诉诸的科学史上所展现的理论变化的事例，结构实在论的倡导者在某些方面过高估计了其力量。从另一种意义上讲，我认为他们未能认识到反实在论者的论点在某种意义上是正确的。我的观点借鉴了对确证在科学中的作用的强烈意识、实在论者假设的真理符合论的真正意义以及有关合成物像构成它们的实体一样真实的意识。我将依次在以下三小节中讨论这些议题。

(1) 得到有力确证的理论绝不会被完全抛弃

在《增补篇》这章的第一节中,我概述了确证的标准,它们的要求是非常严格的。我认为,如果我们认真看待这些严格的要求,我们就处在了一个有利的位置,可以对以科学史为基础的反实在论的论据提出挑战。拉里·劳丹(1981)发起的以历史实例为基础对实在论者颇有影响的挑战,就是一个恰当的例子。按照劳丹的观点,过去的科学充满了以往时代成功的理论,它们诉诸了例如透明的天球、电液、光微粒以及诸如此类的非存在物。他支持所谓的悲观归纳推理(pessimistic induction)。正如从当代科学的观点看,过去的科学中所涉及的实体很少指涉的是任何真实的存在物,因而从未来科学的观点看,当代科学中的实体也将被认为很少指涉任何真实的存在物。对此,我的回应如下。我已经论证过那种业已成为科学特征的意义,从这种颇有说服力的意义上说,劳丹诉诸的许多理论从未得到确证,或者只得到了极为无力的确证。在那些确证很有力、然而被确证的理论却被取代了的事例中,被取代的理论调整后的版本作为它们的继任者的极限情况继续存在。以前成功而现在被取代了的理论,从它们是现行理论的极限情况来说,它们确实曾指涉了某种真实的事物。

最接近支持反实在论论据的实例与19世纪物理学中以太的命运有关。正如我们业已看到的那样,主要是由于这个实例导致沃勒尔构想出结构实在论。毋庸置疑,菲涅耳的光的波动说得到了有力的确证。然而,有人主张,这一确证扩展到了对力学以太的存在的确证,对于这种主张,我在有关分割的评论中提出了怀疑。那些对菲涅耳的理论提供了强有力支持的预见,只要求光是一种横波,并未要求它是一种以太波。对力学以太的证明所要求的证据超出了确立光的波动性的范围,而且提出这样的证据在一定程度上是一种失败,因为它导致了以太被从物理学中清除出去。

对我这里的观点有一种颇为自然的异议认为,这是一种包含后见之明的评论。的确,它在某种意义上就是如此。在19世纪中叶,提出这样的假设是很自然的,即任何波都必定是在某种物质中的波。此外,横波则要求那种物质应当是有弹性的。自身构成涨落场的电磁波不是任何物质的状态这一观念,尚有待未来提出。但这并没有使我觉得对实在论构成了一个问题。按照实在论的观念,科学的目的就是在可观察和不可观察的层次上表征世界,这意味着有关世界的主张可能是错的。科学家无法直接获取真理,所有科学都将不断经历修正和改进。

佩林为分子增加的论据以及菲涅耳为光波增加的论据如此有说服力,以至于倘若假设未来的科学将证明并不存在那样的实体,似乎是完全不合情理的。这并不是否认:在佩林时代对于原子、在菲涅耳时代对于光仍有许多东西有待了解。关于可观察的世界,也可以提出诸多类似的观点。我们的感觉是有局限的,得到它们支持的主张是可错的。不过,有关可观察对象的主张如果能够经受住独立的检验,那么就此而言,它们是可被证实的。假如我们怀疑可见的匕首是一种错觉,我们可以去触摸它。我们可

260

能产生视错觉的条件与导致触错觉的条件是迥然不同的,因此,如果当匕首并不在场时,这两组条件竟然共同出现并且同时导致有关匕首的视觉和触觉,那么,这恐怕是一种非同寻常的巧合。我认为,在这里重要的是来自巧合的论据的形式,无论所讨论的是有关可观察之物抑或不可观察之物的主张,都是如此。这里的区别在于,如果涉及的是可观察物,那么运用各种感官就可以直接获得独立的检验,如果涉及的是不可观察物,情况则不是这样。这种比较还可以再进一步。完全有可能,人们对各种感觉证据的理解超出了有根据的范围。人们很容易赞同那样的主张,它们假设火焰是一种十分轻的实体,因为轻而向上蹿升进入空中。因而,"火焰向上蹿升"就成了有关这种实体的一种被观察证实的真相。最终人们认识到,并不存在火焰这样的实体。不过,这并非意味着不存在像火焰这样的情况。关于它们,怎么可能提供不出诸多证据？我认为,涉及拒绝以太的情况与保留光波的情况,都是把理论物理学所诉诸的实体的实在性等同于可观察物体的实在性,就此来说,它们是类似的。

（2）我们掌握的都是近似的真理

对我在前一小节所勾勒的观点的实质部分用下述方法加以概括还是有一定吸引力的。那些得到了令人满意的确证的理论因而也就被证明是接近真理的,当它们被比它们更接近真理的理论取代时,科学就向前发展了。过去,我总是克制着不用这种方式阐述我的观点,因为我意识到了一种对它提出挑战的异议,该异议来源于这样的问题：如何解释"近似真理"这一概念的确切含义？哲学家们所能提供的有关真理的确切说明是：与事实相符；这样，这一异议还会继续，认为这并不等同于什么算是近似真理的符合论说明。我现在倾向于以这样的方式来应对它，即对这一异议以之为基础的前提提出挑战。虽然哲学家们能够基于塔尔斯基的洞见提供有关真理的高度形式化的说明，但他们并未因此而改变真理符合论是一种粗陋而勉强的观念这种意义。我们只有粗陋而勉强的有关真理的观念，或者某种程度上的真理的观念，但对于理解常识和科学并且支持对这两个论述领域的某种实在论解释，这已经足够了。

我在本书第十五章对塔尔斯基有关真理符合论的说明作了简要的介绍。塔尔斯基表明，假如一种相当简单的语言中已有谓词满足概念，那么，用那种语言表述的命题的真就可以用这样一种形式化方式来阐述，这种方式可以避免那些典型地与"真"这一概念相关联的难题。正如我们所看到的那样，他的成功是由于他对这两种语言进行了区分：一种是人们正在分析其真之主张的语言，即对象语言，另一种是人们用来谈论对象语言的语言，即元语言。对于一种语言中的谓词如何被世界中的实体所满足，塔尔斯基没有提供一种形式化的说明。他没有说明，例如，一只特定的天鹅如何能满足"是白的"或"是一只天鹅"。真理符合论是这样一种理论：它涉及一种语言中的语句如何能够成为关于世界的真语句，就此而论，它总会假设一种有关那种关系的说明，而这种说明本质上是常识性说明。一个实体满足谓词"是白的"，当且仅当它是白的，并且满足"是一只天鹅"，当且仅当它是一只天鹅。有了这一前提，塔尔斯基就能为涉及"白"和"天鹅"的概括的真提供一个说明。"凡天鹅皆白"是真的,当且仅当世界上的所有天鹅的确是白色的。对于一种语言或理论中的命题与它们所描述的世界中的状况之间的"符合"这一概念,塔尔斯基只是做出了假设而没有予以阐明。塔尔斯基后来的形式化研究的任何改进和扩展也没有改变这一状况。

　　实在论者所运用的包含在真理符合论中的"符合"这一概念,是一种来源于常识的非专业性概念。因此,它是一种粗陋而勉强的概念。基于这样的考虑,我们很容易就能明白,当所提出的主张超出了使其涉及的谓词满足具有意义的范围时,或者当要求有更高的精确度时,为什么一些特定的符合的实例可能失效。也许,说一个物体从高空垂直坠落时比一个物体从同一高度的平滑斜面滚落下来时运动得更快,是合乎常识的。但是,从一种更精确的观点来看,这需要相当的限制。首先,我们必须承认,"运动"不会把速度与加速度区分开。确实,直接向下的运动比沿斜面向下的运动具有更大的加速度。当涉及速度时,情况会复杂得多。每一种运动的速度时时刻刻都会变化,因此,如果"运动"意指的是速度,上述有关什么运动得更快的问题就不确定了。如果我们把"运动"解释为涉及的是平均速度,那么一种运动就不比另一种运动更快,因为在这两种情况中平均速度是等同的。根据这种更精确的观点,可以从不精确的观点中重新找到近似的真理。直接向下的运动更快这一断言,从这样的运动用时更短的意义上说是真的。此外,世界上的一些偶发事件也表明它是真的。简单明了地说就是,更精确的有关速度和加速度的描述比不精确的有关运动的描述更接近真理,尽管在某种意义上也可以说,这种不精确的主张是近似真的。现在我们知道了,如果把这些精确的概念置入一个较小的领域或者较大并且更高速的领域,可以证明,它们还需要进一步的精确,因而表明它们也仅仅是近似真的。

我已经强调过了,语言阐述的主张与它们所断言的世界之间的符合这一概念来源于常识。我们并不是先学习我们的日常用语,然后再学习如何把它应用于世界。学习如何理解和使用含有"天鹅"的语句的意义并把有关天鹅的讨论应用于现实世界中天鹅的实例,是一个单一过程的不同部分。在我们的日常语言的用法中隐含着真理符合论。不过,承认符合来源于常识并不是说,它就停留在那里了。我关于下落速度的例子已经暗示了这一点。对于日常观察来说,虽然对下落的时间可以获得粗略的估计,但对速度却无法做出估计。由于这类估计涉及每一瞬间的速度,而速度有可能时时刻刻都会变化,怎么可能做出估计?对于一个运动物体的速度在多大程度上"符合事实"的断言,所做出的估计需要的是间接的测量而不是直接的观察。然而,正如在我上面的讨论所例示的那样(附带说一句,它是以伽利略对常识概念的批评和他自己对更精确的概念的阐述为基础的),更精确的概念是作为对粗陋概念所引起的问题的回应而出现的,就此而言,要确保某种参照的连续性。在伽利略创造的新的运动观念之中置入了某种符合的观念,按照这一观念,说"物体x具有速度v"是真的当且仅当物体x具有速度v,就像说"天鹅是白的"当且仅当天鹅是白的一样,似乎是老生常谈。

随着物理学对物质结构的探讨日趋深入,它的概念离常识性概念越来越远,对它的断言加以经验检验的方式也变得越来越间接了。这种现象日益严重,以致当代物理学对物质深层结构的描述使得谈论物质具有某些属性已不恰当了。在这一层面,应该说一说拉迪曼和罗斯(2007)所坚持的观点"抛开一切"了。不必把这看成是在削弱与事实符合这一概念。只要当代的物质理论符合事实,无论所涉及的事实与涉及白天鹅和相撞台球的事实有多大差异,坚持这一理论是真的依然有意义。只要所涉及的那些抽象的理论是作为改进以前的理论的尝试而出现的,就会有某种程度的符合置入于新的理论之中。对这些新理论的要求就是,要解决与它们前任的成就有关的问题并且要力争超过其成就。新理论的公式化的产生和解释并不是分开的步骤。假定它们是分开的,也未必会导致使抽象理论与事实相符合的尝试变得不可思议。

(3)实在的层次

有一种观点认为,当人们诉诸底层结构说明实体,而实体被证明并不完全是人们所设想的那样时,它们因此就被证明不是实在的。我反对这样的观点。液体是有一定黏度的。水在管道中流动比油更流畅,因为它具有比油更低的黏度。按照斯托克斯定律,一种液体对在该液体之中运动的球体的阻力,是与它的黏度、球体的半径和速度有关的。对这些事实可以用分子运动论来说明。它们依赖于某种液体中一个区域的宏观运动传输到其他区域的方式,而这些运动则是构成这种液体的分子的运动和碰撞的统计学结果。按照分子运动论对黏度的说明,可以理解,有关黏度的主张有它们的局限性,而且当液体或气体的密度非常低时,它们就难以成立。的确,在密度相当低的情况下,气体就不再具有某种黏度,因为使它出现的统计平均值不再有什么意义了。由此得出结论说,存在的唯有运动和相互碰撞的分子而并非有黏度的液体,在我看来实属判断错误。一个雨滴会比一个同样大小的树胶球更容易从一棵桉树上流下来。无论是否有观察者在场见证,这类事情都会发生,而且正是这些事情本身使得描述它们的命题为真或为假。当密度相当低时谈论黏度已无意义,这一点已经得到了公认。但这并不意味着,具有足够密度的液体具有某种黏度,对它的表征可能为真或为假。当组成人群的个人散去后,人群就不复存在了,但这并不意味着不存在人群这样的现象,他们具有一定的密度、可以蜂拥而至。①

无论什么人,他们若倾向于把分子运动论看作旨在说明运动的分子是实际存在的,而有黏度的液体和气体并非实际存在,那么他们很快将会发现,他们自己也在否定分子是实在的。因为对分子属性的说明要参照它们的电子的结构。在一个分子中,一个电子类似于一个大型火车站中的一只苍蝇,因此一个分子基本上都是空旷的空间,丝毫不像分子运动论所描述的微型的台球。而且无论如何,电子自己有可能证明它有内部结构,该结构可以说明它的属性。这一观点,即在解释实体时我们要通过诉诸更基本的实体来解释它们,总会导致终极实在论(ultimate realism)。按

---

① 我同意艾伦·马斯格雷夫(1999,第132—133页) 在认同苏珊·斯特宾(Susan Stebbing,1937)对爱丁顿的两份表格的处理时所持的观点,其中一份是关于常识的,另一份是关于分子的。正如马斯格雷夫所说的那样,当科学根据分子的相互作用说明这份表格的可靠性时, "并没有证明该表格像常识假设的那样是不可靠的"。

照终极实在论的观点,科学的目的就是表征实在的终极结构。从某种无限制条件的意义上说,这种表征将是真实的。它将在无限制条件的意义上与事实相符合。谈论某种气体的黏度或一个电子的轨道有一定的限度,超出这个限度就可能失去意义;与此不同,对终极实在的真实描述没有这样的限度。

终极实在论容易受到各种严厉的批评。其中一种是认识论方面的批评。我们究竟怎么能知道我们最基础的物理学已经达到了终极阶段？如果物理学史靠得住的话,那么,成功的理论就可以用更深入的理论来说明。此外,更深入的理论所诉诸的实体与那些它们能够说明的实体迥然相异。既然如此,我们或许可以预料,未来的基础物理学中对实在的表征将明显不同于现在的基础物理学。对实在的终极表征不仅将超越现今科学的范围,而且也不会成为人们可以理智地说的科学探讨的终点。

对于终极实在论而言,更为棘手的难题是我在表征真理符合论时所暗示的那种。终极实在论以这样的理论为前提:该理论以一种无限制条件的方式与事实相符合。有一些深层的问题可能也近似于这种情况。我们的理论是用语言而且往往是用数学语言表达的人类构造物,而这些语言本身也是人类的构造之物。如果存在着实在的终极结构,它不是任何一种人类构造物,如果这样则可想而知,描述它的无限制条件的真理想必也不是人类的构造之物。一个认为科学总是向着终极真理前进的终极实在论者不得不设想:我们人类构造的理论与一种根本不是人类构造的观点相会合。终极实在论者所假设的无限制条件的、客观的与事实的符合暗示着,在有关世界的命题与世界本身之间有一种关系,而真理符合论无法对这种关系做出限定。我们只能获得一种粗陋而勉强的符合或一定程度上的符合。不过,这种隐含在常识中并且被科学改进了的粗陋而勉强的观念是简明易懂的,而且足以把科学理解为一种对真理的探索和向着真理的迈进。如果反实在论相当于这样的主张,即终极实在论是对科学不连贯的把握或者超出了对科学的把握,那么,我完全赞成反实在论。

7. 延伸读物

在其著作(Chalmers,2009)中,查尔默斯对科学原子论与哲学原理之间的差异从历史细节方面进行了分析。有关理论确证的相关争论,见于梅奥和斯帕诺斯(Spanos)的著作(2010)。最近有关结构实在论的阐述和辩护,请参见拉迪曼和罗斯的著作(2007)。对佩林有关布朗运动的实验的地位和意义的详细分析,可参考范弗拉森(2009)与查尔默斯(2011)之间的交流。读者在奈的著作(1972)中可以找到非常有用的相关历史背景的介绍。

参考书目

Ackermann, R. J. (1976). *The Philosophy of Karl Popper* (《卡尔·波普尔的哲学》). Amherst: University of Massachusetts Press.

Ackermann, R. (1989). "The New Experimentalism" (《新实验主义》), *British Journal for the Philosophy of Science*, 40, 185-190.

Anthony, H. D. (1948). *Science and Its Background* (《科学及其背景》). London: Macmillan.

Armstrong, D. M. (1983). *What Is a Law of Nature*? (《自然规律是什么?》). Cambridge: Cambridge University Press.

Ayer A. J. (1940). *The Foundations of Empirical Knowledge* (《经验知识的基础》). London: Macmillan.

Bamford, G. (1993). "Popper's Explications of Ad Hocness: Circularity, Empirical Content and Scientific Practice" (《波普尔对特设性的说明: 循环、经验内容和科学实践》), *British Journal for the Philosophy of Science*, 44, 335-355.

Barker, E. (1976). *Social Contract: Essays by Locke, Hume and Rousseau* (《社会契约: 洛克、休谟和卢梭论文集》). Oxford: Oxford University Press.

Barnes, B. (1982). *T. S. Kuhn and Social Science* (《库恩与社会科学》). London: Macmillan.

Barnes, B., Bloor, D. and Henry J. (1996). *Scientific Knowledge: A*

Sociological Analysis（《科学知识的社会学分析》）. Chicago: University of Chicago Press.

Bhaskar, H.（1978）. *A Realist Theory of Science*（《实在论的科学理论》）. Hassocks, Sussex: Harvester.

Bird, A.（2000）. *Thomas Kuhn*（《托马斯·库恩》）. Chesham（England）. Acumen.

Block, I.（1961）. "Truth and Error in Aristotle's Theory of Sense Perception"（《亚里士多德感官知觉理论中的真理与谬误》）, *Philosophical Quarterly*, 11, 1-9.

Bloor D.（1971）. "Two Paradigms of Scientific Knowledge"（《科学知识的两个范式》）, *Science Studies*, 1, 101-115.

Boyd, R.（1984）. "The Current Status of Scientific Realism"（《科学实在论现状》）in Leplin（1984）, pp. 41-82.

Brown, H. J.（1977）. *Perception, Theory and Commitment: The New Philosophy of Science*（《知觉、理论与信奉：新科学哲学》）. Chicago: University of Chicago Press.

Buchwald, J.（1989）. *The Creation of Scientific Effects*（《科学成果的创造》）. Chicago: University of Chicago Press.

Cartwright, N.（1983）. *How the Laws of Physics Lie*（《物理学规律如何说谎》）. Oxford: Oxford University Press.

Cartwright, N.（1989）. *Nature's Capacities and Their Measurement*（《自然的能力及其测量》）. Oxford: Oxford University Press.

Chalmers, A. F（1973）. "On Learning from Our Mistakes"（《从我们的错误中学习》）, *British Journal for the Philosophy of Science*, 24, 164-173.

Chalmers, A. F.（1984）. "A Non-Empiricist Account of Experiment"（《对实验的非经验主义说明》）, *Methodology and Science*, 17, 95-114.

270

Chalmers, A. F. (1985). "Galileo's Telescopic Observations of Venus and Mars"（《伽利略用望远镜对金星和火星的观察结果》）, *British Journal For the Philosophy of Science*, 36, 175-191.

Chalmers, A. F. (1986). "The Galileo that Feyerabend Missed: An Improved Case Against Method"（《费耶阿本德未看到的伽利略：一个改进的反对方法的个案》）, in J. A. Schuster and R. A. Yeo (eds), *The Politics and Rhetoric of Scientific Method*. Dordrecht: Reidel, 1-33.

Chalmers, A. F. (1990). *Science and Its Fabrication*（《科学及其编造》）. Milton Keynes: Open University Press.

Chalmers, A. F. (1993). "The Lack of Excellency of Boyle's Mechanical Philosophy"（《玻意耳的机械论哲学乏善可陈》）, *Studies in History and Philosophy of Science*, 24, 541-564.

Chalmers, A. F. (1995). "Ultimate Explanation in Science"（《科学中的终极说明》）, *Cogito*, 9, 141-145.

Chalmers, A. F. (1999). "Making Sense of Laws of Physics"（《对物理学定律的理解》）, in H. Sankey (ed.), *Causation and Laws of Nature*. Dordrecht: Kluwer.

Chalmers, A. F. (2003). "The Theory-dependence of the Use of Instruments in Science"（《科学中仪器的使用对理论的依赖》）, *Philosophy of Science*, 70, 493-509.

Chalmers, A. F. (2009). *The Scientist's Atom and the Philosopher's Stone: How Science Succeeded and Philosophy Failed to Gain Knowledge of Atoms*（《科学家的原子与哲人石：为何科学成功地认识了原子而哲学却失败了》）. Dordrecht: Springer.

Chalmers, A. F. (2011). "Drawing Philosophical Lessons from Perrin's Experiments on Brownian Motion: A Response to van Fraassen"（《从佩林

关于布朗运动的实验中汲取哲学教训：答范弗拉森》）, *British Journal for the Philosophy of Science*, 62, 711-32.

Christie, M.（1994）. "Philosophers versus Chemists Concerning 'Laws of Nature'"（《哲学家与化学家论"自然规律"》）, *Studies in History and Philosophy of Science*, 25, 613-629.

Clavelin, M.（1974）. *The Natural Philosophy of Galileo*（《伽利略的自然哲学》）. Cambridge, Mass.: MIT Press.

Cohen, R. S., Feyerabend, P. K. and Wartofsky, M. W.（eds）（1976）. *Essays in Memory of Imre Lakatos*（《伊姆雷·拉卡托斯纪念文集》）. Dordrecht: Reidel.

Couvalis, G.（1989）. *Feyerabend's Critique of Foundationalism*（《费耶阿本德对基础主义的批评》）. Aldershot, Hampshire: Avebury.

Davies, J. J.（1968）. *On the Scientific Method*（《论科学方法》）. London: Longman.

Dorling, J.（1979）. "Bayesian Personalism and Duhem's Problem"（《贝叶斯学派的人格主义与迪昂问题》）, *Studies in History and Philosophy of Science*, 10, 177-187.

Drake, S.（1957）. *The Discoveries and Opinions of Galileo*（《伽利略的发现与见解》）. New York: Doubleday.

Drake, S.（1978）. *Galileo at Work*（《伽利略的科学生涯》）. Chicago: Chicago University Press.

Duhem, P（1962）. *The Aim and Structure of Physical Theory*（《物理学理论的目的与结构》）. New York: Atheneum.

Duhem, P（1969）. *To Save the Phenomena*（《拯救现象》）. Chicago: University of Chicago Press.

Duhem, P.（2002）. *Mixture and Chemical Combination and Related Essays*（《混

271

合与化合及其相关论文集》）, transl. P. Needham. Dordrecht: Kluwer.

Duncan, M. M.[①]（1976）. *On the Revolutions of the Heavenly Spheres*（《天球运行论》）. New York: Barnes and Noble.

Earman, J.（1992）. *Bayes or Bust? A Critical Examination of Bayesian Confirmation Theory*（《贝叶斯还是失败？对贝叶斯学派确证理论的批判性考察》）. Cambridge, Mass.: MIT Press.

Edge, D. O. and Mulkay, M. J.（1976）. *Astronomy Transformed*（《变革的天文学》）. New York: Wiley Interscience.

Farrell, R.（2003）. *Feyerabend and Scientific Values*（《费耶阿本德与科学的价值》）. Dordrecht: Kluwer.

Feyerabend, P. K.（1970）. "Consolations for the Specialist"（《对专家的安慰》）in Lakatos and Musgrave（1970）, pp. 195-230.

Feyerabend, P. K.（1975）. *Against Method: Outline of an Anarchistic Theory of Knowledge*（《反对方法：无政府主义认识论纲要》）. London: New Left Books.

Feyerabend, P. K.（1976）. "On the Critique of Scientific Reason"（《对科学理性的批判》）in Howson（1976, pp. 209-239）.

Feyerabend, P. K.（1978）. *Science in a Free Society*（《自由社会中的科学》）. London: New Left Books.

Feyerabend, P K.（1981a）. *Realism, Rationalism and Scientific Method. Philosophical Papers, Volume I*（《实在论、理性主义与科学方法（哲学论文集第一卷）》）. Cambridge: Cambridge University Press.

Feyerabend, P. K.（1981b）. *Problems of Empiricism. Philosophical Papers, Volume II*（《经验主义问题（哲学论文集第二卷）》）. Cambridge: Cambridge

---

① 原文如此，《天球运行论》的作者是哥白尼，而这里列出的邓肯（Duncan）是 1976 年英译本的译者和注释者。——译者

University Press.

Franklin, A. (1986). *The Neglect of Experiment*(《对实验的忽视》). Cambridge: Cambridge University Press.

Franklin, A. (1990). *Experiment, Right or Wrong*(《正确或错误的实验》). Cambridge: Cambridge University Press.

Galileo(1957). "The Starry Messenger"(《星际使者》)in S. Drake(1957).

Galileo(1967). *Dialogue Concerning the Two Chief World Systems*(《关于两大世界体系的对话》), transl. S. Drake. Berkeley, California: University of California Press.

Galileo(1974). *Two New Sciences*(《两门新科学》), transl. S. Drake. Madison: University of Wisconsin Press.

Galison, P. (1987). *How Experiments End*(《实验如何结束》). Chicago: University of Chicago Press.

Galison, P. (1997). *Image and Logic: A Material Culture of Physics*(《意象与逻辑：物理学的物质文化》). Chicago: University of Chicago Press.

Gaukroger, S. (1978). *Explanatory Structures*(《解释的结构》). Hassocks, Sussex: Harvester.

Geymonat, L. (1965). *Galileo Galilei*(《伽利略·伽利莱》). New York: McGraw Hill.

Glymour, C. (1980). *Theory and Evidence*(《理论与证据》). Princeton: Princeton University Press.

Goethe, J. W. (1970). *Theory of Colors*(《颜色理论》), transl. C. L. Eastlake. Cambridge, Mass.: MIT Press.

Gooding, D. (1990). *Experiment and the Making of Meaning: Human Agency in Scientific Observation and Experiment*(《实验和意义的理解：人在科学观察和实验中的作用》). Dordrecht: Kluwer.

272

Hacking, I. (1983). *Representing and Intervening*(《呈现与介入》). Cambridge: Cambridge University Press.

Hanfling, O. (1981). *Logical Positivism*(《逻辑实证主义》). Oxford: Basil Blackwell.

Hanson, N. R. (1958). *Patterns of Discovery*(《发现的模式》). Cambridge: Cambridge University Press.

Hempel, C. G. (1966). *Philosophy of Natural Science*(《自然科学的哲学》). Englewood Cliffs, N. J.: Prentice Hall.

Hertz, H. (1962). *Electric Waves*(《电波》). New York: Dover.

Hirsch, P. B., Horne, R. W. and Whelan, M. J. (1956). "Direct Observation of the Arrangements and Motions of Dislocations in Aluminium"(《对铝中位错的排列和运动的直接观察》), *Philosophical Magazine*, 1, 677-684.

Hooke, R. (1665). *Micrographia*(《显微术》). London: Martyn and Allestry.

Horwich, R (1982). *Probability and Evidence*(《概率和证据》). Cambridge: Cambridge University Press.

Howson, C. (ed.) (1976). *Method and Appraisal in the Physical Sciences*(《物理科学中的方法与评价》). Cambridge: Cambridge University Press.

273 Howson, C. and Urbach, P. (1989). *Scientific Reasoning: The Bayesian Approach*(《科学推理：贝叶斯方法》). La Salle, Illinois: Open Court.

Hoyningen-Huene, P. (1993). *Reconstructing Scientific Revolutions: Thomas S. Kuhn's Philosophy of Science*(《科学革命的重构：托马斯·S.库恩的科学哲学》). Chicago: University of Chicago Press.

Hume, D. (1939). *Treatise on Human Nature*(《人性论》). London: Dent.

Klein, U. (1995). "E. F. Geofroy's Table of Different 'Raports' Observed Between Different Chemical Substances"(《杰弗里不同化学物质中已观察到的不同"关系"的简表》), *Ambix*, 42, 79-100.

Klein, U. (1996). "The Chemical Workshop Tradition and the Experimental Practice: Discontinuities Within Continuities"(《化学作坊传统与实验实践：连续性中的不连续》), *Science in Context*, 9, 251-287.

Kuhn, T. (1959). *The Copernican Revolution*(《哥白尼革命》). New York, Random House.

Kuhn, T. (1970a). *The Structure of Scientific Revolutions*(《科学革命的结构》). Chicago: University of Chicago Press.

Kuhn, T. (1970b). "Logic of Discovery or Psychology of Research？"(《发现的逻辑还是研究的心理学？》)in Lakatos and Musgrave (1970), pp. 1-20.

Kuhn, T. (1970c). "Reflections on My Critics"(《对批评者的回应》) in Lakatos and Musgrave(1970), pp. 231-278.

Kuhn, T. (1977). *The Essential Tension: Selected Studies in Scientific Tradition and Change*(《必要的张力：科学的传统和变革论文选》). Chicago: University of Chicago Press.

Ladyman, J. and Ross, D. (2007). *Every Thing Must Go: Metaphysics Naturalized*(《抛开一切：自然化的形而上学》). New York: Oxford University Press.

Lakatos, I. (1968). *The Problem of Inductive Logic*(《归纳逻辑问题》). Amsterdam: North Holland.

Lakatos, I. (1970). "Falsification and the Methodology of Scientific Research Programmes"(《否证与科学研究纲领方法论》)in Lakatos and Musgrave (1970), pp. 91-196.

Lakatos, I. (1971). "Replies to Critics"(《对批评者的答复》) in R. Buck and R. S. Cohen(eds), *Boston Studies in the Philosophy of Science*, *Volume 8*. Dordrecht: Reidel.

Lakatos, I. (1976a). "Newton's Effect on Scientific Standards"(《牛顿对科学标准的影响》) in Worrall and Currie(1978a), pp.193-222.

Lakatos, I. (1976b). *Proofs and Refutation* (《证明与反驳》).Cambridge: Cambridge University Press.

Lakatos, I. (1978). "History of Science and Its Rational Reconstruction" (《科学史及其理性重建》) in Worrall and Currie (1978a), pp.102-138.

Lakatos, I. and Musgrave, A. (eds) (1970). *Criticism and the Growth of Knowledge* (《批判与知识的增长》). Cambridge: Cambridge University Press.

Lakatos, I. and Zahat, E. (1975). "Why Did Copernicus' Programme Supersede Ptolemy's" (《为什么哥白尼纲领取代了托勒密纲领》) in R. Westman (ed.), *The Copernican Achievement*. Berkeley, California: University of California Press.

Larvor, B. (1998). *Lakatos: An Introduction* (《拉卡托斯导论》). London: Routledge.

Laudan, L. (1977). *Progress and Its Problems: Towards a Theory of Scientific Growth* (《进步及其问题：走向科学增长论》). Berkeley: University of California Press.

Laudan, L. (1981). "A Confutation of Convergent Realism" (《对趋同实在论的反驳》), *Philosophy of Science*, 48, 19-49.

Laudan, L. (1984). *Science and Values: The Aims of Science and Their Role in Scientific Debate* (《科学与价值：科学的目的及其在科学争论中的作用》). Berkeley: University of California Press.

Leplin, J. (1984). *Scientific Realism* (《科学实在论》). Berkeley: University of California Press.

Locke, J. (1967). *An Essay Concerning Human Understanding* (《人类理智论》). London: Dent.

Maxwell, J. C. (1877). "The Kinetic Theory of Gases" (《气体分子运动论》), *Nature*, 16, 245-246.

274

Maxwell, J. C. (1965). "Illustrations of the Dynamical Theory of Gases" (《气体分子运动论的例证》) in W D. Niven (ed.), *The Scientific Papers of James Clerk Maxwell, 2 Volumes.* New York: Dover.

Mayo, D. (1996). *Error and the Growth of Experimental Knowledge* (《错误与实验知识的增长》). Chicago: University of Chicago Press.

Menter, J. (1956). "The Direct Study by Electron Microscopy of Crystal Lattices and Their Imperfections" (《运用电子显微镜对晶格及其不完整性的直接研究》), *Proceedings of the Royal Society, A*, 236, 119-135.

Mill, J. 5. (1975). *On Liberty* (《论自由》). New York: Norton.

Mulkay, M. (1979). *Science and the Sociology of Knowledge* (《科学与知识社会学》). London: Allen and Unwin.

Musgrave, A. (1974a). "The Objectivism of Popper's Epistemology" (《波普尔认识论中的客观主义》) in Schilpp (1974, pp. 560-596).

Musgrave, A. (1974b). "Logical Versus Historical Theories of Confirmation" (《确证的逻辑理论与历史理论》), *British Journal for the Philosophy of Science*, 25, 1-23.

Musgrave, A. (1993). *Commonsense, Science and Scepticism: A Historical Introduction to the Theory of Knowledge* (《常识、科学与怀疑论：知识论历史导论》). Cambridge: Cambridge University Press.

Musgrave, A. (1999). *Essays on Realism and Rationality* (《实在论与合理性论文集》). Amsterdam: Rodopi.

Nersessian, N. (1984). *Faraday to Einstein: Constructing Meaning in Scientific Theories* (《从法拉第到爱因斯坦：科学理论中的构造意义》). Dordrecht: Kluwer.

Newman, W. R. (1994). *Gehennical Fire: The Lives of George Starkey, an American Alchemist in the Scientific Revolution* (《地狱之火：乔治·斯塔

275

基传——一个经历了科学革命的美国炼金术士》). Cambridge, Mass.: Harvard University Press.

Newman, W. R. and Principe, L. M.（1998）. "Alchemy vs Chemistry: The Etymological Origins of a Historiographic Mistake"（《炼金术与化学：一个编年史错误的语源学由来》）, *Early Science and Medicine*, 3, 32-65.

Nye, M. J.（1972）. *Molecular Reality: A Perspective on the Scientific Work of Jean Perrin*（《分子的实在性：论让·佩林的科学研究》）. London: MacDonald.

Nye, M. J.（1980）. "N-rays: An Episode in the History and Psychology of Science"（《N射线：科学史和科学心理学上的一个插曲》）, *Historical Studies in the Physical Sciences*, 11, 125-156.

Oberheim, E.（2006）. *Feyerabend's Philosophy*（《费耶阿本德的哲学》）. Berlin: De Gruyter.

O'Hear, A.（1980）. *Karl Popper*（《卡尔·波普尔》）. London: Routledge and Kegan Paul.

Perrin, J.（1990）. *Atoms*（《原子》）. Woodbridge, Connecticut: Ox Bow Press.

Poincaré, H.（1952）. *Science and Hypotheses*（《科学与假说》）. New York: Dover.

Polanyi, M.（1973）. *Personal Knowledge*（《个人知识》）. London: Routledge and Kegan Paul.

Popper, K. R.（1969）. *Conjectures and Refutations*（《猜想与反驳》）. London: Routledge and Kegan Paul.

Popper, K. R.（1972）. *The Logic of Scientific Discovery*（《科学发现的逻辑》）. London: Hutchinson.

Popper, K. R.（1974）. "Normal Science and Its Dangers"（《常态科学及其危险》）in Lakatos and Musgrave（1974, pp.51-58）.

Popper, K. R. (1979). *Objective Knowledge* (《客观知识》). Oxford: Oxford University Press.

Popper, K. R. (1983). *Realism and the Aim of Science* (《实在论与科学的目的》). London, Hutchinson.

Price, D. J. de S. (1969). "A Critical Re-estimation of the Mathematical Planetary Theory of Ptolemy" (《对托勒密的数学行星理论的批判再评价》) in M. Clagett (ed.) , *Critical Problems in the History of Science.* 276 Madison: University of Wisconsin Press.

Psillos, S. (1999). *Scientific Realism: How Science Tracks Truth* (《科学实在论：科学如何探究真理》). London: Routledge and Kegan Paul.

Psillos, S. (2002). *Causation and Explanation* (《因果作用与说明》). Chesham, England: Acumen.

Quine, W. V. O. (1961). "Two Dogmas of Empiricism" (《经验主义的两个教条》) in *From a Logical Point of View.* New York: Harper and Row.

Ravetz, J. R. (1971). *Scientific Knowledge and Its Social Problems* (《科学知识及其社会问题》). Oxford: Oxford University Press.

Rosen, E. (1962). *Three Copernican Treatises* (《哥白尼的三篇论文》). New York: Dover.

Rosenkrantz, R. D. (1977). *Inference, Method and Decision: Towards a Bayesian Philosophy of Science* (《推理、方法和决策：走向贝叶斯主义的科学哲学》). Dordrecht: Reidel.

Rowbotham, F. J. (1918). *Story Lives of Great Scientists* (《伟大科学家的传奇生涯》). London: Wells, Gardner and Darton.

Russell, B. (1912). *Problems of Philosophy* (《哲学问题》). Oxford: Oxford University Press.

Salmon, W. (1966). *The Foundations of Scientific Inference* (《科学推理的基

础》). Pittsburgh: University of Pittsburgh Press.

Schilpp, P. A.（ed.）（1974）. *The Philosophy of Karl Popper*（《卡尔·波普尔的哲学》）. La Salle, Illinois: Open Court.

Shapere, D.（1982）. "The Concept of Observation in Science and Philosophy"（《科学和哲学中的观察概念》）, *Philosophy of Science*, 49, 485-525.

Stanford, P. K.（2006）. *Exceeding Our Grasp*（《不可思议》）. New York: Oxford University Press.

Stebbing, S.（1937）. *Philosophy and the Physicists*（《哲学与自然科学家》）. London: Methuen.

Stove, D.（1973）. *Probability and Hume's Inductive Skepticism*（《概率与休谟的归纳怀疑论》）. Oxford: Oxford University Press.

Thomason, N.（1994）. "The Power of ARCHED Hypotheses: Feyerabend's Galileo as a Closet Rationalist"（《拱式假说的力量：费耶阿本德笔下的伽利略是隐蔽的理性主义者》）, *British Journal for the Philosophy of Science*, 45, 255-264.

Thomason, N.（1998）. "1543—The Year That Copernicus Didn't Predict the Phases of Venus"（《1543年——哥白尼没有预见到金星相位的一年》）in A. Corones and G. Freeland（eds）, *1543 and All That*. Dordrecht: Reidel.

Thurber J.（1933）. *My Life and Hard Times*（《我的一生和艰苦的岁月》）. New York: Harper.

van Fraassen, Bas C.（1980）. *The Scientific Image*（《科学想象》）. Oxford: Oxford University Press.

van Fraassen, Bas C.（1989）. *Laws and Symmetry*（《规律与对称》）. Oxford: Oxford University Press.

van Fraassen, Bas C.（2009）. "The Perils of Perrin, in the Hands of Philosophers"

(《哲学家决定的佩林的危险》), *Philosophical Studies*, 143, 5-24.

Woolgar, S. (1988). *Science: The Very Idea*(《科学这种观念》). London: Tavistock.

Worrall, J. (1976). "Thomas Young and the 'Refutation' of Newtonian Optics: A Case Study in the Interaction of Philosophy of Science and History"(《托马斯·扬与对牛顿光学的"反驳":科学哲学与科学史相互作用的个案研究》)in Howson (1976, 107-179).

Worrall, J. (1982). "Scientific Realism and Scientific Change"(《科学实在论与科学变迁》) in *Philosophical Quarterly*, 32, 201-231.

Worrall, J. (1985). "Scientific Reasoning and Theory Confirmation"(《科学推理与理论确证》) in J. Pitt (ed.), *Change and Progress in Modern Science*. Dordrecht: Reidel.

Worrall, J. (1988). "The Value of a Fixed Methodology"(《稳定的方法论的价值》), *British Journal for the Philosophy of Science*, 39, 263-275.

Worrall, J. (1989a). "Fresnel, Poisson and the White Spot: The Role of Successful Predictions in Theory Acceptance"(《菲涅耳、泊松和白斑:成功的预见在接受理论中的作用》) in D. Gooding, S. Schaffer and T. Pinch (eds), *The Uses of Experiment: Studies of Experiment in Natural Science*. Cambridge: Cambridge University Press.

Worrall, J. (1989b). "Structural Realism: The Best of Both Worlds？"(《结构实在论:两个世界中最好的理论?》), *Dialectica*, 43, 99-124.

Worrall, J. and Currie, G. (eds) (1978a). *Imre Lakatos*, *Philosophical Papers*, *Volume I: The Methodology of Scientific Research Programmes*(《伊姆雷·拉卡托斯哲学论文集第一卷:科学研究纲领方法论》). Cambridge: Cambridge University Press.

Worrall, J. and Currie, G. (eds) (1978b). *Imre Lakatos*, *Philosophical Papers Volume 2: Mathematics*, *Science and Epistemology*(《伊姆雷·拉卡托

斯哲学论文集第二卷：数学、科学与认识论》). Cambridge: Cambridge University Press.

Zahar E. (1973). "Why Did Einstein's Theory Supersede Lorentz's"(《为什么爱因斯坦的理论取代了洛伦兹的理论》), *British Journal for the Philosophy of Science*, 24, 95-123 and 223-263.

---

① 原文如此，可能是笔误。原文第204—205页提及的是詹姆斯·汤姆逊，而不是J. J. 汤姆孙。——译者

图书在版编目（CIP）数据

科学究竟是什么 /（英）A.F.查尔默斯著；鲁旭东
译.—增订本.—北京：商务印书馆，2018（2025.1 重印）
ISBN 978-7-100-15572-4

Ⅰ.①科…　Ⅱ.① A…②鲁…　Ⅲ.①科学哲学—普
及读物　Ⅳ.① N02-49

中国版本图书馆 CIP 数据核字（2017）第 296969 号

科学究竟是什么？
（最新增补本）
〔英〕A.F. 查尔默斯　著
鲁旭东　译

商 务 印 书 馆 出 版
（北京王府井大街 36 号　邮政编码 100710）
商 务 印 书 馆 发 行
北京市艺辉印刷有限公司印刷
ISBN 978-7-100-15572-4

2018 年 1 月第 1 版　　　　开本 850×1168　1/32
2025 年 1 月北京第 6 次印刷　印张 12 3/8

定价：56.00 元